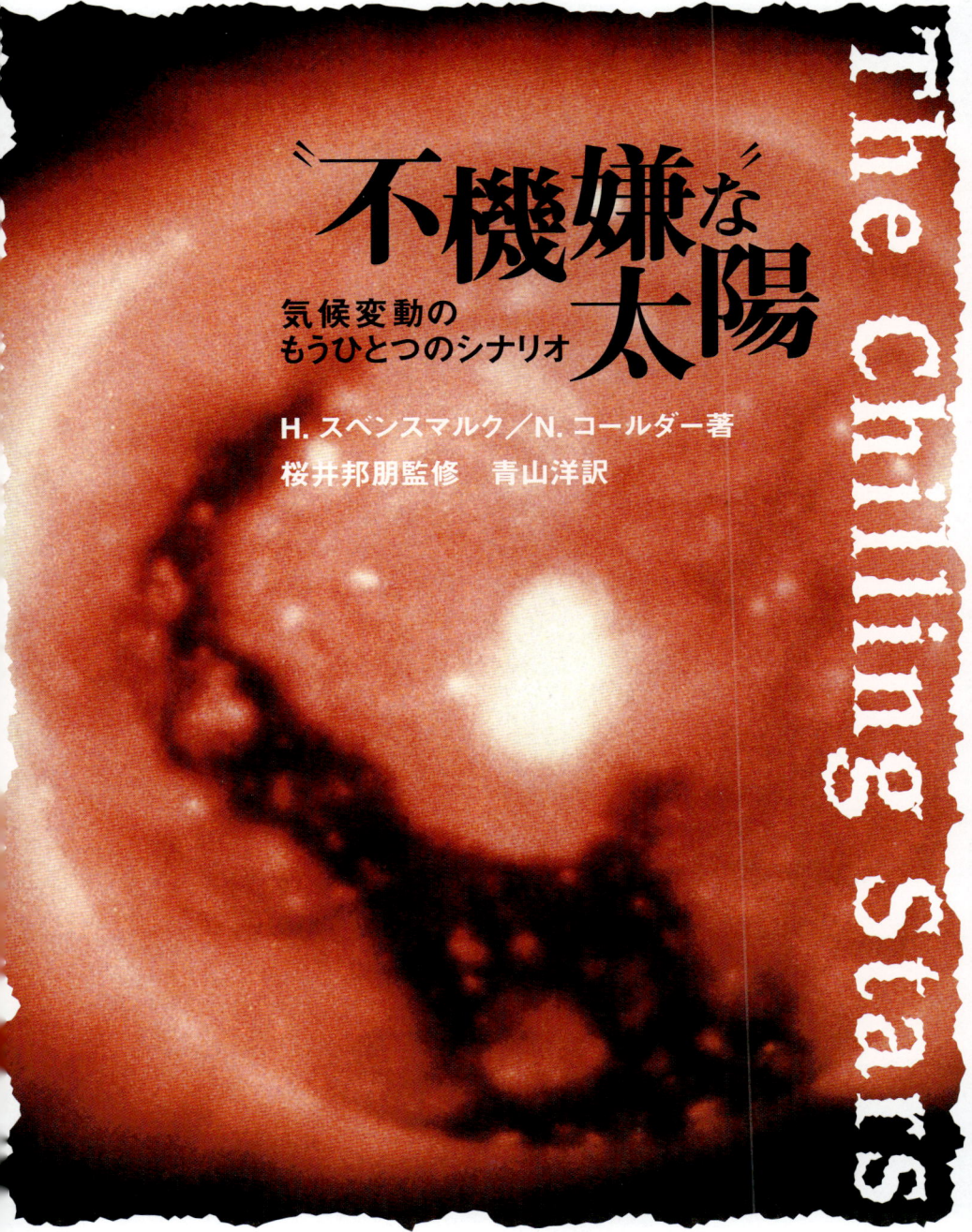

"不機嫌な"太陽

気候変動の
もうひとつのシナリオ

H. スベンスマルク／N. コールダー著
桜井邦朋監修　青山洋訳

恒星社厚生閣

THE CHILLING STARS: A NEW THEORY OF CLIMATE CHANGE
by Henrik Svensmark and Nigel Calder

Text copyright © 2007, 2008 Henrik Svensmark and Nigel Calder

Japanese translation published by arrangement with Icon Books Ltd.
c/o The Marsh Agency Ltd. through The English Agency(Japan) Ltd.
Published in Tokyo by Kouseisha Kouseikaku Co.,Ltd. 2010

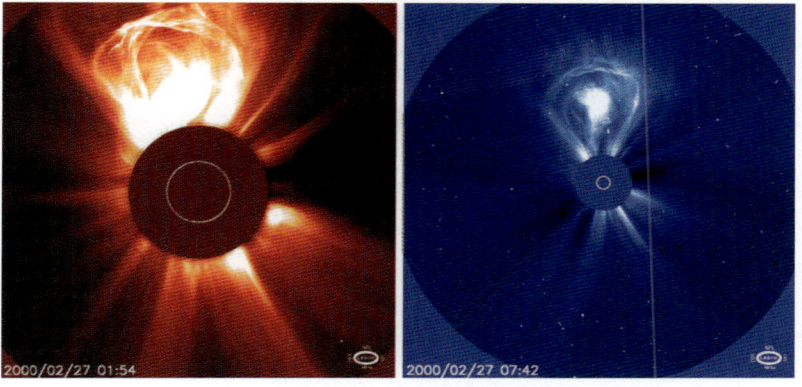

i. ii. 巨大な電球のような形状をしているものは，太陽で起こった爆発により，その大気中に噴出している膨大な量のガスである．目に見える太陽の大きさは，遮蔽盤上の白い輪により示されている．このようなコロナ状ガスの大量噴出は，銀河系からやってくる宇宙線を跳ね返す働きがある．

(NASA and European Space Agency, SOHO spacecraft)

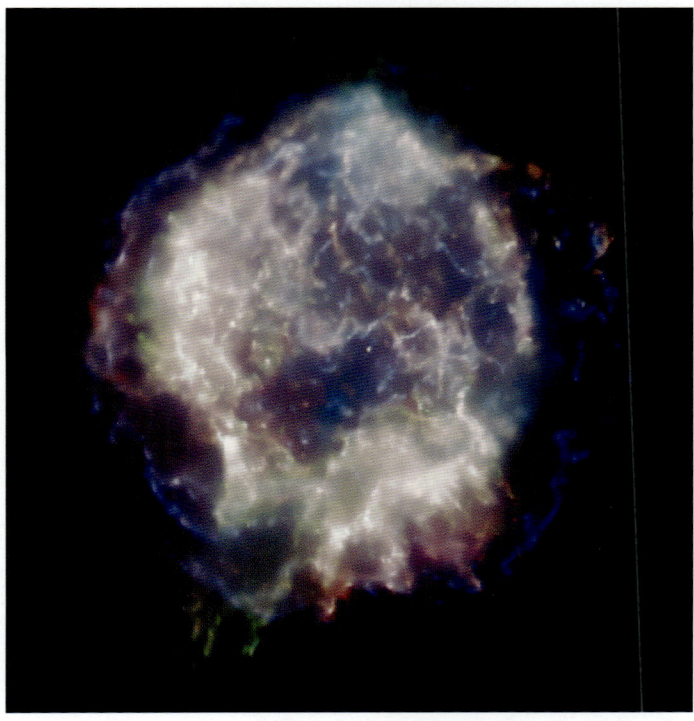

iii. 高エネルギーX線放射のうち，かすかな青色をした線が，爆発している星の残骸中に生じ始めた宇宙線を示している．ここに示されているものは，17世紀に巨星が爆発した時に生じた超新星残骸で，我々の銀河で，最も若いものであることが分かっている．

(NASA/UMass Amherst/M.D. Stage et al., Chandra spacecraft)

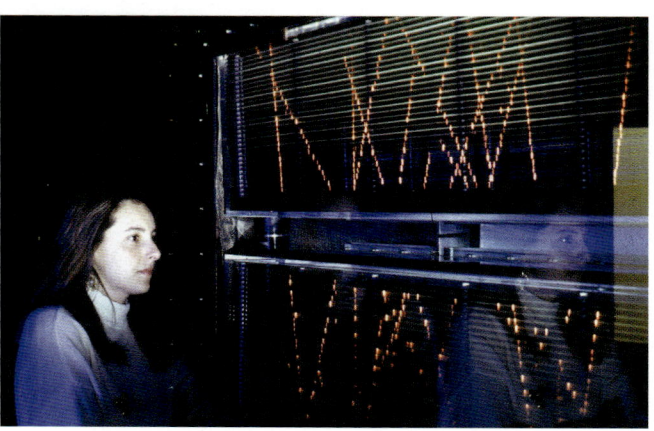

iv. 両極の上空によく見られる壮大なオーロラは，太陽が，じゃれている虎のように，地球を取り巻く大気を玩具にしていることを示す証拠である．このようなオーロラは，2003年10月下旬にはフィンランドでも見られた．太陽が地球の大気に影響を及ぼすのだろうか，と疑問を抱く人は，オーロラにより，太陽が恐るべき力を持っていることに，気付かされるだろう．
(©Pekka Parviainen, www.polarimage.fi)

v. 天井を通り抜けてきた自然の宇宙線は，検出器中での放電により可視化される．これは，ジュネーヴのCERN研究所で一般公開されているものである．このように絶え間なく降り注ぐ高エネルギーの粒子が，我々の周囲の物や我々自身の体を通り抜けていても，誰も気が付かないが，雲はそれを感知できるのである．（© CERN）

vi. 人工衛星で連続観測した全世界の雲により，宇宙線と雲との関係を発見できた．この写真は，2005年1月18日のものであるが，赤道上に静止した欧州のメテオサット衛星と米国のGDES衛星からの赤外線映像を用いて合成されたものである．これらにより，両極を除いた地球全体の雲量を監視できる．
(© 2010 EUMETSAT)

vii. グリーンランド氷コアー掘削事業（GRIP）では，1990年代に氷床の頂上に基地を置いて，氷の基盤層まで深く掘削し，気候変動とその原因について様々な情報の詰まった氷コアーを回収した．このような掘削事業は，世界各地の氷床でも行われた．この写真は，1990年のGRIPの本部ドームを示している．そこは，10～20人が暮らせる暖房完備の施設で，台所，食堂，浴室，通信室，および寝室を有する．
（Ice and Climate Research Group, Niels Bohr Institute, University of Copenhagen）

viii. 氷床中を深く掘削した穴の中に温度計を吊り下げることで，科学者は，数千年前に形成された一連の氷層の温度を測定できた．グリーンランドと南極大陸でも同様の測定により，地球の両端では，気候の温暖化または寒冷化の傾向は逆になることが示された．この写真は，2004年に深い掘削孔の温度を測定しているところである．10mごとの各測定は，12/1000℃の精度を持っていた．（Ice and Climate Research Group, Niels Bohr Institute, University of Copenhagen）

ix. コペンハーゲンのデンマーク国立宇宙センターの地下室で，2005年にSKYを研究中のヘンリク・スベンスマルクとジェン・オラフ・ペプク・ペダーセン．極めて純粋な空気に微量のガスを混ぜた気体は，天井を通り抜けてきた宇宙線により，影響を受けることを発見し，宇宙線と雲の形成が化学反応で関連があることを示した． （© Mortensenfilm.dk）

x. これは，最新の天文学に基づいて，画家が描いた天の川銀河である．これにより，太陽と惑星は，この銀河の「外延」に位置し，中心から離れた渦巻きの腕と腕の中間に存在していることが分かる．腕の中には，明るくて短命の星が集まっている．太陽が銀河の中心を周回している間に，渦巻きの形状そのものもネズミ花火のように回転するが，両者の回転速度は異なっているので，太陽は，腕の中に入ったり，出たりする．太陽が渦巻きの腕の中を通過中には，地球は，宇宙線を多く受け，寒冷気候となるのである．
(NASA／JPL-Caltech／R. Hurt (SSC／Caltech))

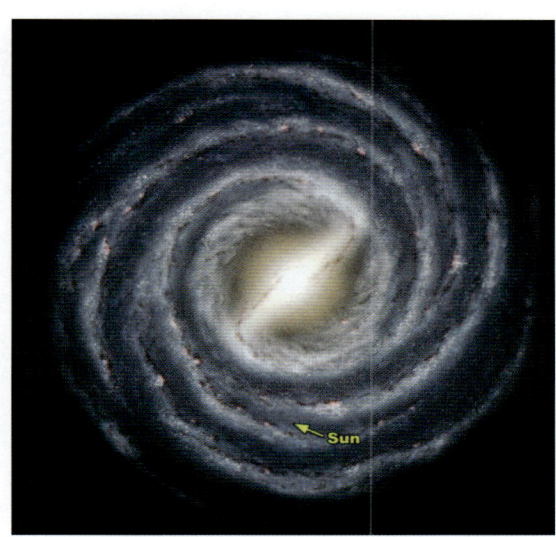

xi. スターバースト銀河M82から莫大な量の熱いガスが噴出している．そのガスは，星のベビーブームの期間中に，多くの大質量星の爆発—スターバースト—により生成されたものである．そのスターバーストは，別の銀河M81と近接遭遇することにより，誘発されたものである．小規模であるが，同様のスターバーストは，天の川銀河でも起こった．その時，地球は多くの宇宙線を浴び，地球全体が凍結することとなったのである．
(Mark Westmoquette (University College London), Jay Gallagher (University of Wisconsin-Madison), Linda Smith (University College London), WIYN／NSF, NASA／ESA)

xii. 約23億年前と7億年前に起こった全球凍結の期間中は，熱帯地方の海岸も，このように見えたに違いない．その時期に，全球凍結が起きたことは，氷河や氷山から落下した石が，赤道付近に存在することから，証明されている．この全球凍結は，天の川銀河内でスターバーストが起こった時期と一致している．この写真は，南極大陸のグレアム・ランドの空に月が上っているところである． (www.photo.antarctica.ac.uk/Andy M. Smith)

xiii. すばる（プレアデス星団）—またの名を「7人姉妹」—は，高温で短命の星々が集まった近傍の星団の1つである．現在は消失しているが，かつて存在していた星々が爆発した時には，地球は，数百万年の間，宇宙線の集中放射を浴び，気候は寒冷化した．現在まで生き残って最も明るく輝いている星々は，肉眼でも見ることができる．ぼんやりした輝きは，現在は消失した星の塵によるものである．なお，十字とリングは，望遠鏡によるもので，実存するものではない．
— the Schmidt survey instrument at Palomar, California. (NASA, ESA and AURA/Caltech)

まえがき（ユージン・パーカー）

　地球の太古の気候を記録した化石を，地質学と地球物理学の両面から過去50年間にわたって研究することにより，我々のこの古い惑星「地球」は，その誕生から現在に至る長い間に，極端に大きな気候変動を繰り返し経験していることが確証された．すなわち，気候は，両極地から赤道に至るまで全てが凍結した全球凍結（Snowball Earth）状態と，両極地まで全体に暖かさが広がった長期の温暖状態との間で変動したのである．これらの繰り返し起こっている気候状態には，様々な環境——例えば，①漂流する大陸の位置とそれに伴う海流，②進化する大気の組成，③徐々に進化する太陽の明るさ，④地球の公転軌道の離心率と自転軸の歳差運動との組み合わせ——の変化が，影響を及ぼしている．また，太陽活動が活発な時でも，増光は，ほんの1/1,000程度でしかないこと，それに，現代の温暖な気候には，太陽のある種の磁気活動が大きく影響を及ぼしていることも立証されていた．

　それにもかかわらず，これらの影響は科学的な理解には至っていない．過去の各条件について判明していることは，非常に少なく，特定の気候変動要因（driver）も同定されていない．また，温暖な気候と寒冷な気候の間で穏やかに振れた最近の数世紀間の気候変動は，太陽の磁気活動の変動を伴っており，太陽の僅かな増光で説明できるよりも，ずっと大きい．

　この行き詰まり状態にあって，我々に幸運なことに，数年前にヘンリク・スベンスマルク（Henrik Svensmark）は，惑星である地球の温度を左右するのに，地球を覆う雲が重要な役割を担っていると考えたのである．雲は，入射してくる太陽光線に対して，高い反射特性を有するからである．また，スベンスマルクは，雲を構成している個々の小さな水滴は，宇宙線粒子の通過によりイオンが発生した所に，最も多く形成されると考え，雲の形成量を，変化する宇宙線強度に結び付けたのである．言い換えると，地球の加熱を調節する巨大な「雲のバルブ」を，宇宙線が制御していると考えたのである．この宇宙線の影響を定量化するためには，膨大な仕事が必要であり，しかも，その仕事は，現在の

地球温暖化の観点から，かなり緊急を要するものである．

　この緊急性から，彼の研究は，当然，即座に容認されて支持されるものと期待されたが，奇妙なことに，そうはならなかったのである．というのは，地球の温暖化が，政府機関と科学界の双方ですでに政治課題となっていたからである．また，科学的な路線が，「著名な」科学者によってすでに描かれており，この重要かつ新規なアイデアは，邪魔な闖入者なのである．

　こういったことは，稀な現象ではない．私も若い頃のことを思い出す．当時私は，100万Kのコロナが膨張して，超音速の太陽風を形成していることを示した．そして，彗星の尾を太陽とは反対側に向かわせたり，また，宇宙線を変動させたりする太陽の粒子線放射を，この太陽風で説明したのである．この流体力学に基づいた太陽風は，当時，有難くないアイデアであったので，その論文は，2人の高名な審査員により丁重な断り状で拒否された．もっとも，それを編集長が覆したために，著名な科学誌に辛うじて掲載されたが．

　スベンスマルクは，彼の科学的創造性のために，手厳しい処遇を受け，十分な研究費も保証されない立場に追いやられた．彼には同様の処遇を受けた仲間がいる．思い起こすと，ジャック・エディ（Jack Eddy）は，ウォルター・マウンダー（Walter Maunder）の初期の研究を追認し，それに新しい解釈を加えたことで，その職を失っている．ウォルター・マウンダーは，1645〜1715年までの長期間を通して，太陽の黒点が著しく少なかったことを指摘した人である．エディは，このマウンダー極小期には，地球の気候が寒冷であったので，それにより，気候を太陽の磁気活動に直接結び付けられるという，重要な点を初めて強調したのである．

　スベンスマルクは，宇宙線と雲との関係を追究するための研究資金の調達が，常に困難であったが，怠けていたわけではない．彼は，コペンハーゲンの研究所で，比較的単純で手ごろな実験に没頭し，雲の形成には空気中のイオンが不可欠の役割を果たしていることを明確に示したのである．今日では，実物大の実験装置が，ジュネーブのCERNに建設されており，宇宙線を模擬するために，加速器からの高速粒子を用いた実験が開始されようとしている．

　幸運にも，スベンスマルクは，コペンハーゲンでの実験で確実な結果が得ら

れるとすぐに，この気候変動全体の機構とその歴史を説明するために，サイエンスライターのナイジェル・コールダー（Niegel Calder）と力を合わせて，平易な言葉で本書を著したのである．宇宙線，雲，および気候に関するスベンスマルクの理論は，広範囲の科学にまたがっているので，この読みやすい入門書は，一般読者だけでなく各種分野の専門家にとっても，同様に役立つであろう．

Eugene Parker

ユージン・パーカーが太陽風を予見してから半世紀が経つが，彼は，シカゴ大学の物理学，天文学，および宇宙物理学の名誉教授として，今も活躍中である．彼はこれまで，米国科学栄誉賞（US National Medal of Science），京都賞基礎部門などを受賞した．

著者によるまえがき

　本書は，2人が1年もの間，話し合って完成したものです．本書の執筆中であった2005〜2006年の間は，いくつかの大きな問題に関して徹底した研究が，進行中でした．そこでスベンスマルクは，それらの核となる科学情報を提供し，コールダーは，それを編集すると共に，それに各種の情報を加えました．この原稿が完成するまで，誰も知らないことを見出して，我々は心躍りました．その中には，スベンスマルクの息子であるヤコブの手を借りて，早急に計算した結果が含まれます．

　我々2人が最初に出会ったのは1996年で，エイジール・フリース-クリステンセン（Eigil Friis-Christensen）に仲立ちされて，デンマークのニシン料理とラガービールの昼食に同席した時のことです．その席で，スベンスマルクは，宇宙線が地球を覆う雲に影響を及ぼしていることを示す彼の最初の結果を，コールダーに示しました．コールダーは，その発見に至る歴史とそれに関連することを急遽，本にまとめ出版しました．それが，"The Manic Sun"（躁病の太陽）（Pilkington Press, 1997）です．その後数年の間，度々，その内容を改訂しようと話し合いました．しかし，この物語は，非常に多くの予期せぬ方向で発展を遂げ，改訂ではカバーしきれなくなったので，新たな書籍として刊行しました．それが本書です．

　原稿全体，または一部に対して，有益な意見を頂いた次の方々に感謝します．アルファベット順で，リズ・コールダー（Liz Calder），ペーター・キャンベル（Peter Campbell），ローラン・ディール（Roland Diehl），ジャスパー・カークビー（Jasper Kirkby），ギュンター・コルシネック（Gunther Korschinek），ユージン・パーカー（Eugene Parker），ジョン・オラフ・ペプク・ペダーセン（Jens Olaf Pepke Pedersen），ニール・シャヴィブ（Nir Shaviv），およびジャン・ヴァイツァー（Ján Veizer）です（敬称略）．なお，文責は我々2人にあります．

　サイモン・フリン（Simon Flynn）を初めとするアイコンブック社の方々に

も感謝します．原稿提出時は，実験結果が未発表だったために，守秘義務に従って，出版には迅速なご対応をいただきました．

Henrik Svensmark（Hellerup, Copenhagen, Denmark）
Nigel Calder（Crawley, West Sussex, England）

著者について

ヘンリク・スベンスマルク（Henrik Svensmark）

デンマークの国立宇宙センターにおける太陽・気候研究センターの所長である．彼は，以前にはカリフォルニア大学バークレー校，ノルディック理論物理研究所，ニールス・ボーア研究所，およびデンマーク気象庁で研究職に就いていた．彼は，理論物理学と実験物理学に関する50以上の科学論文を発表した．その中に気候物理学に関する9つの重要論文が含まれている．彼は，1997年にクヌード・ホフガール記念研究賞を，2001年にはエネルギーE2研究賞を受賞した．

ナイジェル・コールダー（Nigel Calder）

科学の全分野における大発見を選り抜いて解説するという仕事に生涯を費やしている．彼は，雑誌"New Scientist"のオリジナル原稿を書くサイエンスライターとして業績を重ね，1962〜1966年には同誌の編集長となる．その後，独立して科学分野の執筆者，およびTV脚本家となる．彼は，BBCの長寿番組である「サイエンス・スペシャル」の脚本で，ユネスコ科学普及のためのカリンガ賞を受賞した．彼の著書"Magic Universe"（OUP, 2003）は，2004年のアヴェンティス科学図書賞の最終候補まで残った（この邦訳は「オックスフォード・サイエンス・ガイド」（屋代通子訳，築地書館，2007）．

監修者 まえがき

　本書の主題である気候変動の原因について，その最も深いところに太陽活動にみられる長期変動が，太陽圏（Heliosphere）に天の川銀河空間から侵入して来る宇宙線と呼ばれる高エネルギー粒子群の挙動に影響し，その結果，地球気候の変動がひき起こされるのだとする推論に対しては，現在でも異を唱える人たちが多い．

　だが，本書の内容を，何の偏見も抱くことなく読み，中味を吟味してみれば，著者たちが到達した結論が，彼らの研究成果に立った強い説得力を持つものとなっていることに気づくにちがいない．

　どのような分野であれ，研究の最前線にあって研究者たちがすすめる研究の手順は，当然のことながら相互に異なっている．それぞれの履歴に応じて，自ずからこの手順が形成されてくるからである．著者の1人であるスベンスマルク（H. Svensmark）は，1992年にデンマーク気象研究所において，気象学の研究者として出発した若かった頃には，現在，彼がすすめている研究分野への参入など，全然予想もできなかったにちがいない．

　また，当面の科学上の問題における常識というか，研究者たちの大多数により支持され，受け入れられている見解や推論の当否は，長い年月をかけた後になってみないと，本当には解らない．このことについては，研究者の多くが同意することであろう．

　太陽が，地球環境の形成とその歴史的な変貌にどのような役割を果たしてきたか，また，果たしつつあるかについては，本文を丁寧に読み，研究していただくことを通じて，読者となられた方々には，宇宙線が果たす役割を，十分に理解していただけるものと，私は確信している．

　本書の著者であるスベンスマルクとコールダーは，研究を通じて得られた事実に基づいて，太陽と宇宙線が相互にどのような役割を，地球気候の形成に果たしているかを，主観や感情を一切交えずに，この本の中で解き明かしていく．研究者に要請されるのは，研究の成果については，"事実に語らしめよ"という

標言で，研究者への道に入ろうと決心した若かった頃，私自身も研究室を主宰されていた長谷川万吉教授（当時，京都大学理学部）から，諭すように教えられたのを，今も忘れていない．200篇に余る研究論文を，太陽や宇宙線に関わった分野を中心に，私は今まで発表してきているが，これらの論文を作るに当たって，この標言を忘れたことがない．

　本書の8，9章の2章でふれている今後の太陽活動の変貌と地球気候のそれとの間の因果的な関わりについては，スベンスマルクとその協力者たちによる研究成果を踏まえて書かれているので，極めて説得力の強いものとなっている．彼らの見解の評価にあたっては，読者となられた方々にも，この方面の研究の現状について詳しく研究された上で，その賛否について，それぞれの評価や見解を表明して頂ければ幸いである．これが，本書の日本語版を作るに際しての私の願いである．

　　2010年3月

　　　　　　　　　　　　　　　　　　　　　　　　桜　井　邦　朋

目 次

まえがき（ユージン・パーカー）　i

著者によるまえがき　v

監修者まえがき　vii

図一覧　xiii

0章　概説　1

1章　不活発な太陽は氷山多発期を生む　10

1節　万年氷の下の遺物が物語る過去の気候変動（10）

2節　小氷期における太陽黒点の消失（12）

3節　太陽風の送風機の調子と気候変動（16）

4節　氷山多発期（17）

5節　躁うつ病の太陽（21）

6節　氷期における気候の良い時と悪い時（24）

7節　雲形成仮説を否定するベーアのデータ（27）

2章　宇宙線の冒険　31

1節　宇宙線の概要（31）

2節　宇宙線の発生源のつきとめ（32）

3節　星の燃えかすから出るもの（34）

4節　宇宙線はあってもなくても良いものではない（37）

5節　母なる太陽はいかにして我々を守るのか（40）

6節　最後の2つの防衛線（44）

- 7節　"あれを注文したのは誰だ"（48）
- 8節　直感の裏付け（49）
- 9節　ラシャンプ磁極周回期への再移行（53）

3章　光輝く地球は冷えている　56

- 1節　分かっていなかった雲（56）
- 2節　雲による熱の出入りの抑制（59）
- 3節　太陽と気候との間の見落とされていたつながり（61）
- 4節　幼稚で無責任な提案（64）
- 5節　低い雲に驚くほどの一致（66）
- 6節　太陽活動が活発化した時（70）
- 7節　南極だけは雲で温暖化する（72）
- 8節　ペンギンは南極の寒冷化を知っていた（77）
- 9節　もっと単純に構えよ（80）
- 10節　炭酸ガスにはクールに対応しよう（82）

4章　雲の形成を呼びこむ原因は何か　87

- 1節　霧や雲の過去の形成実験（87）
- 2節　海鳥の朝食の臭い（91）
- 3節　雲凝縮核の補給の必要性（93）
- 4節　パナマ沖の低空での超微細粒子群の大量形成（95）
- 5節　CERNでのカークビーの実験計画（98）
- 6節　空気箱の地下室への設置（103）
- 7節　瞬間に起こった極微細粒子の生成（105）
- 8節　雲を作る種（シード）の種は電子である（110）

5章　恐竜が天の川銀河を案内する　115

- 1節　押し曲げられた石灰層（115）
- 2節　鉄隕石に託された伝言（119）
- 3節　各腕との遭遇による気候と生物の変化（123）
- 4節　小さい恐竜を寒冷気候から守る羽根（125）
- 5節　炭酸ガスについての議論（128）
- 6節　天体望遠鏡の役割を果たす貝殻（132）

6章　スターバースト，熱帯の氷，生命が変化するという幸運　136

- 1節　全球凍結（136）
- 2節　星のベビーブーム（140）
- 3節　若い太陽は暗かったのに温暖だった矛盾（145）
- 4節　炭素原子が示す生物生産性の拡大期と縮小期（148）
- 5節　生物の変動性と宇宙線強度（152）

7章　人間は超新星の子供か　157

- 1節　概　説（157）
- 2節　アフリカのサヘルが埃っぽくなった時（160）
- 3節　石包丁と新しいあごの筋肉（162）
- 4節　ハエ取り紙に捕えられた超新星の原子（165）
- 5節　宇宙線による冬（168）
- 6節　ミュンヘンの超新星の候補（170）
- 7節　超新星の残骸の探査（172）
- 8節　新しい知識の連鎖（176）

8章　宇宙気候学のための行動計画　178

- 1節　宇宙線による気候変動の説明（178）
- 2節　雲の分子機構の研究（CLOUD）（180）
- 3節　この天の川銀河をもっと良く知るために（182）
- 4節　不可解なリズムで揺れる惑星（186）
- 5節　地球の過去の気候をもっと良く知るために（188）
- 6節　荒れ狂う宇宙における生物（190）
- 7節　太陽活動の盛衰を読み取る（193）
- 8節　今日の気候変動についての建設的な見解（196）

9章　2008年における追記 ― 炭酸ガスの温室効果は微弱である　201

- 1節　新しい実験と局所泡への取り組み（201）
- 2節　天の川銀河における宇宙線分布図の作成（205）
- 3節　"以前とは全く異なる手合わせをしている"（208）
- 4節　破綻した炭酸ガス原因説（213）
- 5節　小氷期の再来は御免だ（215）

出　典　218

引用文献　222

解　題　223

訳者あとがき　227

事項索引　231

人名索引　234

図一覧

p.2	図1	宇宙線の増加は，雲の増加と地球の寒冷化を意味する．
p.19	図2	氷山が落とした岩屑の存在は，劇的に寒冷な氷山多発期が存在していたことを物語っている．
p.23	図3	最近の温暖期は，一連の穏やかな温暖期の内の最新のものでしかない．
p.42	図4	太陽風の吹いている太陽圏は，多くの宇宙線を撃退する．
p.46	図5	高エネルギーの宇宙線粒子が，地球の大気に衝突することにより，粒子のシャワーを生じる．
p.52	図6	貫通性の高い宇宙線は，主に，星から非常に高いエネルギーを持ってやってくる粒子に由来する．
p.68	図7	3種の高さごとの雲量の変化と宇宙線のカウントの変化との比較．
p.75	図8	20世紀の南極の気候変動は，南極以外の気候変動とはちょうど逆の関係にあった．
p.106	図9	デンマーク国立宇宙センターにおけるSKY実験装置．
p.112	図10	宇宙線の即効作用により，雲凝縮核の形成を誘発する．
p.117	図11	デンマークのモンスクリント島では，地球が非常に温暖だった時に石灰層が形成され，その石灰層がその後の寒冷化した時に，氷河のブルトーザーにより押し潰された．
p.122	図12	太陽が銀河系の渦巻き腕の中を周回中に，地球が受ける宇宙線の強度は変動することとなる．
p.127	図13	1億2,100万年前の鳥の卵の化石が発掘され，その中の雛には羽根が認められた．
p.133	図14	古代の気候のふら付きは，太陽のイルカ様の動きに結び付けられた．
p.138	図15	木星の衛星エウロパは，亀裂の入った氷床に覆われており，全球凍結期の地球のようである．
p.142	図16	2つの巨大な星の集合体同士の衝突により，赤外線があふれ出ている．
p.149	図17	38億年前の岩の中の炭化した小球は，知られているものの内で最古の生物の痕跡である．
p.153	図18	天文学から得たグラフと地質学から得たグラフが似ていることは，生物の生産性のバラツキが，銀河内の地球周辺の環境と宇宙線の強度によって変化することを示している．
p.159	図19	グールドベルトは，爆発している星々からなる輪で，太陽と地球は，それらが発する宇宙線の攻撃を受けている．
p.163	図20	丸石から作られた約260万年前の石包丁がエチオピアで見出された．これは，人間が作った道具として知られているものの内で最古のものである．
p.173	図21	最近の超新星爆発で生じた放射性アルミニウム原子（^{26}Al）が放射するγ線．
p.174	図22	グールドベルト内で約100万年前に起こった1つの超新星爆発は，2つの逃亡星をはじきだした．
p.202	図23	ドイツのカールスルーエ研究センターにおけるAIDAエアロゾル発生装置．
p.204	図24	我々を取り巻く局所泡は，宇宙線の詰まったビンである．

p.211　図25　グラフ同士の戦い．地球温暖化はすでに停止しているのか．

カラー口絵

i, ii. 太陽から噴出している大量のガス．
iii. 高エネルギーのX線放射．1つの爆発した星の残骸中から宇宙線が発生していることを示している．
iv. フィンランド上空の高層大気中に示された壮観なオーロラ．
v. ジュネーブのCERNにおける検出器により可視化された自然の宇宙線の軌跡．
vi. 人工衛星の赤外線映像を用いて作成された世界全体の雲の合成写真．
vii. 過去の気候変動に関する情報を得るための，グリーンランドの氷床中への掘削基地．
viii. グリーンランド氷床中の掘削穴深部への温度計のぶら下げ作業．
ix. デンマーク国立宇宙センターでSKYの実験中のヘンリク・スベンスマルクとジョン・オラフ・ペプク・ペダーセン．
x. 画家が天の川の印象を描いた絵．天の川の中心から離れた2つの渦状腕の間に，太陽とその惑星が存在することが示されている．
xi. スターバースト銀河M82から流れ出ている熱いガスの噴流．そのガスは大質量の星々の爆発的誕生によって生じたものである．
xii. 南極の上空を昇っている月．
　　　全球凍結期には，熱帯の海岸もこのように見えたに違いない．
xiii. 短命の星々からなる近くの星団であるすばる星（プレアデス星団）．この星団から地球は，過去数百万年の間，気候を寒冷化させる宇宙線を受けていたかも知れない．

0章　概　説

この概説について

　空が澄み切って星が輝いている夜は，風邪をひきやすい．そのために，先祖の人びとは，人が風邪をひくのは月と星が地球から熱を吸い取るからであると，考えたくなったこともあったであろう．その考えは，間違ってはいるが，星が地球を冷やすということ自体は，達見である．現代の天文学者によると，明るい星の大部分は，太陽よりもずっと熱いということであるが，それらの最大級のものは，壮大な超新星爆発を起こしてその生涯を終える時に，原子の銃弾—宇宙線として知られている荷電粒子—を天の川銀河中に撒き散らすのである．この宇宙線が地球上の雲を増やして世界を寒冷化させるので，結果として正に，爆発した星が，地球を冷やすのである．

　このような発見は，最初，正気の沙汰ではないと考えられた．空を飾り立てている普通の雲は，宇宙のはるか彼方で爆発した星から指図されているとか，気候は，銀河中から我々の頭上に降り注ぐ粒子群の指令に従っているとは，誰が想像できたであろうか．しかし，最新の実験により，このようなことが実際に起こっていることが明らかにされたのである．その結果，気象，気候，および地球上の生物の長い歴史について，科学者が今まで正しいと考えていたことの多くが，修正すべきこととなったのである．

　本書では，自然界の最大級の不思議をいくつか解き明かすために，地球上では大西洋の海底から化石の豊富な中国の丘陵まで，また，宇宙空間では荒れ狂う太陽から天の川の渦状腕まで，思いもよらない様々な場所を訪ねる．これらの空間と時間が隔たっているもの同士が，驚くべきことにつながっているのである．本書の扱う範囲がこのように広いために，まず最初に全体の簡単な概説を添えることとした．

温暖期と寒冷期の繰り返し

　気候変動は，現在だけでなく過去にも繰り返し起こっている．宇宙線が気候に関与していそうだということを示す最初の手がかりは，過去数千年の間に温暖期と寒冷期が，交互に起こっていることからもたらされた（1章）．約300年前に寒

冷化が頂点に達した直近の小氷期（the Little Ice Age）は，その後，現在の温暖期（interlude）に道を譲ったのである．
　この寒冷な直近の小氷期は，太陽の黒点が異常に少なかった「マウンダー極小期」として知られている時期と同じ時に起こっている．黒点が非常に少ない状態は，太陽の磁気活動が弱い時の症状である．また，放射性炭素原子や他の長寿命

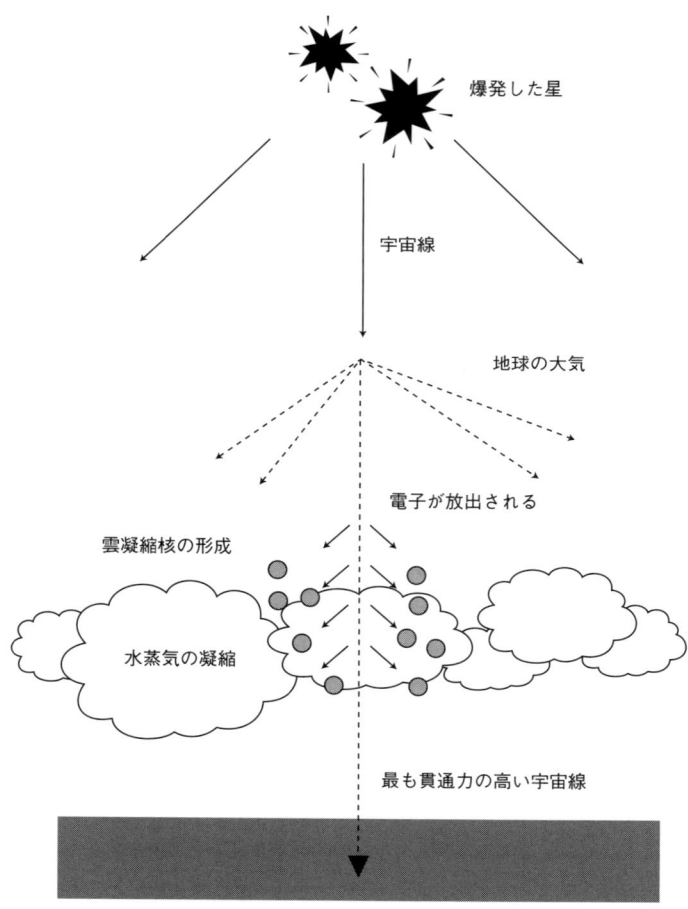

図1　地球の大気層における宇宙線の作用
　　　宇宙線の増加は，雲の増加と地球の寒冷化を意味する．なぜなら，宇宙線は雲の形成を助けるからである．

トレーサー（tracers）の生成率の急上昇が，その寒冷な気候を示すもう1つの指標である．それらの放射性元素は，宇宙線が大気中で起こした核反応で生じたものである．太陽の磁場が宇宙線の多くを太陽系外に跳ね返すことにより我々は守られているが，この太陽の磁場が弱くなった時には，跳ね返す力が弱まり，より多くの宇宙線が地球に到達するのである．

　直近の氷期（ice age）が11,500年前に終わった後には，この小氷期のような寒冷期が9回起こっており，その時にはいつも，放射性炭素原子や他のトレーサーの高いカウントを伴っていた．また，歴史学者と考古学者は，その時に，我々の先祖が冷害による食糧難で悲惨な目に遭っていたことを証明している．さらに時代を遡って直近の氷期の期間中では，断続的に厳寒期が起こっていた．そのことが分かったのは，その厳寒期に氷山の巨大な塊から落下したと考えられる石が，海底のいくつかの地層中に存在することが，ドイツの科学者により見出されたからである．これらの氷山の多発期も，太陽活動の低い時期と同じ時に起こっているのである．

　太陽が気候変動に大きな役割を果たしているという考えにすでに同意している科学者であっても，太陽が気候に影響を及ぼす方法については，意見が分かれている．一方の科学者は，温暖期と寒冷期の交代を太陽の明るさの変化で説明しようとする．彼らにとっては，光が多いか少ないかが重要なのであり，宇宙線は，気候には直接の影響を及ぼさず，太陽が磁気的に活発か，不活発かを示す単なる信号でしかないのである．他方，本書の著者であるスベンスマルクにより率いられているデンマークの科学者は，宇宙線が世界の雲量に影響を及ぼすことにより気候を直接左右しているとして，光よりも重要であると考えているのである．

　スイスの物理学者により集められた証拠が，スベンスマルクの理論を最も強力に否定するものなので，その概要が1章の最後に記述されている．約4万年前に地球磁場は非常に弱くなった．地球物理学者は，その時期を「ラシャンプ期」と呼んでいる．その結果，非常に多くの宇宙線粒子が大気中に入り込み，それらが通過した背後に原子トレーサーが多く残された．宇宙線と雲に関するスベンスマルクの理論によれば，この時期には厳しい寒冷化が引き起こされているはずである．しかし，実際には，そのようなことは起こらなかったのである．

宇宙線について

　この良く筋の通った反論を退けるために，スベンスマルクは，宇宙線がやってくる間の環境条件が色々と違っている場合の結果を調査した．それが2章の内容

である．我々は普段，宇宙線に気が付かないが，1秒間に2回ほど，宇宙線粒子が1つずつ頭の中を素通りして，足下の地面の中に消えているのである．登山をしたりジェット機で上空を飛行した時には，この回数はずっと多くなる．

宇宙線は，オーストリアの科学者によりほぼ1世紀前に発見されたが，その後は，あってもなくてもどちらでもよいような存在であると思われてきた．それは，科学者にとっては確かに興味深いものではあったが，宇宙や地球の成り立ちや地域経済（domestic economy）の変化には，おそらく重要なものではないと考えられたからであろう．しかし，つい最近になって，星，惑星，それに生活に必要な化学物質は，「魔法の薬（witch's brew）」によって作られ，宇宙線は，その薬に含まれている必要不可欠の成分であると天文学者が考えるようになってきたのである．爆発した星々からなる遠くの「どよめき」から発せられて，地球に到達する宇宙線は，我々人類に影響を及ぼし続けていると，専門家は多くの面から徐々に評価するようになってきたのである．

宇宙線が我々のところに到達するには，3つの遮蔽層—太陽の磁気，地球の磁気，それに我々を取り巻いている空気—を突破せねばならない．生物が火星の表面よりこの地球の方が棲みやすい理由の1つは，我々の惑星には豊富な大気が存在することである．火星では地球より宇宙線が数百倍強いのである．地球上には，最もエネルギーの高い荷電粒子だけが，海水面まで到達できるのである．それらは，宇宙線が大気に衝突した時に産出されるミューオンと呼ばれる重い電子である．

スベンスマルクの理論は，ミューオンが大気中の低い雲の形成を助け，その低い雲が世界を寒冷化させるというものである．地球磁気が弱まったラシャンプの難問に取り組むために，ドイツのコンピューター・プログラムを用いて，ミューオンの発生経緯を追跡した．そのプログラムは，宇宙線粒子が大気に衝突した後に，原子とこれらの粒子が起こす全ての反応（events）を計算することができるものである．この追跡により，大気の海抜2,000 m以下まで届くミューオンのほとんど全ては，高いエネルギーを持った宇宙線から生じたものなので，地磁気の変化によってはほとんど影響を受けないことが見出されたのである．したがって，地磁気の減衰したラシャンプ期でも，低空でのミューオンの増加はほとんど期待できず，そのために何ら著しい寒冷化は起こらなかったのである．

雲について

21世紀初期の気候科学の主流派が考えているように，雲は，雲以外の原因で

引き起こされた気候変動によって，二次的に生じたものでしかないのだろうか？それとも，雲が気候変動を引き起こす主役を演じているのだろうか？　それが3章の主題である．コペンハーゲン学派の研究は，どのような種類の雲が，気候変動にとって最も重要であり，宇宙線により最も影響を受けるものであるかを示したのである．それらは，地球の巨大な領域を覆う低い雲であり，そのうちでも，海洋上のものが特に重要である．これらを上から見ると，数千kmにもわたって白く輝いているだけで，単調な景観を呈しているものである［ちなみに，地球の全周は，約4万km］．

　高い雲の一部は，温暖化効果をもたらすのに対して，海抜3,000 m以下の低い雲は，地球を寒冷化させる．遮蔽層を突破してくる宇宙線が少ない時には，低い雲は少なくなり地球は温暖化する．20世紀の間に，太陽の磁気遮蔽層が2倍以上強くなったのである．そのことにより宇宙線と雲が減少したことだけで，気候学者が報告している20世紀の地球温暖化（0.6℃）の大部分を充分説明できるのである．

　しかし，気候変動を引き起こすものは，果たして本当に雲なのだろうか．このような疑問を抱かせる強力な証拠が，地球の南端からもたらされた．南極の気候変動は，独自の方式に基づいていることを示す山のような証拠により，専門家は当惑させられた．南極は，世界全体が温暖化している時には寒冷化し，逆に，世界が寒冷化している時には温暖化しているのである．この異端児的な逆の気候変動を説明するために，各種の複雑な理論が提案された．しかし，雲が，気候変動を引き起こす役割を担っていると考えるだけで，この南極の気候変動の異常は，予想できるのである．なぜなら，南極以外の世界は，雲により寒冷化されるが，南極だけは，広大な領域が雪面なので，低い雲により温暖化されるのである．

　気候変動は雲により引き起こされるということが確認されれば，それは，世界の住人にはよいニュースのように思われる．雲は，宇宙線を介して太陽により左右されるので，太陽が気候変動の主要要因であり，20世紀の温暖化の大部分は，太陽に起因するからである．もしそうなら，炭酸ガスの影響は極めて小さく，21世紀に何らかの温暖化が起こったとしても，3〜4℃という代表的な予想値よりも，おそらくずっと小さいであろう．

雲の形成実験
　コペンハーゲンのスベンスマルクらが，宇宙線，雲，および気候がつながっていることを最初に指摘してから10年間は，無視されるか，酷評されるかのいずれ

かであった．彼らの説が，気候変動に関する今はやりの炭酸ガスによる温暖化説を弱めることができるからか，厳しく反論されることが度々であった．そして，研究費を得るのが難しくなったのである．この批判家たちと決着を付けるために，また，スベンスマルクらの発見が，それに相応しい注目を集めるために，デンマーク・チームは，宇宙線が雲の形成にどのようにして影響を及ぼすのか，その正確な機構を実験で見出さなければならなかったのである．4章は，その答えを示している．

おかしなことを言うようだが，気象や気候の専門家は，雲がどこからくるのか，そのことを実際には知らなかったのである．彼らが拠り所としている基礎的教科書には，湿った空気が充分冷やされると，水分が凝縮して雲を形成すると書かれている．しかし，最初に大気中に浮遊する小さな「極微細粒子（specks）」が存在しなければならないのである．それらの極微細粒子が存在すると，それが成長して雲凝縮核ができ，雲凝縮核が存在すると，その表面上に水の小滴を形成することができて雲になるのである．その最も重要な極微細粒子は，それ自身も硫酸と水の数分子からなる小滴である．したがって，それらの極微細粒子が生成されるためには，何らかの「種」が必要であるが，それらがどのようにしてできるのか，そのことについては謎だったのである．1996年に，太平洋上を飛行する調査用航空機により，極微細粒子は急速に生成されることが発見されたのである．それは，気象予報士の従来の理論を否定するものであった．

2005年に「SKY」と呼ばれる実験が，デンマークの国立宇宙センターの地下室に設置された空気をつめた大きな箱で行われ，この高速の種形成機構は解明されたのである．すなわち，その実験室の天井を通り抜けて入ってくる宇宙線が空気中に電子を放出させ，その電子が分子の凝集を促進して，超微細粒子を生成し，それが集まって雲の形成に必要な大きな極微細粒子となるのである．電子がこれらの仕事をする時の速い速度と高い効率は，実験者を驚嘆させた．

2006年には他の研究所でも，大気中で宇宙線が起こしうる影響を調べるための試験が開始された．ジュネーブの欧州原子核研究機構—CERN—において共同研究する多国籍チームは，宇宙線を模擬するために加速粒子を用いて試験するために，SKYよりも複雑な「CLOUD」実験装置を準備していた．その間に，SKYの実験装置の複製品に計器を取り付けて，最初の試験が行われた．

天の川銀河内での太陽系の周回

コペンハーゲンでの実験により，宇宙線が，爆発した星から放出されることか

ら始まって，遮蔽層を潜り抜けて地球の低空の大気にまで到達し，そして，雲と気候に影響を及ぼすまでの，一連の過程の説明が完成された．科学者は，この世界が始まってから現在まで，宇宙線が変動したことによる各種の影響を，今ではずっと自信を持って探し出すことができる．5章で説明するように，地球への宇宙線の流入量は，太陽の状態によって変化するだけでなく，太陽系が天の川銀河のどのような所にいるかによっても変化するのである．

　地球を伴った太陽は，天の川の中心の周りを周回する軌道に乗って，星々の間を通過する．したがって，時々，熱くて明るい爆発性の星が少ない暗黒領域に，太陽が入ることがある．そこは，宇宙線が比較的少ないので，地球の気候は温暖となる．地質学者は，この時期を温室相と呼んでいる．反対に，星の光と宇宙線が強い時には，地球は氷室相（氷河期）に入り，氷河と氷床が景色の一部を占めることとなる．

　1人のイスラエルの科学者は，宇宙線と気候に関するデンマーク人のアイデアを採用して，天の川の明るい「渦状腕」を太陽が経過することにより，大きな気候変動が起こることを説明した．地球上に動物が生存した5億年の歴史の間に4つの腕を通過し，温室相から氷室相への切り替えは，4回起こっている．この宇宙線理論からすると，恐竜の時代は氷室相でなければならない．なぜなら，中生代のうち，この惑星が恐竜の生存期間中であった間は，太陽は渦状腕の中を通過中だったからである．それに対して，大部分の地質学者と化石発掘者は，この時代は一般的に温暖であったと考えていた．しかし，現在では，当時の陸上に氷が存在していたことを示す確実な証拠が，オーストラリアから出てきている．宇宙線が強かったこれらの寒冷期には，小さな恐竜は，体温を保持するために羽根を生やしていたのである．また，それらの一部が鳥に進化したことが，中国の化石発掘者により確認されたのである．

　太陽は，その周回中に，戯れるイルカが水面の上に飛び上がっては下に飛び込むように，天の川銀河の平たい円盤部分——この部分は，宇宙線が最も強い——を通り抜けて，上に出たり，下に出たりすることを繰り返している．このように周回が上下運動を伴うことにより，気候変動は，渦状腕に遭遇する回数よりも，さらに約4回，増えることとなる．現在では気候を記録した化石を用いて，天文学者による天の川に関する情報をさらに正確なものに改善できるのである．このことは，宇宙線理論が実際に機能している証拠である．

スターバースト

　数十億年の間には，天の川銀河そのものの変化や，宇宙で起こる様々な出来事により，熱帯においても氷河や氷山で溢れるほど，寒冷な状態が引き起こされることがあった．6章は，この恐ろしい状態の出来事から始まる．これは，地質学者により「全球凍結」と呼ばれており，約23億年前と7億年前に起こった．

　これらの全球凍結期は，この天の川銀河が他の銀河と軽く接触することにより，この天の川でスターバースト—星の誕生や死が頻発したすさまじい状態—が誘発された時期と同じ時に起こったのである．宇宙線が通常よりも極めて多くなり，雲が世界を非常に暗くしたために，地球全体が凍結したのである．それに対して，生物が緊急の適応をすることにより，大きな進化的変化がもたらされた．最後の全球凍結期に動物が出現（origin）したのは，その一例である．

　他方，地球が誕生した初期の頃は，太陽も若かったので，光量は今よりも少なかったが，それでも地球は，予想以上に温暖だったのである．なぜなら，太陽が宇宙線を払いのける能力が今よりもずっと強かったからである．それにより，グリーンランドの38億年前の岩石の中から発見された最古の生物にとって，棲みやすい条件が創り出されたのである．それ以来，生物は，常に変化する気候に耐えてきたのである．最新の情報を基に生物の歴史を概観すると，宇宙線が強烈な期間には，生物圏が縮小（scarcity）と拡大（abundance）との間で極めて大きく振れることが明らかとなった．

近くでの超新星爆発

　過去300万年の間に，高温で爆発性の星々からなる数個の星団（clusters）は，超新星爆発を引き続いて起こし，すぐ近くの太陽と地球を奇襲した．これにより，宇宙線は強くなった．これらの恒星の大異変が，アフリカの乾燥化を引き起こし，それにより最初の石器の製作と人間の初舞台が誘発された可能性がある．7章では，このことについて考察する．少なくとも1つの超新星は，充分近かったので，我々の惑星上に地球外からの原子を撒き散らしており，それらは，現在，海底から採取できるのである．

　数個の星が，我々の宇宙的近傍で爆発し，それにより数回の急激な寒冷化が地球上で起こったことは間違いない．それらの原因と結果を確かめようとして，個々の超新星爆発と各年代の寒冷化を，対応付けることが試みられている．しかし，それは，人工衛星の軌道上の最新式ガンマ線検出器を用いても，骨の折れる厄介な仕事である．人類自身の存在が，これらの超新星によるものかも知れない

という考えは，天文学者にその超新星を探索しようとする強い動機を与えている．そして，この探索は，宇宙線，雲，および気候に関するスベンスマルクの理論から生じたもので，科学の異なる分野同士が驚くべきつながりを持っていることを，示すものである．

宇宙気候学

宇宙気候学—我々の気候学をこう呼んでいる—が，科学の新分野として生まれ，研究者に多くの研究機会（opportunities）をもたらしている．8章では，いくつかの領域で発見の生まれる最先端においてもたらされた各種研究成果のうちの一部が概説されている．天の川銀河の知識や，気候変動と地球上の生物に関する長い歴史の知識には，大きな改善の余地が残されている．そして，太陽とその磁気遮蔽に対して，地球が特別な関係にあることをあらためて認識すると，宇宙人を探し出すのに適当な場所を絞り込むのに役立つだろう．

太陽は，宇宙線の流入量を抑制する機能を持っているが，それが今後どう変化するかは誰にも分からない．また，人間活動による炭酸ガス増加が実際に及ぼす影響を見直さなければならない．これらの理由から，地球全体を総括して21世紀末には何度上昇するというような気候予測は，信用できるものではない．それに対して，宇宙気候学は，各地域ごとの気候変動で被害を受ける人びとに，実際に役立つ忠告を提供することができるのである．

1章　不活発な太陽は氷山多発期を生む

　我々の先祖は，衝撃的な気候変動に耐えてきた．これらの気候変動は，太陽活動の変動と同期して起こることが多かった．宇宙線によって生成された奇妙な放射性原子の増減は，気候変動を示している．それらの生成が増えた時は，世界は寒冷であった．それでは，宇宙線は，気候変動を引き起こす実働部隊（agent）なのだろうか，それとも，単にその一症状なのだろうか．

1節　万年氷の下の遺物が物語る過去の気候変動

遺物と近道が物語る過去の気候変動

　貴重な遺物の発見者が，公共心に欠けている人なら，それを米国最大のオークション・サイトであるeBayに出品したであろうが，白樺の樹皮で作られた射手の矢筒を見つけたウルスラ・ロイエンベルガー（Ursula Leuenberger）は，ベルン州の考古学者に寄贈し，彼らから大変感謝された．彼らは，その矢筒の年代を放射性炭素で測定したところ，4,700年前のものであったので，びっくりした．そもそも，この矢筒は，ロイエンベルガー夫人が，夫と2人でスイス中央のトゥーン郡の上にある山を，ハイキングしていた時に，拾い上げたものである．そこは，本来，シュニーデヨッホの万年氷が，覆っている所であったが，2003年の夏の異常な猛暑により氷が後退したために，今まで氷の下に隠されていた遺物が，姿を現したのである．

　また，この夫妻は，ハイキングしていて，ついうっかりして道を間違え，それまで長い間忘れられていた近道をも発見したのである．この近道は，はるか昔に旅人や商人が，スイスのアルプス国境を縦断するために用いられていたものである．この見つけられた近道は，宝探しで荒らされないように，2年間，秘密にされた．その間，考古学者は，この氷が後退した領域を探し回り，見つかったものについて年代を測定した．2005年の末までに収集した約300品目の年代は，①新石器時代，②青銅器時代，③ローマ時代，④中世に分類できた．

　これらの遺物の各年代は，このシュニーデヨッホの道が山の南のローヌ渓谷へ

と行き来するための近道として使われていた各期間に，対応していた．1991年にはイタリアのチロル地方エッツタールで，殺された「アイスマン（ice man）」が発見され，それが持っていた同様の矢筒は紀元前3300年と測定されたが，ここシュニーデヨッホでは，それに匹敵する実質的な人間の遺体は，存在しなかった．しかし，シュニーデヨッホの近道が，気候変動により開通と閉鎖を繰り返していた，という新たに見つかった歴史は，気候変動に対して非常に興味深い実例を与えたのである．

あのエッツタールのアイスマンは，21世紀初頭の気候が，憂慮すべきほど温暖化していると主張している人たちが勝ち取った「優勝トロフィー」である．というのは，アイスマンのミイラ化した遺体を保存した氷は，海抜3,250 mのところにあり，直近の氷期が終わって，世界がその後の最も温暖化した時代に入った時から現在まで5,000年以上もの間，氷が融けなかったからである．したがって，この物語は，工業化時代に人間が引き起こした地球温暖化が，全ての自然の変動を凌駕したのであり，そのことを我々全てに警告するために，アイスマンが露出したのである，というものである．

シュニーデヨッホの近道は，エッツタールのアイスマンが見つかった場所よりはずっと低く，標高500 mの所にあった．これほど低い所で見つかった遺物から，気候変動に関して得られる印象は，世間で言われているものとは全く異なっている．この近道で見つかった遺物は，その道が使用できた温暖期と，道が氷で閉鎖された寒冷期とが，交互に繰り返されていたことを示しているのである．この近道の発見は，長年の間，不思議に思われていた別のことをも，解き明かしてくれた．スイスのトゥーンという町は，現在では都会であるが，昔は1つのローマ風の寺院と集落しかなかった．この町の上の斜面のところに，なぜか1軒のローマ風の宿屋が建っているのである．この疑問に対して，スイス州立考古学研究所のピーター・シューター（Peter Suter）所長は，最近の成果を基に，満足げに次のように説明してくれる．「我々も以前は，この宿屋がどうしてそこに建っているのか疑問でした．しかし今では，それが，シュニーデヨッホの町を縦断して南に抜ける道に面して建っていた，ということが分かったのです」．

考古学者により発見された遺物のうち，最も新しいものは，靴の一部で，西暦14～15世紀のものであった．その年代は，中世温暖期として知られている期間の末に該当する．その後にシュニーデヨッホの近道は，最も新しい厳寒期である小氷期の氷河で閉鎖されたのである．名目上，この小氷期は1850年に終わっているが，氷河の後退は遅く，その近道が現れるまでに1世紀半を要し，ようやく，

21世紀初頭にそれが発見されたのである．

　この話は，自然に起こった気候変動が，5,000年の間，欧州人の生活と行き来に実際的影響を及ぼしてきた，というものである．紀元前800年と西暦1700年を中心とする2つの期間が，実際上，寒冷期であった．この西暦1700年の寒冷期である小氷期の影響は，有用な近道がかつてそこに在ったことを，その土地の人でさえ忘れるほど，シュニーデヨッホの町に長く続いたのである．

マンによる最近1,000年間の気候変動

　中世温暖期と小氷期は，産業革命以前に起こった自然の気候変動を無視したい最近の人たちにとっては，邪魔なものであった．マサチューセッツ大学のマイケル・マン（Michael Mann）らにより1998年に作成された気温の経年変化のグラフは，この自然の気候変動を取り除こうとしているので，広く知られてはいるものの，信頼できるものではない．マンのグラフでは，1000〜1900年までは，ほぼ水平で世界は涼しい状態を維持しているが，それ以降は，20世紀末の未曾有の高さに向かって急上昇している．したがって，「ホッケーのスティックのようだ」と風刺されているように，この水平部分がその柄の部分，急上昇している部分が先端部分のように見える．この上昇に転じた部分が，人間により引き起こされた地球温暖化の開始と考えられたのである．

　このオーウェル風の作為は，気候の歴史から，政治的に好ましくない過去の温暖期を抹殺しようとして，シュニーデヨッホから出た遺物を無視しているのである．それらの遺物は，化石燃料の大量消費とそれに伴う炭酸ガスの排出が，温暖化を引き起こす要因とはなりえないはるか昔の時代に，この過去100年間と非常に良く似た温暖化が，繰り返し起こっていたことを示している．これらの気候変動は，地球全体に起こったものではない，と主張する人もいるが，その主張は，中世温暖期と小氷期があったことを示す数多くの証拠により否定される．それらの証拠は，北米と欧州からだけでなく，東アジア，オーストラリア，および南アフリカからも，得られているのである．ホッケーのスティック状のグラフに含まれている誤差の調査は，統計学者に任せるとして，我々は，数百年や数千年の間に起こった気候変動の特徴とリズムについて，調べることにしよう．

2節　小氷期における太陽黒点の消失

宇宙線による大気の変化

　爆発した星から降り注ぐ原子の「銃弾」—すなわち宇宙線—は，地球の大気に

一瞬，到来したことを記録した印を，宇宙線が通過した背後に置いていく．その印は，上空の大気中において，核反応により生成された微量の放射性原子という形態をしている．それは，大気中の窒素から形成された放射性炭素原子—^{14}C—であり，遺物の年代を測定するための手段として，特に考古学者に重宝がられている．

生成された^{14}Cは，酸化されて炭酸ガス（$^{14}CO_2$）となり，この生命のガスにより植物が成長するので，その植物や，それを食べた動物に移行し，それらの遺体である木材，木炭，骨，革，および他の残存物中に残ることとなる．その遺体中に含まれる炭素の最初の^{14}C比率（$^{14}C/^{12}C$）は，その生物が遺体となった時の大気中に含まれる炭素の^{14}C比率に一致している．それから，数千年を経過すると，その^{14}Cはその間に徐々に崩壊して窒素に戻る．したがって，木材や繊維，それに骨などの年代を経た一片について，その炭素中に残っている^{14}Cの比率を測定すれば，その遺体，つまり，その植物または動物が生きていた時代から，何世紀または何千年，経過しているかが分かるのである．

星からのこの贈り物には，思わぬ欠陥があることに，考古学者はすぐに気付いた．最初の頃の^{14}C法による年代は，新旧が逆転した無意味な場合さえあるように思われた．たとえば，エジプトのファラオが，その後継者と分かっている者よりも新しい年代であると判定されたことがあったのである．フローニンゲンのヘッセル・ド・フリース（Hessel de Vries）は，1958年にそれを説明できる理由を見出した．すなわち，大気中における^{14}C生成率が，時代によって違っているのである．そこで，樹齢の古い木の年代が明確に分かる年輪ごとに^{14}C比率を測定し，それを^{14}C比率／年代の座標上にプロットして，この問題を解決したのである．これにより，考古学者は，1つの測定値から複数の年代候補が得られる場合もあるが，より信頼性の高い年代が得られることとなった．

そして，物理学者は，宇宙線の侵入を防ぐ主要門番としての太陽の働きが，数千年の間に変化した様子を見られるようになったのである．この銀河から到来する宇宙線が，地球の近くに到達する前に，太陽の磁場が，その多くを跳ね返すことにより，我々を守っているのである．考古学者を混乱させた変動は，太陽の気分（mood）が変化したことによるものであったのである．^{14}Cの生成率が低かったということは，太陽の磁気活動が非常に活発であったということを意味していたのである．太陽が不活発な時には，より多くの宇宙線が地球に到達し，^{14}Cの生成量が上昇するのである．

13

太陽活動と気候変動との関係付け

　この発見は，太陽と常に変化する地球上の気候とがつながっている，という1960年代に始まる最新の解釈への道を切り開いた．ニュージーランドの科学工業研究部のロジャー・ブレイ（Roger Bray）は，紀元前527年以降における太陽活動の変動を追跡した．彼は，宇宙線による放射性炭素原子^{14}Cの生成の増加を，太陽の磁気活動の低下という他の症状に，関係付けることができたのである．

　太陽表面上の各黒点は，強い磁気の創出により作られるので，黒点が少ないということは，そのような強い磁気の創出が少ないことを示している．太陽活動が弱く不安定な時は，北方地方の空を光らすオーロラが出現したという報告も僅かしかないが，そのような時には，宇宙線が大量の^{14}Cを作っているのである．そして，最も重要なことは，ブレイが，太陽活動の低下と宇宙線強度の上昇を，記録された歴史的な氷河の前進―すなわち，多くの谷間における冷たい氷河の先端が，ふもとの方に押し寄せる現象―と，結び付けたことである．この氷河が前進した証拠は，小氷期の最も寒い期間が跨っている17世紀と18世紀には，極めて多数に上ったのである．

　一部の研究者は，他の研究者よりも，自分の研究に対する評判を獲得するのが上手である．コロラドの高々度観測所のジャック・エディ（Jack Eddy）［パーカーによる前書き参照］は，ブレイの成果をその10年後にかすませてしまった．そして，このエディが，17世紀末における太陽の特異的な黒点極小状態に対して，「マウンダー極小期（Maunder Minimum）」という洒落た名称を付けたのである．エディは1976年の報告書において，ロンドンのグリニッジ観測所で太陽観察の最高責任者であったウォルター・マウンダー（Walter Maunder）にちなんで，その極小期にそのような名前を付けたのである．マウンダーは，太陽から黒点がほぼ完全に消失した1645〜1715年の期間のことについて，1890年代に回顧風に記述した人である．

　ビッグバンやブラックホールのような生々しい印象を与える用語は，科学的アイデアを普及させるために，重要な役割を演じるものである．そして，エディは，マウンダー・ミニマムという韻を踏んだ名称を付けることにより，自分が勝者側にいられると考え付いたのである．

　　　このように太陽の活動は不規則であるという考えが，受け入れられれば，私は，その考え自体を売りこめることを知っていたので，人が覚えやすい名前を探しました．mを複数個持っている"Maunder Minimum"は，一種の擬音語なので，これだと考えました．この名前を付けることにより，

マウンダーには過分のことをしたと考えています．その主な理由は，この太陽活動の不規則性というアイデアをドイツの天文学者であったグスタフ・シュペーラー（[Gustav] Sporer）から得ており，マウンダー独自のものではないからです．そのために，私がこの論文を発表した後に受けた質問（shots）の中に，一部のドイツ人から「あなたは，あれに間違った人の名前を付けましたね」と言われましたが，それに対して「全くそのとおりです」と答えました．

その代償として，後にシュペーラー極小期という名前は，また別に太陽活動が弱く宇宙線強度が高かった1450～1540年までの期間に付けられた．

さらに，黒点が少しだけ減少した1300～1360年，および1790～1820年の各期間は，それぞれ，ウォルフ極小期，ドールトン極小期と呼ばれた．

西暦	極小期	太陽活動	温暖期と小氷期
1000～1300年	：	活発	中世の温暖期
1300～1360年	：ウォルフ（Wolf）	少し弱い	
1450～1540年	：シュペーラー（Sporer）	弱い	小氷期（中心1700年）
1645～1715年	：マウンダー（Maunder）	弱い	
1790～1820年	：ドールトン（Dalton）	少し弱い	
1850年	：	回復	小氷期終了

太陽活動が低下した4つの異なる極小期が生じたのは，短い数回の回復期により分断されたからである．この短い回復期の扱い方が，気候歴史学者によって異なるために，小氷期の開始と終了の時期が，バラバラなのである．しかし，その頃の寒さが厳しかったことは，氷河が前進して農場と村が押しつぶされたこと，夏が極めて短かったこと，そして，各地で飢饉が起こり餓死者が出たことが記録されていることで，充分実証されている．

バイオリン製作者のアントニオ・ストラディヴァリ（Antonio Stradivari）が生存したのは，このマウンダー極小期の時期にあたり，この時期の欧州の木は成長が悪く，年輪の間隔が過去500年のうちで最も狭いのである．これにより，ストラディヴァリのバイオリンが現在では1千万ドル以上もする理由を説明できるのであろう．2003年にテネシー大学の年輪の専門家であるアンリ・グリッシーノ・メイヤー（Henri Grissino-Mayer）と，コロンビア大学の気候科学者であるロイド・バークル（Lloyd Burckle）は，この間隔の狭い年輪が，ストラディヴァリによって用いられたトウヒ（spruce）材を，ことのほか強くて密度の高いも

のとしているので，その後のバイオリン製作者は，それに匹敵するものは決して作れないと指摘している．

3節　太陽風の送風機の調子と気候変動

太陽類似星の観測

　気候学者と同様に，宇宙物理学者もマウンダー極小期に強い関心を持つようになってきた．なぜなら，太陽類似星を4半世紀以上の間，定常的に観測してきて，300年前の太陽とちょうど同じように，それらが磁気活動を停止することのあることが，示されたからである．1993年に，カリフォルニアのウィルソン山天文台のロバート・ジャストロウ（Robert Jastrow）とハーバード・スミソニアン天体物理学センターのサリー・バリウナス（Sallie Baliunas）は，12個の太陽類似星を観測した結果を次のように報告した．①2つを除く10個の星は，正常時の太陽と類似の活動周期を示しているが，②くじら座タウ星（Tau Ceti）という1つの星は，磁気活動を実質上，停止している．そして，最も劇的なことは，③うお座第54番星（54 Piscium）というもう1つの星は，1980年までは正常な状態であったにもかかわらず，その後，あたかもマウンダー極小期と同様の極小期に入ったかのように，突然，その磁気活動を低下させ，その低い状態を維持している．

　小氷期の時に黒点が消失していた，というウォルター・マウンダーの論文内容を詳しく調べるように，ジャック・エディに最初に勧めた人は，ユージン・パーカー（Eugene Parker）であった．このシカゴの物理学者は，太陽風の理論を生み出し，この太陽風により，太陽が磁気遮蔽層を作り，それにより外からの宇宙線の侵入を防いでいる，ということを示した人である．そして，2000年のテネリフェ島における会議でパーカーは，このような磁気活動の変化が，他の星で起こっていないか，より多くの注意を払うべきであると，訴えたのである．

　　　我々は，いくつかの太陽類似星の観察から，それらのうちの1つの星が，ほんの数年の間に，その光度の0.4％を失ったことを知っている．もしも，太陽がそうなったなら，300年前の寒冷状態が，すぐに再来する可能性がある．その寒冷状態は，太陽活動が大幅に低下したマウンダー極小期と呼ばれた時期に起こったからである．したがって，太陽がいつどうなるかを見出せるように，我々は，太陽類似星を千個ほど監視できる自動観測装置を設置すべきである．

黒点極小期に寒冷化する理由

　太陽が気候変動を起こす役割を担っている，という考えを支持するジャック・

エディとサリー・バリウナスを含む多くの他の科学者たちと同様に，パーカーは，太陽の黒点数が減少した時に起こる太陽光度の減少が，小氷期の寒冷化を引き起こしたと考えた．これらの科学者にとって，気候に影響を及ぼすものは，太陽からやってくる可視光と非可視光の双方，または，いずれか一方の光度の変動であった．小氷期中の宇宙線の増加は，彼らの観点からすると，太陽活動の低下の単なる症状でしかなく，寒冷化を起こす原因そのものではなかったのである．

それとは対照的に，本書の2人の著者は，太陽光度の減少は，小氷期やその他の同様の寒冷期を引き起こすのに貢献してはいるが，ほんの小さな1つの要因でしかないと見なしている．そして，宇宙線の侵入量の増加が，雲量の世界的な増加をもたらし，その雲量の増加が，より強力な寒冷化を引き起こすと考えているのである．この考えに，コペンハーゲンのスベンスマルク（Svensmark）が，初めて気が付いたのは1996年のことであった．しかし，当時，彼は，2つの前線で戦わねばならなかった．1つは，太陽は，いかなる場合も気候変動にはほとんど影響を及ぼさない，と考える科学者たちとの戦いであり，もう1つは，気候変動への太陽の貢献は，非常に重要と考えてはいるが，宇宙線が気候変動を起こす役割を担っている，ということは受け入れられない，とする科学者たちとの戦いである．しかし，粘り強い議論によって，この太陽と気候とが結び付いていることを示す一般的事実は，徐々に納得されるようになってきたのである．

4節　氷山多発期

間氷期に起こった寒冷期

300年前の小氷期の犠牲者には，アイスランドやグリーンランドに入植したバイキングが含まれる．それらの土地では，氷が海岸にまで迫ってきたからである．アイスランドの住人は，飢饉に悩まされた．グリーンランドの場合には，先住民は生き残ったが，入植者は全ていなくなった．陸上の氷が南方に拡大し先端部分が大西洋に入ると，海洋上を漂流し，その間に氷が融けるので，陸上で削り取った岩屑を海中に投下する．それが今でも海底に見付けられるのである．

荒れ狂う波のずっと下の海底には，海底生息生物の死骸，ゆっくりと降下してきた微細な生物の殻，それに，海面の氷から落ちてきた陸上の岩屑が溜まり，それらが数百万年を静かに経る間に，堆積物が層状に重なった地層を形成する．そこで海面上の調査船から，深い海底の地層中に長い管を差し込んで，引き抜くことにより，色や組成の異なる各層からなっている長い円柱状の地層コアーを採取

できる．専門家の目で，このコアーの上方から下方に向かって各層を調べると，歴史書の各ページをめくって過去に遡るように，新しい出来事から古い出来事へと順番に読むことができるのである．

　小さい生物の殻からなるはっきりとした白い堆積層は，典型的な温暖状態を示す．それに対して，沈泥状物質と砂状物質の帯は，世界が寒冷であったことを示す．漂流している氷は，遠い陸上の岩屑を運び，その氷が融けた時に，それを下に落とすからである．北大西洋の海底の地層中に，氷が運んだ岩屑が存在する位置と量から，直近の小氷期（the Little Ice Age）は，同様の小氷期が何回も繰り返し起こったうちの最新のものでしかなく，それよりもさらに厳しい寒冷期が約1,500年の間隔で，度々起こっていたことが分かったのである．

　マウンダー極小期の前には，青銅器時代から鉄器時代に移る時期である紀元前800年頃の期間が悲惨であった．この時代は，シュニーデヨッホの近道が閉鎖された期間の1つであった．オランダの西フリースラント諸島にある考古学上の遺跡は，この時代に寒い雨天の日が続いて地下水位が上昇したために，低地の集落と農地から，住民が追い出されたことを示している．これも太陽活動が衰えていた時代のものであった．1997年に，アムステルダム大学の古代環境経済学者であるバス・ファン・ヘール（Bas van Geel）は，この寒冷期にスベンスマルクとコールダーの関心を向けさせ，その理由を述べた．

　　　この突然の気候変動は，急激な^{14}Cの上昇と同時に起こりました．それは，紀元前850年頃に始まり，紀元前760年頃に最大となりました．この太陽の変化が気候にどのように作用するのか，それを明確に説明できる人がいないからといって，この太陽の気候への影響を否定してよいことにはなりません．

　フリースラントの人びとが苦しんでいる時に，氷山が運んできた岩屑が，北大西洋の海底に堆積した量は，その後のマウンダー極小期の期間中に認められた堆積量を上回ってはいたが，それより前の数回の寒冷期の場合ほど，著しくはなかった．さらに時代を遡って我々の気候変動の歴史を見てみると，主要氷期の中では，これらの突然起こる比較的短周期の気候変動は，一般的に10万年ごとに氷河の前進と後退を引き起こすゆっくりとした長周期の気候変動の上に，重なって起こっていることが分かった．1970年代以降に一般的となった理論によると，地球の公転軌道のふら付きが，この氷期のゆっくりとした10万年周期のリズムをもたらしているようである．それに対して，これらの比較的短周期の気候変動は，宇宙線に影響を及ぼす太陽活動の変動によるものである．

直近の氷期における氷山多発期

 気候の激しい逸脱が，何回も起こっていたことが最初に明らかになったのは，1980年代のことで，ハンブルクのドイツ水路測量研究所のハルトムート・ハインリッヒ（Hartmut Heinrich）が，北大西洋の欧州側から採取した海底地層のコアーを調査した時であった．11,500年前に終了した直近の氷期の期間中にできた堆積物中に，ケイ砂に富んだ11層の明確に区別できる地層を見出したのである．そのうちの6層の地層には，はるか遠く離れた所の岩に由来する岩屑が含まれており，これらの例外的に大規模な氷山多発期の最初のものは6万年前，最後のものは17,000年前に起こったものであった．

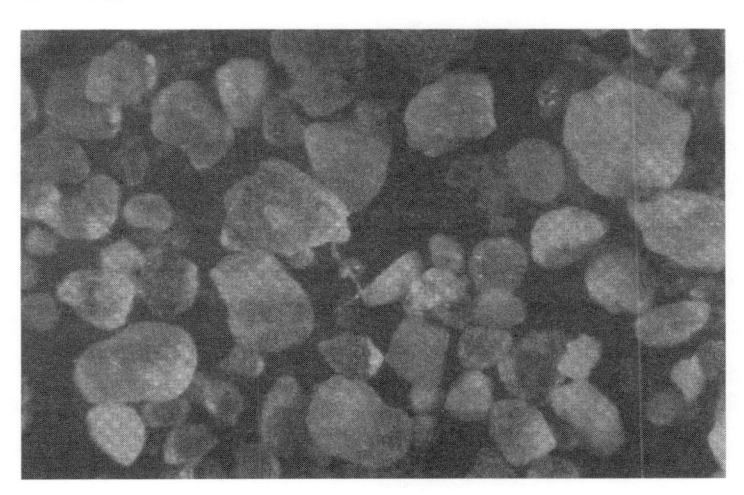

図2 大西洋の海底の多くの場所に，氷山が岩屑を落としていった．約22,000年前の海底地層の岩屑から，その時期が，氷山多発期として知られている厳しい寒冷期の1つ—この場合はHeinrich2—であったことが分かった．これらの厳寒の氷山多発期は，全て，太陽活動の低下と宇宙線強度の上昇が起こった時期に結び付けられた．（Anne Jennings, Institute of Arctic and Alpine Research, University of Colorado-Boulder）

 これらの岩屑の出所は，スイス人学生のリュディガー・ヤントシック（Rudiger Jantschik）によって突き止められた．ノルウェー海やグリーンランドからきたものは，驚くに足らないが，北カナダに由来する白い炭酸塩岩の粒子もまた，存在していたのである．このように推定された出所は，ハインリッヒを驚かせた．

　我々は，陸上の氷が海中に崩れ落ちて，氷山の「大集団」が常に生まれていたという状況を想像しなくてはなりませんでした．それらの氷山は，

北米から大西洋を一直線に横切って漂流し，大西洋の欧州側で融け，そこに岩屑を堆積させたのです．それらにより，これまでの気候変動に関するいずれの教科書にも載っていなかった一種の厳寒期が何回も存在していたことが示されたのです．

　ハインリッヒ氷山多発期の各期間中には，北大西洋北部の平均温度が，人の一生涯の期間中に，突然，摂氏で数度も低下した可能性がある．この影響は，はるか遠方でも感じられた．たとえば，中近東では，現在の死海の位置にあったリサン湖の水位が，ハインリッヒ期の期間中に大きく低下したことを，最近の研究は示している．これは，そこでの雨量が大幅に減少したことを示唆するものである．

　ハインリッヒ氷山多発期の気候変動は，我々の先祖が被った気候変動のうちでも，また将来，我々の子孫が被るであろう気候変動のうちでも，最も強烈なものであることは，ほぼ間違いないので，このハインリッヒ期は，より精密な調査が必要なことは明らかである．

　海底地層コアーの世界最大のコレクションは，コロンビア大学のラモント・ドハティー地球観測所に存在する．そこの地質学者であるジェラード・ボンド（Gerard Bond）は1995年に，北大西洋の地層コアーのより徹底的な調査に取りかかったのである．

　ボンドは，海底堆積物中に存在する他の土地由来の粒子を，mm単位で調査した．それにより，ハインリッヒ氷山多発期は，さらに驚くべきものとなった．白い炭酸塩は，北カナダのハドソン海峡地域に由来し，それと混在し赤鉄鉱で赤く染まった粒子は，南カナダのセントローレンス地方に由来するものであることを，ボンドは見出した．黒い半透明の火山性ガラスは，アイスランドからきたものであった．したがって，この岩屑を運んだ氷山は，幅広く散らばった北米や北欧の各地域から，一斉に生じたのである．いくつかの氷山は，北西アフリカまで漂流し，そこでようやく融け，岩屑という荷物を海底に落としたのである．

　ボンドは，夫人であるラスティー・ロッティ（Rusty Lotti）と一緒に調査して，ハインリッヒが大西洋北東部の地層コアーから報告したものよりも，多くの氷山多発期が，直近の氷期の期間中に起こっていたことを見出した．それらを見出せたのは，大西洋の北東部以外の地層の方が見やすかったからである．ハドソン海峡由来の著しく白い粒子が検出されない場合には，セントローレンスの赤い粒子とアイスランドの黒い粒子が，時々現れた．ハインリッヒ氷山多発期は，度々繰り返された寒冷期の中で，断然，最悪というべきものであった．

ボンドによる氷期の最後以降の調査

ボンドは，また，氷山が岩屑を運搬した氷山多発期の調査を，時代を進めて，最終氷期の最後，およびその後の一般的に温暖化した間氷期に移した．地質学者は，すでに知っているように，氷期を終了させた大きな温暖化は，約13,000年前に起こったヤンガー・ドライアス寒冷期（Younger Dryas episode）と呼ばれる厳しい寒冷化の再来により中断された．そのヤンガー・ドライアス寒冷期の海底地層コアーは，白い粒子等からなるハインリッヒ型の氷山多発期を示した．

氷期の後では，各寒冷期は，明瞭さに欠ける堆積物を残した．それらは，主に，北方の陸地や島から風で飛ばされてきた粉塵（dust）が，漂流している海上の氷の上に乗り，そして，その氷と共に，南方に運搬されたものである．しかし，これらの粉塵の堆積物により，それまでの氷山多発期の発生リズムが，いつまでも持続されていることが示されたし，また，氷山で運搬された岩屑の量が，直近の小氷期の時よりも，多かった氷山多発期が，数回起こっていたことが示された．すでに述べた紀元前800年の寒冷期以外に，地質学者や考古学者には広く知られている他の寒冷期も，海底地層コアーは，高い信頼度で記録している．たとえば，約8,300年前（紀元前6300年）と，5,600〜5,300年前（紀元前3600〜紀元前3300年）の期間の寒冷期である．北大西洋の各寒冷期は，低緯度地帯での雨量の減少と結び付けられた．もしも，読者が気候変動が人の生活状況に及ぼしうる影響について関心があるなら，知られている納税督促状の最古のものは，メソポタミアの粘土盤に書かれたもので，それが始まったのは，この後の寒冷期であることを知らなければならない．

紀元前1300年に頂点に達した寒冷期は，広範囲に影響を及ぼした．海氷が，その粉塵状岩屑を大西洋で落下させている間に，東地中海周辺の国々を旱魃で苦しめた．ギリシャのミケーネ人とアナトリアのヒッタイト人の都市文明は，双方とも崩壊した．ユダヤ人がエジプトを脱出したのは，ナイル河の水位が低くなっていた時である．強盗や海賊の出現により錫貿易は途絶え，これにより，銅と錫の合金である青銅の代替品として，鉄鋼の試用が特にキプロスで促された．

5節　躁うつ病の太陽

太陽活動の変化と気候変動

寒冷化が起こった時期と，太陽活動が低下し宇宙線が増加した時期とは，マウンダー極小期が小氷期を伴ったのと同じように，全て同時に起こったのである．

このような関係は，当然のことと考えているスベンスマルクらにとっては，全く驚くに当らないことである．スベンスマルク，およびアムステルダムのバス・ファン・ヘールを含む他の科学者たちは，この点を繰り返し指摘してきたが，大抵の場合，無視されてきたのである．たとえばコロンビア大学のジェラード・ボンドも，ハインリッヒ期よりも穏やかな寒冷期が，過去の12,000年の間に起こった形跡を，最初に調査した時には，太陽活動と寒冷化とが関係していることについて，疑問視していた．しかし，それは，ボンドのチームにスイス連邦環境科学技術研究所のユルク・ベーア（Jürg Beer）が加わるまでのことであった．

ベーアの^{10}Beによる研究

ベーアは，宇宙線により大気中に生成された放射性ベリリウム^{10}Be量の変化から，過去の太陽の活動状況を明らかにした専門家である．この^{10}Beは，^{14}Cよりも寿命がはるかに長く［半減期は，^{10}Beが151万年，^{14}Cが5,730年］生物による吸収排出によって乱されることはない．それに，炭酸ガスのように大気と海洋との間での複雑な循環の影響を受けることもない．南極やグリーンランドの氷の上には，^{10}Be原子が次々に降下してくる．その後に雪が降ると，その位置に閉じ込められる．したがって，この氷中の^{10}Beは，10万年以上にわたる太陽活動の状況を教えてくれるまたとない貴重な「案内人」である．

地球の最も寒い両極地における大規模な掘削事業と，採取した氷層コアーを研究室に持ち帰ってからの忍耐強い試験とのおかげで，気候変動，およびそれを起こしたと考えられる各種原因を記録した長い年代記が，現在では利用できるのである．というのは，この氷層の各層は，^{10}Beのカウントの他に，火山爆発の痕跡，それに炭酸ガスやメタンのような各種の気体の痕跡と共に，温度変化の記録を，保存しているからである．

ベーアは，スベンスマルクの宇宙線と雲による気候変動機構を支持していたわけではないが，太陽が何らかの形で気候に著しい影響を及ぼす，という考えには，全く反対していなかった．というのは，ベーアが太陽の様相の変化の指標として宇宙線を用いた時には，グリーンランドの氷層に認められた^{10}Be生成の各頂点が，ボンドが注意深く年代を決定したそれぞれの氷山多発期と，かなりよく一致したからである．このことは，2001年にボンドのチームにより報告された．

> 最近の12,000年間に関して，北大西洋海底の我々の地層試料により確認された実質上100年ごとの漂流氷山の増加は，太陽の放射が，はっきりと分かる一定間隔で変化すること―全般的には低下すること―に，結び付けられたので，この我々が見出した関係は，太陽が気候に影響を及ぼすこ

突然の温暖化と寒冷化

コペンハーゲンのウィリ・ダンスガール（Willi Dansgaard）とベルンのハンス・エシュガー（Hans Oeschger）は，グリーンランドの氷床中を掘削して採取した氷層コアーを精査した時に，ハインリッヒとボンドの氷山多発期群の突然の寒冷化同士の間に，突然の温暖化が起こっていることを発見した．氷中の重い酸素原子の割合の変化が，温度変化の指標である．氷床上で遠く離れた2つの掘削地の双方で，最後の氷期の真っ最中である45,000〜15,000年前の間に形成され

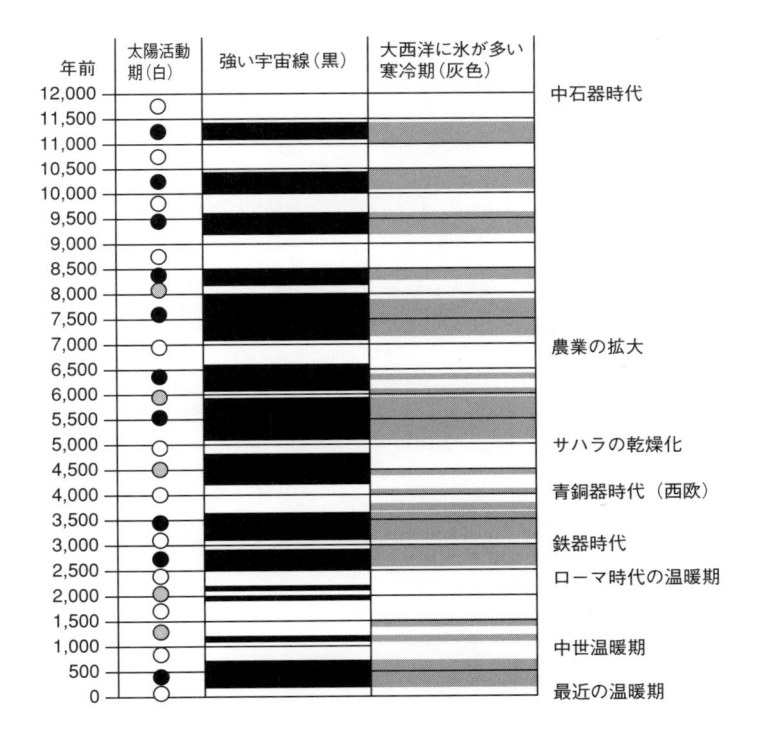

図3　過去12,000年の間には，太陽活動が何回も繰り返し低下した．その度に，銀河宇宙線が増加した．その結果は，世界の寒冷化である．その最も最近のものは，小氷期である．ここに示された寒冷期は，大西洋に氷山が落とした岩屑の多少に基づいたものである．また，穏やかな温暖期も何回も繰り返し起こったが，その時は，太陽は活発であったし，宇宙線は比較的少なかった．現在の温暖期（ーよく地球温暖化の時期と呼ばれているー）も，単に，その最新のものにすぎない．（Data from G.Bond and team, 2001）

た氷層に，強い温暖期が，突発的に12回も起こり，その各々が数百年間も続いたことを彼らが見出したのである．

現在の間氷期の期間内でも温暖期が繰り返し起こり，その都度，アルプス越えのシュニーデヨッホの近道が再開された．間氷期の各温暖期は，氷期の期間内に起こった法外な温度上昇期に比較すると，比較的穏やかで弱められたものであった．それは，直近の小氷期が，幸いにもハインリッヒ寒冷期ほど，厳しくはなかったのとちょうど同じ程度である．現在の地球で起こっている温暖化は，最後の氷期の期間中に起こった強烈な温暖化よりも，強いものなのだろうか．

最も最近に起こった2つの温度上昇期は，中世の温暖期と20世紀の地球温暖化の時期である．西暦1000～西暦1300年頃までの中世温暖期では，世界の多くの地域が，現在ほどではないにしても，温暖であった．この時代で次のことは，忘れてはならない．北大西洋では，バイキングが全盛を振るっていたし，イスラム帝国では，文化と科学の絶頂期であった．さらに，中国では，人口が100年間で2倍になるほど，温和な時代であった．この頃の欧州が隆盛を誇っていたことは，大聖堂の建設ブームに示されている．

太陽活動が活発で宇宙線の侵入を阻止した時期は，中世の温暖期と20世紀の温暖化時期の双方に，明確に結び付けられる．それとは対照的に，太陽の気分が反対に振れた時の際立った影響は，小氷期の時のように宇宙線が増加することである．中世の温暖期には，大西洋で岩屑を運んだ氷山は減少したことが，ボンドらにより示されたように，過去12,000年の間氷期の間に，寒冷期に挟まれた温暖期が全部で8回起こり，その時にはいつも，宇宙線は少なかったのである．

直近の氷期に，ハインリッヒ期の寒冷気候とダンスガール・エシュガー期の温暖気候との間で，より強烈な気候変動が起こった場合にも，間氷期と同じように，気候変動に合わせて宇宙線が変動したので，間氷期と氷期の双方における寒冷期と温暖期は，太陽活動の変動によって起こっていることは，疑う余地がない．

6節　氷期における気候の良い時と悪い時

クロマニヨン人の移動

アフリカから広がっていった現代の人間が，最初に危険を冒して西ヨーロッパに移動したのは，ダンスガール・エシュガー温暖期の期間中の約35,000年前のことであった．それまでその地にいたネアンデルタール人は，これらの移動してきたクロマニヨン（Cro-magnon）人にとって代わられた．温暖な気候が，彼らを

初めて，欧州内の北部や西部に誘い出したことは，疑う余地がない．しかし，彼らの子孫は，それから，この氷期が終わるまでに，6回の大きな寒冷化と温暖化を伴う気候の「ジェットコースター」に乗ることとなったのである．勇気と知性がその限界まで試されたのは，アジアと欧州を含むユーラシア大陸だけではなかった．なぜなら，降雨分布が激変したために，地球上の全ての居住地が影響を受けたからである．

13,000年前のヤンガー・ドライアス寒冷期は，特に厄介であっただろう．前述したように，氷期がまさに終わろうとしていた時に訪れたからである．寒冷状態に戻った時には，^{14}Cのカウントが頂点に達したことから，その時には，宇宙線が通常時より多く到達していたことが分かる．氷山で運ばれた岩屑が，大西洋の海底に大量に投下され，復活した氷河が，温暖な気候の時に谷間に茂っていた森林を押し潰したのである．

アフリカで徐々に増加していた降雨は，ヤンガー・ドライアス寒冷期には，突然ほとんどなくなり，湖の水位が低下して渇水が多くの地域を苦しめた．そんな中で，シリアのユーフラテス川流域のアブ・フレイラでは，住民が，気候変動への新しい対処法を思いついたのである．その土地で，先史時代の全体を通して最も重要な技術革新——以前には自然に生えていた穀類（最初はライ麦や小麦）の計画的栽培——の証拠が，ロンドンの考古学研究所のゴードン・ヒルマン（Gordon Hillman）らにより，見出されたのである．

　　　この栽培を行うことになった第一の引き金は，ヤンガー・ドライアス寒冷期の乾燥状態の期間中に，自然に生えている重要な食糧となる植物が，激減したことである．この初期段階の栽培の開始は，それから，農業と畜産を融合した経済が開発され，急速に拡大されるための舞台を用意したのである．

背の高い人間（big human）の出現は，宇宙線が増加した結果の賜物である．気候変動のこのような他の影響については，今では研究の成果が得られつつある．氷期の間，現代の人間（modern human beings）は，徐々に，オーストラリアやシベリアまで広がり，そして最終的には北アメリカに渡った．彼らのこの長い旅は，世界の各地域での絶え間なく変化した気候条件——ダンスガール・エシュガー温暖期とハインリッヒ寒冷期——と，どのように符合しているのであろうか．

74,000年前頃の寒冷化

人類が世界各地に大きく拡散する前に，気候が初めて氷期の最も寒い状態に向かって急落したのは，7万年前より少し前であった．専門家は，この時に起こっ

た物理学的変化，および生物学的変化に特別の関心を寄せている．スマトラのトバで74,500年前に起こった巨大噴火による火山灰が，世界を暗くて寒い火山性の冬にしたのであろうか．そのために，遺伝的ボトルネック（遺伝子継承の限界）となるほど人口が減少し，我々は全て，その大災害を逃れた数少ない生き残りの子孫なのだろうか？

　これらの提案は，魅力的ではあるが，その立証はまだなされていない．人類がほとんど一掃されていたなら，多くの他の種も，そうなっていたはずであるが，そのような兆候はほとんどない．トバの火山の気候への影響に関しては，この噴火は，インドまで灰を撒き散らすほど，激しかったので，大量の火山灰が成層圏に達していたに違いない．しかし，台湾の地質学者は，その74,500年前の噴火の約半分の威力を持った790,000年前のトバの大噴火を追跡調査して，その後は温暖化して，氷期の温度から間氷期の状態に移行したことを確認した．おそらく，検出できないほど短い期間の寒冷化は，あったであろうが，長期にわたる影響はなかったであろう．

　トバの噴火に関する証拠は，グリーンランドや南極の氷床中を掘削して採取した氷床コアーから得られた．当時の温度を示す指標となるのは，古代の氷層が降雪から形成されている時には，重い酸素原子である^{18}Oの変動カウントである．^{18}Oは，^{14}Cと違って，宇宙線の生成物ではなく，地球に元々あったもので，酸素中に比較的微量〔0.205％〕しか含まれていない安定した原子である．この重酸素^{18}Oからなる水分子は，通常の酸素^{16}Oからなる水分子よりも，蒸発や結晶化の動作が遅く，その傾向は寒冷状態では特に著しい．その結果，氷床に到達した降雪中の重い酸素の量は，温度が低いほど少ないのである．

　トバの火山の場合，約74,500年前に短期間の温度低下があったことは，グリーンランドの氷床コアーの重酸素のカウント数が，その年の部分で少ないことから明らかである．しかし，極端な寒冷に向かうさらに大きい急落は，その1,000年後（73,500年前）に始まっている．そして，その寒冷化は，南極で記録された最も強烈な温暖化の1つと時期が一致している．スベンスマルク理論では，このように北と南で寒冷化と温暖化の傾向が逆になるのは，気候変動を起こす雲の増加が，気温に対して北と南で逆に作用するからである．明らかに宇宙線強度の影響の方が，トバ火山噴火の何れの影響よりもはるかに強烈で，ずっと長期にわたるのである．

　我々人類が，急激に寒冷化した7万年前より少し前に危うく絶滅しそうになったわけではないにしても，太陽の様相が突然変化することによる気候の急変に，

我々の先祖は，繰り返し悩まされてきた．突発的な温暖化または寒冷化が，人の一生涯の期間中に起こった可能性がある．それらの気候変動は，長期にわたって繰り返される「知能テスト」のように作用し，温暖期の有利な状況と寒冷期の危機的状況を潜り抜けられる，賢明で順応性に富んだ人びとを優遇したのである．考古学者は，人類が生き延びた理由を掴むためには，今なお，遺伝的特性，移住性，諸技能，および，気候変動の間の多くの因果関係を追跡せねばならない．しかし，人の数千世代の間で，我々が，温暖化により脅かされる最初の世代となるかもしれない．

ボンドとベーアの業績

大西洋における氷山多発期の研究を精緻化したジェラード・ボンドは，2005年に亡くなったが，彼が遺産として残したデータは，産業革命のかなり前から，自然は，迅速にしかも劇的に気候変動を起こす能力を持っているということを示す最も明確な証拠を今なお提供している．ユルク・ベーアの ^{10}Be のデータと組み合わせると，小氷期から21世紀初頭にかけての温度上昇の大部分を含む気候変動に，太陽が重要な役割を演じている，ということを，理性的な人が否定できる余地はない．

しかし，ベーア自身は，スベンスマルクの考え—すなわち，宇宙線は，太陽の様相を示す単なる「症状」ではなく，雲の生成の役割を担っていて，直接，気候に影響を及ぼすものであるという考え—には反対であった．とは言っても，ベーアは，太陽光度の変動が気候変動を引き起こすという考えが，好きだったわけではない．ベーアがスベンスマルクの考えに同意しなかったのは，宇宙線の侵入量の増加が，太陽活動の低下に対応するものではなく，宇宙線を寄せ付けないように作用する他の遮蔽層—たとえば，地球自身の磁場—の低下に対応している時には，気候変動は起きていない，という充分な証拠を見出していたからである．

7節　雲形成仮説を否定するベーアのデータ

地球磁場の変動

エドモンド・ハレー（Edmond Halley）は，彼の名前を冠した彗星が戻ってくる時を正確に予測したことで最も有名であるが，多才な研究者でもあった．彼は，海洋探検により地球磁場を体系的に地図上に記した最初の人であると共に，また，地球が，その磁極の位置をいつも移動させていることを把握していた人でもある．ハレーが誕生した1656年以前には，大西洋側から英仏海峡を通る船の羅針盤は，

真北に対して東の方向を指していた．ところが，1700年までには，この海峡を大西洋に向かって通る時に，従来通りの航路に従って羅針盤の西方向を指して航行すると，有能な船長でも，石棺という意味のカスケット〔北緯49°西経2°〕と呼ばれる悪名高い岩礁に乗り上げてしまうようになったのである．この時にハレーは，彼らに航路を羅針盤の1目盛り—11.25°—だけ修正するように勧めたのである．

地球磁気学において300年先をいっていたハレーの後継者たちは，地球磁場は，2千年かけて徐々に弱まり，その後，かなり急激に弱まるのではないかと心配している．フランスとオランダの共同チームは，オランダの人工衛星エルステッドにより西暦2000年に得た測定値を，20年前に米国の人工衛星マグサットで得た測定値と比較した．そして，彼らは，最も単純な計算により，磁場はあと千年ほどで完全に消失するほど，減衰速度が速いことを見出した．

南大西洋の上空には磁場の弱い領域が存在し，そこを通る人工衛星は，太陽からやってくる高エネルギー粒子の攻撃を特に受けやすい．その領域は，かつては狭かったが，今では南インド洋に向かって拡大しつつある．磁場の減衰は，宇宙船技術者にとって，悪いニュースである．また，カナダ地質調査所は，磁気の北極の位置は，近年，加速された40 km/年という速度で移動していると報告している．我々の惑星は，磁場の北極と南極を交換する態勢に入りつつあるのではないかと，専門家は懸念している．

磁極の反転は，地質学的過去には，頻繁に不規則な間隔で起こっている．海底の磁化した岩の縞模様や，陸上の古代の溶岩流に記録されているように，北を指す方位磁石が，現在の北ではなく南をしっかりと指していた最後の時は，78万年前である．その時は，松山-ブリュンヌ地磁気逆転〔—全期間は249万〜72万年前—〕として知られている期間が終了する前の時点である．この逆磁極現象が起こる場合，方位の切り替えは，急に起こるものではなく，2千年以上を要するのである．なぜなら，磁場が弱まるのに千年以上を要し，反対側に再び現れるのに同様の時間を要するからである．

地球磁場の変化と気候変動

もしも，地球が，しばらくの間，地球自身の磁気遮蔽層の多くを失い，天の川銀河からやってくる宇宙線を遮ることができなくなっても，気候に悪影響はないのだろうか．結論から述べると，気候には何ら著しい悪影響はないと思われる．磁極の逆転は，20世紀の初めに，日本の松山基範とフランスのベルナール・ブリュンヌ（Bernhard Brunhes）によって別々に発見された．

その時以来，多くの科学者により，その磁気逆転に伴って，劇的な影響をもたらした形跡が残っていないか，探求されたが，見つからなかった．体内に方位磁石を持って航行する渡り鳥やその他の生き物は，戸惑うであろうが，これらの磁極の切り替えにより大きな気候変動がもたらされた形跡は，地質学的記録には，ほとんど示されていないのである．

青銅器時代の直前の紀元前5000年頃に，磁場が弱まった場合にも，ほぼ同じことが言える．この頃は，侵入宇宙線による放射性原子の生成率が，最近のどの世紀よりも高かったが，この場合も，気候への明白な影響は存在しなかった．現に，当時の世界は，直近の氷期が終わってから，最も温暖な期間であったのである．

ベーアによる氷床コアーの調査

地球は，時々，その磁場を逆転させようと試みるにもかかわらず，それに失敗することがあるようだ．両極の移動が速くなり，広範囲に拡大して磁場が大幅に弱まるが，それから両極は，地球の以前の場所に戻るのである．この種の異変で，フランスのシェヌ・デ・ピュイの火山岩に見つけられたものは，4万年前という直近氷期の中頃に起こったラシャンプ磁極周回（Excursion）である．その時期には，磁場は，現在の強さの1/10にまで減衰した．

スイス連邦環境科学技術研究所のチームは，ユルク・ベーアに率いられて，グリーンランドの氷床の頂上からドリルで掘り出した氷層コアーから，この異変により起こった気候変動の兆候を探し出す，という特別の研究を行った．彼らは，この磁場が弱まった時には，宇宙線により作られた^{10}Be原子と^{36}Cl原子のカウントが50％以上，増加することを見出した．しかし，この増加にもかかわらず，寒冷化が起こったことを示す兆候は，全く見出せなかったのである．

宇宙線の侵入量が多いことを示す指標が得られたのと同じ氷層から，重い酸素とメタンが多いという普通の気候を示す指標が得られたことは，スベンスマルク理論を否定できる美しくて説得力のある結果となったのである．一方の結果を，他で得られたデータと組み合わせる必要はなく，グリーンランドの氷床中にラシャンプ磁極周回が記録されていたところが，宇宙線の増加に伴い気候の寒冷化が予想されるところなので，そこを厳密に調べればよいのである．

ベーアらは，その結果を2001年に報告した時には，次のように指摘した．「スベンスマルクの理論によると，宇宙線の大きな増加は，世界的な雲の増加を招き，その結果，世界の平均温度を引き下げることになるが，我々が得た結果は，明らかに，そうはならなかった」．ベーアは，2005年になっても，この点を追及し続

けた.

　　もしも，デンマーク人の仮説が正しいなら，この磁極周回期には空を覆う雲の量が増え，その結果，著しい寒冷化が起こっているはずである．……我々の結果は，明らかにこのデンマーク人の仮説を否定するものである．温度と宇宙線強度を含む全ての変数が，同じ部分の氷床コアーを用いて測定されたので，この重要な結果は，氷床コアーの年代付けの良し悪しによって変化するものではない．

　宇宙線，雲，および気候の間にいかに強い結び付きが存在していても，それを否定する強力な根拠が，ここに存在するのである．太陽が気候変動に重要な役割を演ずる，という考えを支持する他の研究者でも，このベーアの主張に同意する者が多かった．スベンスマルクの説に好感を抱きながら，この問題を懸念した科学者たちは，地球の磁気遮蔽層の減衰に伴って，気候変動が起きたことを示す明確な兆候が記録されていないか，多くの時間を費やして調査した．本書の著者であるコールダーも，その1人である．しかし，成果は得られなかったのである．これは，本書に報告されているスベンスマルクの提案の核心部分を突く難題なので，明確に対応することが必要である．ということは，宇宙線がこの地上にどのようにして到達するのか，そのことを詳細に調査する必要があるということである．

2章　宇宙線の冒険

超新星の残骸が，宇宙線を周囲に放出しているが，これらの宇宙線は，天の川銀河内で予想外の役割を果たしている．この宇宙線は，太陽と地球の磁場により，一部しか遮蔽できないが，それに含有されている高エネルギーの原子核以外は全て，地球の大気により食い止められる．気候変動を引き起こす宇宙線は，地球磁場の影響を受けない．

1節　宇宙線の概要

宇宙線の発見と命名

1911～1912年に，ウィーン科学アカデミーのラジウム研究協会のヴィクトール・ヘス（Victor Hess）によって行われた熱気球での勇気ある飛行により，空気の導電性は，上空ほど高くなることが確認された．このような結果が得られるのは，高空放射線（high-altitude radiation：ドイツ語のHöchenstrahlung）に起因すると考えられた．それに対して，シカゴのロバート・ミリカン（Robert Millikan）は，その原因は，γ線―放射能で馴染み深い超X線―であろうという間違った信念から，宇宙線（cosmic rays）という名前に改名したのである．しかし，すぐにそれらは，未知のものを含む荷電粒子であることが分かったのである．

研究方法と成果

宇宙線が，発見されてから40年の間，最先端の基礎物理学分野で多くの科学者が粒子によりノーベル賞を受賞してきた．しかし，粒子加速器により，新しい粒子を発見できる可能性が低くなってからは，宇宙線研究のバトンは，基礎物理学者から宇宙科学者に渡った．彼らは，大気の影響が及ばない宇宙空間で宇宙線を本来の形態で捉えることができたからである．そして，天文学者は，それらの発生源を追究すると共に，宇宙の維持管理（housekeeping）におけるそれらの役割を考察し始めたのである．宇宙線が灼熱の発生源を出発してから，宇宙線の二次生成物が空気中を通過し，我々の体の中を通り抜け，そして地面の岩の中に消滅するまでの宇宙線冒険の全過程は，紆余曲折を経て，最近になってようやく

確信を持って結び付けることができるようになったのである．

2節　宇宙線の発生源のつきとめ

発生源の確認

2003年，ナミビアのウインドフックの近くにある広大なアフリカ平原において，4台の特殊な望遠鏡で構成された観測装置が，完成に近づいていた．それらは完成前であったにもかかわらず，望遠鏡を2台1組で操作することにより，爆発した星の残骸の中の宇宙線生成工場から，宇宙線がやってくることを確認できた．長年にわたって科学者は，そのような予想を立ててはいたが，アフリカにおいてこの新しい発見がなされるまでは，その根拠は明確ではなかったのである．

宇宙線発生源の確認方法

問題は，宇宙線が荷電した粒子であるため，天の川銀河内および太陽と地球の近くに存在する磁場により，宇宙線の飛行方向が変えられることである．この粒子を地球付近で観測すると，全ての方向でほとんど同じように検出される．それらの到来方向は，虫の飛跡と同じように，その発生源については何も教えてくれないのである．

それでも天文学者は，宇宙線発生源の発見の望みを以下の現象に託した．宇宙線が宇宙空間において原子と衝突した際には各種の生成物ができるが，その中にγ線が含まれる．宇宙線の生成工場では，宇宙線の濃度が高いので，このγ線は非常に強いはずである．そして，γ線は，光と同じ形態をしているので，何らかの随伴する可視光とちょうど同じように，その発生源から地球まで，直線状にやってくるのである．

宇宙に散在する放射性元素が放射する通常のγ線は，人工衛星から確認できる．通常のγ線と比較すると，宇宙線の生成工場から放射されるγ線は，約1,000倍程度強力である．その強力なγ線は，空気中での放射光（チェレンコフ光）を捉えることができる大きな望遠鏡を用いれば検出できる．なぜなら，γ線が大気に衝突すると，空気中での光速よりも速く伝わる荷電粒子を生じ，その荷電粒子は，次に光の衝撃波を生じるからである．

この原理を利用して，アリゾナのホイップル望遠鏡により，超新星の残骸（remnant）からやってくる高エネルギーのγ線を，1989年に初めて確認（identify）したのである．その場所は，牡牛座（Taurus）中のよく知られているカニ星雲（Crab Nebula）であった．そのカニ星雲中の1つの星が，西暦1054年に爆発し

ているのである．しかし，その望遠鏡では，γ線のやってきた方向が，鋭くはなかったので，カニ星雲内を拡散していく爆発破片（debris）の特定部分に，γ線を関係付けることはできなかったのである．

改良した望遠鏡による観測

一応の成功に勇気付けられたが，これ以上の結果を出すと公約したので，科学者の各チームは，装置のさらなる改良に取り組んだ．そして，完成したのがナミビアの4面反射鏡式望遠鏡（fourmirror telescope）である．これは，宇宙線の発見者に敬意を表して，ヘスと名付けられた．このプロジェクトは，ドイツ，フランス，英国，チェコ共和国，アイルランド，米国，南アフリカ，およびナミビアの科学者により編成されている．

4面反射鏡式望遠鏡の数面が使用可能となった時に，さそり座に存在し，カニ星雲のものとほぼ同じ年齢と考えられる超新星の残骸を約10時間観測した．この天体は，RXJ1713.7-3946と名付けられている．数多くの天体が確認されている今日，それらを識別し，天空中の位置を特定できるように，各天体に車のナンバープレートのような記号が付けられているのである．本観測による成果は，非常に高いエネルギーのγ線により，未知の天体の像が初めて明らかにされたのである．

このγ線の像は，拡散中の残骸の外殻の形状と大きさが，X線の像と非常によく合っていた．γ線は，特に外殻のある特定の側面から放出されるものが最も強力である．そこは，比較的濃度が高い星間ガスの雲と宇宙線が衝突した場所で，まさに物理学者により，宇宙線の生成が最大であろうと予想されていたところである．

この残骸は小さい物ではなく，約3,000光年離れているにもかかわらず，地球から見た時には，月よりも大きく見えるのである．ダラム大学のポーラ・チャドウィック（Paula Chadwick）は，ヘス望遠鏡によりこの初期の結果が得られて，プロジェクトチームが歓喜している様子を，次のように伝えている．

> この像が得られたことは，γ線天文学が本当に大きな一歩を踏みだしたことを意味するものである．超新星の残骸は，魅力的な天体である．もしもあなたが，γ線を見ることができる目を持っていて，南半球にいたなら，毎日夜空に大きく輝いている明るいリングを見ることができるだろう．

もしも，あなたが宇宙線の像ではなく，宇宙線そのものを見ることができたなら，宇宙線は，輝いているリングから全ての方向に向かって出発し，天の川銀河を通過中には，その磁場に従って曲がって進んでいることだろう．しかし，

RXJ1713.7-3946は，誕生してからほんの1,000年しか経っていないので，宇宙線の発生源としての任に就いたばかりである．

3節　星の燃えかすから出るもの

宇宙線を生成する超新星

　新星（nova）は，文字通り解釈すると新しい星を意味するが，実際は，以前から存在していた星が，突然，極めて明るくなり，夜空で確認できるようになったものである．また，超新星（supernova）の輝きは強烈で，それは，大異変が起こって1つの星が爆発したことを示している．各種の超新星が存在する中で，宇宙線を生成する主なものは，Ⅱ型とⅠb型のものである．これらは，太陽よりも質量がはるかに大きい星が，爆発して超新星となったものである．

星の一生

　太陽内部の深いところでは，核融合炉が，水素をヘリウムに融合することにより，エネルギーを生み出し，それが地球の生命を育んでいるのである．中心部の水素の大部分が使い尽くされてほとんどがヘリウムになると，それが燃焼して炭素と酸素を作る．太陽の大きさの星は，この核反応まで進行しうる．その外層が剥がれて，惑星状星雲（planetary nebula）と呼ばれる美しい帳(とばり)を形成した後，その中心部は，白色矮星（white dwarf star）となる．それは，小さい死んだ星で，ゆっくりと冷えていく．

　太陽より質量の大きい星では，元素の融合による原子核の燃焼は，炭素と酸素より先に進む．すなわち，星の中心部は，強力な重力により圧縮されて非常に高い温度に上昇するために，炭素と酸素が燃焼して，さらに重い各種の元素を生じるのである．最終的にシリコンが融合して鉄を作れば，核の燃焼によるエネルギーの生産は行き詰まることとなる．熱が生産されないと，重力の圧力に抵抗する力がなくなるので，鉄の中心核（core）はつぶれ，その星の残り部分は，その上に崩落することとなる．

　その崩落により膨大な量のエネルギーが，突然解放されるので，超新星爆発が起こり，星の上部層は外側に跳ね返される．ニュートリノと呼ばれる姿の見えない大量の粒子は，星の構成物質の大部分を周囲の宇宙空間に吹き飛ばす．それと同時に，解放されたエネルギーにより核反応が起こり，鉄よりも重い化学元素——最終的には，金やウラニウム，さらにそれ以上のもの——を生じる．

　この超新星は，数週間の間，10億個の太陽と同じ位の明るさに輝く．後に残

っている死んだ中心核は，白色矮星ではなくずっと密度の高い物体からなる中性子星である．空には，中性子星が点在している．その各々は，以前には大きな星だったものが，このようにして死んだものである．生まれて間もない中性子星は，脈動する電波信号を送って，その存在を知らせることが多い．したがって，それらは，脈動星（pulsars）と呼ばれる．最も良く知られている超新星の残骸であるカニ星雲は，今もその星の残骸の真ん中に，その脈動星を保持している．通常，脈動星は軽く突き出され，あたかも，人が花火に点火して安全な場所に逃れるように，残骸から抜け出していることが多い．

爆発で飛散した原子状物質

星の爆発で飛散した原子状物質（atomized matter）は，光速の約1/30の速度—すなわち，1万km/秒—で，宇宙空間に自由膨張する．結果として，膨大な運動エネルギーを持っているので，その原子状物質のほぼ1/5が，最終的に，光速に近い速度で飛散する宇宙線に変換されることとなる．しかし，この変換過程は即座に起こるわけではない．

飛散した原子状物質（atomic matter）が，星間空間のガスと同じぐらい希薄になり，それらからの抵抗に遭遇するようになった時に初めて，宇宙線の生成が本格的に始まるのである．爆発した星からの物質が飛散速度を落とし，星間原子と混合するようになると，衝撃波は，より強くなり，それらに伴う磁場もより強くなる．

このように飛散した残骸が存在する領域内に宇宙線の生成工場が散在するのである．1934年に，ドイツとスイスの天文学者であるウォルター・バーデ（Walter Baade）とフリッツ・ツビッキー（Fritz Zwicky）は，超新星が宇宙線の発生源であろうと最初に提言した．その15年後にイタリア生まれのシカゴ大学の物理学者であるエンリコ・フェルミ（Enrico Fermi）は，もしも宇宙空間内の荷電粒子が，動いている磁場により弾き返されるなら，エネルギーを獲得できることを指摘した．たとえば，子供が不用意にゆるく投げたゴムボールが，こちらに走ってくる車のフロントガラスに当たると，そのボールは車より速い速度で弾き返されるようなものである．

他の物理学者は，超新星の残骸の飛散領域内における1つの衝撃波が，1台の優れた加速器となることをすぐに示した．なぜなら，衝撃波の前と後ろの不規則な磁場は，2枚の鏡のように作用するからである．宇宙線になる前の荷電粒子が，1つの衝撃波の前と後の磁場で弾き返されて，その衝撃波中を繰り返し行ったり来たりするたびに，より多くのエネルギーを獲得する．この2つの磁気の鏡が，

粒子を封じ込めている間は，その粒子の加速は続くのである．それらが超新星の残骸の飛散領域から最終的に逃れるまでに，その宇宙線は，個々のエネルギーの高さの点で，人工の粒子加速器による産出物に匹敵するものになる．確かに，一部の宇宙線には，最新式の加速器で加速された粒子より，エネルギーが100倍高いものも存在するが，そのようなものは比較的まれである．

水素は宇宙で最もありふれた元素なので，大部分の宇宙線は，陽子—すなわち，水素原子の核—である．しかし，他の元素—ヘリウム，炭素，酸素，およびその他—もまた，この銀河にそれらが存在する量にほぼ比例した比率で含まれている．もっとも，鉄が過剰に存在することは，その宇宙線が，超新星に由来していることの証拠である．このような微妙な違いはあるが，宇宙線とは，単に宇宙に普通に存在する物質が非常に高速で飛行しているものである．それらの中で最も遅い陽子は，光速の約90％で飛行している．より高速なものは，限りなく光速に近づくことができるが，決してそれに到達できない．その代わり，それらの運動エネルギーの増加は，質量の増加として現れる．

爆発後に起こる各種の変化

ウィーンの天文学協会のエルンスト・ドルフィ（Ernst Dorfi）は，超新星の飛散した残骸で各種の変化の起こる時期が，爆発の激しさと，それを取り巻く周囲のガスの濃度によって，どのように左右されるかということを計算した．彼の計算では，典型的な場合には，膨張が減速をしだすのは，爆発から約200年後であることが示された．運動エネルギーの半分が，超新星残骸の飛散領域中のガスを加熱するのに消費されるのは，2000年以内である．その時までには，宇宙線の顕著な生成は始まっているが，10万年後でないとピークには達しない．それから数十万年間，宇宙線を生成し続ける．

約100万年後には，その超新星の残骸は，エネルギーの大部分を使い果たして，その面影を失うこととなる．ただ，中性子星がさまよっているので，かつて青く輝く大質量の星であったことを偲べるだけである．それまでの間，多くの他の星は，荒れ狂う宇宙線の嵐に見舞われることとなる．いつも，数千もの超新星の残骸が，せっせと各天体に化学元素を供給し，天の川銀河に銀河宇宙線を放射しているのである．

宇宙線の種類

ところで，この宇宙線に付いた「銀河」という名札は，これらの宇宙線を他の高速粒子と区別するためである．超高エネルギー宇宙線は，この銀河で生じることは稀で，おそらく他の銀河に由来するものであろう．太陽宇宙線は，比較的弱

いもので，太陽表面での爆発に由来するものである．それらは，太陽陽子（solar proton）と呼ばれることが多く，宇宙飛行士や宇宙船にとって有害であるが，地上に影響を及ぼすことはほとんどない．異常宇宙線（anomalous cosmic ray）もまた弱いものである．これらは，太陽の磁場が広がる空間内で地球から遠く離れた所に生じた衝撃波に由来しているため，宇宙科学者だけに関心がもたれるものである．

宇宙線が我々の説に登場する時には，いつも通常の銀河宇宙線を意味する．それらは，一次宇宙線として地球の外の空間からやってくる．そして，空気中でノックオン生成物—原子核から核子が弾き出されたもの—が生じる．それらは，二次宇宙線と呼ばれる．これらは，爆発した星からやってきた一次宇宙線により二次的に造られたもので，読者がこの段落を読んでいる時でも，人の頭の中を1秒間に2個ほど通過しているのである．

4節　宇宙線はあってもなくても良いものではない

宇宙線に対する見方の変化

大抵の天文学者は，長い間，宇宙線は星の死によって生じる副産物で，好奇心をそそるられるものの，さほど重要ではなく，いわば葬儀の後に見られる散乱したごみのような物と軽視してきた．しかし，20世紀の終わり間近に，非常に異なる見方が現れた．そして，2001年にフランスのツールーズに本部のあるミディピレネー天文台のカティア・フェリエール（Katia Ferrière）は，宇宙の見方について，1つの宣言書（manifest）を著し，彼女は，その書き出し部分で，宇宙の成り立ち上の正当な位置に，宇宙線を昇格させたのである．

> 我々の天の川銀河の各星—慣例上，無数に存在する他の各銀河の星と区別するために，大文字のGを添えることで，この銀河（Galaxy）の星とみなされる—は，極端に希薄な媒体（—いわゆる，星間物質（inter-stellar medium（ISM））—）中に埋め込まれている．この星間物質には，①宇宙に存在する通常の物質，②宇宙線として知られている相対論的荷電粒子，および③磁場が含まれている．これらの3つの基本的構成要素は，同程度の圧力（pressures）を持っていると共に，電磁力により緊密に連結している．［相対論的荷電粒子：光に近い速度で運動しているために，相対性理論による補正を必要とする粒子］

天の川銀河内を飛び回る宇宙線

宇宙線が，超新星の残骸中の発生源を出発した時，光速に近い速度で飛行するので，我々の銀河—すなわち，天の川銀河—をすぐに出て，広大な宇宙の中に飛び出て行くだろうと予想される．確かに，最も高いエネルギーのものは，そのような傾向を示すが，多くの宇宙線粒子は，あたかも，浅いが非常に広大な湖の中を魚が泳いでいるように，数百万年もの間，この銀河内のあちこちを飛び回るのである．

輝いている星々からなる円盤は，真横から見るとまさに天の川として見えるように，重力により両側から強く押し付けられている．扁平に広がっている磁場の力線は，円盤の中を縫うように走っている．その磁力は，地球の磁力と比較すると，非常に弱いが，数千光年もの長い距離の間，作用し続けるので，宇宙線は，円盤内で磁力線に沿って飛行することを強いられるのである．磁場の強さとそれが伴う宇宙線の数は，天の川銀河内の場所によって違っている．そして，太陽と地球は，銀河内を絶え間なく移動しているので，地球が受ける宇宙線のカウント数は変化するのである．

宇宙線が天の川銀河を立ち去ろうとすると，磁場は，ほとんどいつも，その宇宙線を銀河内に引き戻すように誘導するのである．しかし，最終的には，方法は確かではないが，銀河間空間内に漏出するのである．そうすることは，地球にとっては幸運である．もしも，そうでなければ，生命が耐えられる限界以上に宇宙線が蓄積されるからである．宇宙線の平均寿命は，1,000～2,000万年であることが分かっているので，この宇宙線の備蓄（stockpile）は，地球が46億年前に誕生してから，数百回更新されたこととなる．その間，この銀河内の宇宙線の数は，一定に保たれていたわけではない．宇宙線を生成することとなる爆発性の星の生成率は，変化しているからである．そのような恒星の「ベビーブーム」の時期は，地球の長い歴史の中で極端な気候変動が起こった時期と結び付けることができるのである．

銀河に対する宇宙線の作用

新しい星や惑星は，この銀河の「魔女の酒」から絶えず製造されており，宇宙線は，いつも充分長い間，飛び回っているので，その「酒」の有効成分となることができた．宇宙線は，その数と運動量が極めて大きいので，星間に存在するガスに圧力をかける．銀河の重力は，星間ガスを円盤の中心（midline）の方に追いやろうとするが，銀河内の磁場は，その重力に抵抗して，土星の環のように平らにしようとする．宇宙線は，そうした磁場の作用を助けるのである．

星間ガス，磁場および宇宙線は，全てが相互に作用して，滑りやすくなり，重力の作用を受けやすくなる．そのために，重力により磁場は局所的に形が変えられ，宇宙線は経路が変えられることとなり，その結果，星間ガスは約半分の体積に圧縮され，比較的密度の高い雲になるのである．このように宇宙線は，何の働きもしないものでは決してない．ガスは，宇宙線と磁力から抵抗を受けることにより，体積が縮小して高密度化し，その結果として星を生成できるようになるのである．

星の誕生に対する宇宙線の役割

　天の川内の「暗い島々」は，その向こう側に存在する星の姿を隠す．これらは，暗黒星雲（dust-clouds）と呼ばれるが，星間ガスが蓄積して，石質状，氷状，またはタール状の粒子群となったものである．このような星雲は，新しい星やそれが伴う惑星の「誕生地」となる．しかし，まず最初に，多くの化学反応が起こることが必要で，この時にも再び宇宙線が，重要な役割を演じるのである．

　この銀河内で遮るものがなく先が透けて見える部分では，星からの紫外線が化学反応を起こす．死につつある星から少しずつ放出される元素や，超新星から爆発で飛散してきた元素が特別の原材料として，宇宙に最初から存在していた水素やヘリウムに加えられる．それらは化合して，水から始まり，「バッキーボール」と呼ばれる炭素のフットボール状の分子（C_{60}）に至るまで，多くの物質（materials）が製造される．しかし，それらの分子の多くは，製造されるのと同じぐらいの速さで，紫外線により分解される傾向にある．

　それに対して，暗黒星雲の中は，石，氷，およびタールの帳が紫外線を遮って生成物の分解を防ぐので，そこだけは，化学反応は完全に創造的となり，その生成物は，分解されずに存続することとなる．そして，ここでは宇宙線が，暗黒星雲の熟練化学者の任を，紫外線から引き継ぐこととなる．この宇宙線は，水素分子とヘリウム原子から電子を剥ぎ取る．その電子を剥ぎ取られた水素とヘリウムは，それから忙しくなる．とはいっても数万年もかかる天文学上での話である．例えば，電子を剥ぎ取られて活性化した水素は，炭素や酸素の原子と相互に作用し，宇宙化学でトッププレイヤーの1人である一酸化炭素を製造するのである．

　途中の過程は，非常に複雑なのでここでは省略するが，宇宙線は星間空間から，太陽と地球を創造するという仕事と，水や炭素化合物を作り地球を肥沃なものとするという仕事に参画し，その業績を他の要素と分かち合っている．したがって，星の誕生から死までのライフサイクルの各過程において，宇宙線は，取るに足らない副産物ではないし，また，あってもなくても良いものではなく，必要不可欠

な貢献者なのである．

宇宙線に対する正しい認識

宇宙線がヴィクトール・ヘスにより発見されてから，カティア・フェリエールにより宇宙の進化についての宣言書に掲載されるまで90年を要し，天文学者は，宇宙線を非常にゆっくりと評価するようになると共に，各銀河を作り出すのにも役立っていると認識するようになったのである．このことから，今でも，地球科学者が，太陽系第3惑星（地球）は，非常に大きいので，極微細粒子が宇宙空間からやってきても，何ら重要な影響を受けないと考えたとしても，我々は寛容でなければならない．

5節　母なる太陽はいかにして我々を守るのか

概　要

大群でやってくる宇宙線は，太陽系の周辺部（outskirts）を襲撃する．その時の衝撃力（punch）の合計は，地球から見える全ての星の光の出力（power）の約2倍にあたる．しかし，またしても幸運なことに，太陽系を取り巻く巨大な磁場の内側に存在するシェルターが，宇宙線の約半分を，太陽系外へ弾き返しているので，惑星は，あたかも母親のスカートにしがみ付いている幼児のように，母なる太陽に守られているのである．

太陽風

母なる星（太陽）が我々（地球）を守る方法は，太陽風（solar wind）の発見と探査から分かってきた．太陽風は，太陽から放出された荷電粒子の絶え間ない流れからなり，太陽から離れている地球自身の環境に，太陽との物質的な結びつきを与えている．太陽は，遠くの空で光を放っている単なる球であるというような考えは，完全に時代遅れのものである．太陽の大気は，太陽の磁場が織り込まれて広範囲に広がっており，我々は，その太陽の大気の奥深い内側に住んでいるのである．1958年に，シカゴの若い物理学者のユージン・パーカー（Eugene Parker）は，太陽風の存在を極めて明快に，しかも詳細に予測したのである．しかし，このアイデアは一流の専門家により冷たい目で迎えられたことを彼は今も覚えている．

　　彼らは，私に次のように言ってきた．「パーカー君，君はその問題について何も知らないから，そんな提案ができるんだよ．惑星間空間は，絶対真空に近い（hard vacuum）ので，太陽から放射される高エネルギーの粒子ビー

ムは，この空間を断続的にしか突き抜けられないことを，我々は数十年前から知っているよ」．

宇宙探査機により太陽風の存在が完全に確認されたのは，それからわずか4年後のことであった．そして，その特性は，パーカーが予測した異端的な仕様と一致していたのである．1960年代以来，太陽風の研究は，宇宙研究において絶え間なく続けられてきたが，欧州－米国共同のユリシーズ（太陽観測用探査機）が1990年に打ち上げられて，その頂点に達した．その探査機は，太陽の両極上を通過する大きな軌道を2周するという偉業を初めて成し遂げた．このユリシーズにより，太陽風に関するパーカーの信念（beliefs）の一部は変更されたが，その他の部分は正しいことが確認されたのである．

太陽は主に水素から構成されているために，太陽風は，陽子が支配的であるが，他の元素の＋に荷電した原子も含んでいる．そして，それらの全ての＋電荷をちょうど中和するだけの電子も含んでいるので，太陽風のガスは，電気的に中性を保っている．太陽風は，それらと共に，太陽の磁場を引きずっているので，惑星間の空間は，活発な磁気で満たされており，宇宙線に対抗する態勢が整っているのである．

この太陽風は，発生する太陽の領域によって風速が約350～750km/秒の間で変化する．風速の速い流れの場合でも，宇宙線よりはるかに遅い．太陽風の中の粒子は，太陽の狭義の大気圏を去ってから，2～3日後に地球の軌道を横切る．そして，太陽を出発してから，1年または2年間，飛行し続けた後に，太陽圏（heliosphere）と呼ばれる巨大な1つの泡（bubble）から出て，星間空間中に入って行く．

太陽圏

太陽風が遠くまで広がって，充分に拡散した状態になると，最終的に星間ガスが，その太陽風を抑え込めることとなる．その時に太陽風は止まる．その場所は，主な惑星のうちで太陽から最も遠く離れている海王星までの距離の約5倍のところである．この「太陽帝国」の境界は，このように中心から遥かに離れているので，光やいかなる妨害も受けないとしたら，宇宙線がその境界から地球に届くまで，約20時間も要する．それに比較して，光が太陽から地球に到達するのに8分しかかからないのである．

太陽圏の大きさは，太陽風が過去2年間にわたって強く吹いたか，そうでないかによって変化する．太陽表面に黒点が少ないことは，太陽活動が比較的静かな状態にあるという印であり，このような時には，太陽風の密度は低下するが，そ

の平均風速は増加するので，その衝撃圧力は強まり太陽圏の外側境界を少し押し広げることとなる．

　数百万年という時間幅の間には，我々が現在いる星間位置における星間ガス雲よりも，100倍も濃い雲に，太陽系が遭遇することがある．その時には，星間ガスの高い圧力が太陽圏を圧縮し，外側の複数の惑星がはみ出ることさえある．反

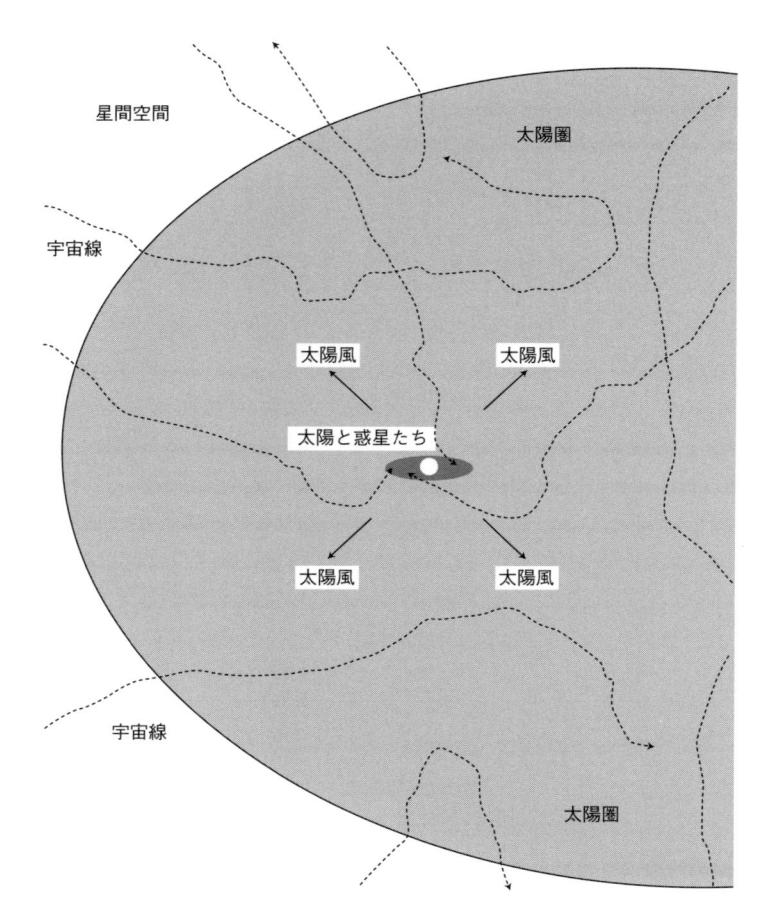

図4　「太陽帝国」は，ノンストップの太陽風が吹いている太陽圏と呼ばれる巨大な泡（bubble）の内側の領域のことで，太陽系の1番外側の惑星をはるかに超える遠方まで広がっている．この領域では，太陽風中の不規則な磁場が，銀河から到来する宇宙線の多くを領域外に　跳ね返している．この太陽の遮蔽機能が弱まると，地球に到達する宇宙線は増加する．

対に，太陽の幼少期には，太陽風は今よりずっと強かったので，太陽圏はずっと遠方まで広がっていた．

太陽は，その自転軸を中心にして4週間周期で自転している［—北極側から見て太陽と惑星の自転は左回転している．惑星たちの公転も同様である—］．その結果，太陽風により太陽から引き抜かれた磁気が，太陽圏を螺旋状の移動性力線で満たすこととなる．地球の近くでは，目に見える太陽の方向より西に30〜45°傾いた方向から，力線がまわり込んでくる．外からやってくる宇宙線を屈折させたり，また，多くの場合は押し返したりする太陽圏の主な仕事は，これらの規則的な磁力線によってではなく，磁場の強力で小規模な不規則性によってなされるのである．すなわち，その磁場の不規則性が，宇宙線を散乱させたり，太陽風と共に，宇宙線をいくらか連れ去ったりするのである．

これらの磁場の不規則性を生み出すのは衝撃波（shocks）で，この衝撃波の生じる1つの原因は，太陽の異なる部分から出てくる速い太陽風と遅い太陽風との衝突である．もう1つの原因は，太陽の大気圏における磁気爆発である．その爆発により，質量放出（mass ejections）と呼ばれる巨大なガスの塊の放出が起こり，それが太陽風に強烈な噴出（gusts）として現れるのである．多数の黒点を作っている磁気活性の強い領域が存在することは，太陽が嵐のように激しいことを示している．そのような激しい数年の間は，衝撃波は非常に数が多くなると共に強力となる．

ユリシーズ太陽磁極研究の黒幕であるシカゴのジョン・シンプソン（John Simpson）は，太陽系の内側に侵入しようとしている宇宙線が太陽風で阻止される様子を実感できるように，次のようなお気に入りのたとえ話を考え出した．

　　ゆっくり動いている上りエスカレーターの上から，テニスボールを下に向けて次から次にほうり投げるとしよう．そうすると，いくつかは上に戻ってくるが，大部分は下に落ちていく．次に，太陽活動が活発化したことをまねて，エスカレーターの速度を上げると，上に戻ってくるテニスボールは増え，エスカレーターの下に届くものは少なくなるだろう．

そして，太陽系の深部の地球にまで宇宙線が届く数は，太陽圏のために約半分だけとなる．太陽活動が最も活発な時に除去される宇宙線の多くは，比較的低エネルギーの粒子で，いずれにしても，地球自身の磁気により，跳ね返されるものである．それにもかかわらず，過去の半世紀の間，米国コロラド州のクライマックスにシンプソンにより設置された地上の宇宙線観測装置により，エネルギーレベルが中間の宇宙線の月ごと平均数は，黒点数の多い期間の後に，25〜30％減

少することが示された．黒点数が最大に達した時から，宇宙線の数が最少になるまで，通常，1～2年の遅れが存在するのは，衝撃波（shock waves）が太陽圏全体に行き渡るのに，それだけの時間がかかるからである．

6節　最後の2つの防衛線

地球の磁気圏

　太陽圏内に入った宇宙線のうち，それらの行く手に太陽風によって仕掛けられた磁気衝撃の全てを，1～2日かけてジグザグ状に通り抜けた一部だけが，最終的に地球に接近する．次に，それらの宇宙線の行く手を遮る2番目の障害は，地球が作り出す磁気遮蔽である．この惑星の液状鉄心内の「発電機」が，地磁気の大部分を作り出している．この地磁気が地球の周囲に作りだす「泡（bubble）」が，太陽風の中に形成されている．その泡は磁気圏（magnetosphere）と呼ばれる．高速で噴出した太陽風に出会うと，この磁気圏が変形し，磁気嵐を起こす．この時に，方位磁石の針はふら付き，極地の空ではオーロラが輝くこととなる．

　地球の反対側同士での磁気変動の監視は，英国のグリニッジと豪州のメルボルンの科学者により1868年から開始された．いわゆる，aaインデックス［地磁気撹乱指数の一種］の記録は，今日まで続いている．現在では，英国のハートランドと豪州のキャンベラにある2つの地磁気観測所で行われている．この先駆者たちは，無意識のうちに太陽風の活発度を測定していたのであり，地球と太陽との間のつながりに関して，ビクトリア王朝期まで遡れる優れた記録を我々に提供してくれているのである．しかし，そのつながりについて，曖昧な点が多く存在したために，それにより，宇宙線から地球を守る地磁気の役割が過大評価される結果となったのである．

　太陽で起こった大きな質量放出が，地球の近くを通過する時には，それは，宇宙線に対して磁気の傘のように作用する．そして，宇宙線のカウントは，その放出から1日以内に20％も急に減少し，その減少から正常値に戻るのに数週間を要することがあるのである．このカウントの減少を発見したのは，ワシントンD.C.のカーネギー研究所のスコット・フォービッシュ（Scott Forbush）で，彼は，地球の磁気嵐が原因であると考えた．なぜなら，実際にカウントの減少と磁気嵐は，太陽で起こった同一の出来事によって，同時に生じた2つの副産物であったからである．地球の磁気圏を離れて太陽系の他の部分を飛行した宇宙探査機から，時々，宇宙線のフォービッシュ減少が起こったことが報告されるので，それは，

太陽圏内における個々の衝撃波の結果であることが確認されたのである．

　宇宙線が，地球自身の磁場に遭遇した時には，個々の粒子は，あたかもパチンコ台内の玉のように，ばらついた軌道をとる．それにもかかわらず，この選別効果による結果は全く単純である．エネルギーレベルの高い粒子は，地球のどこへでも到達しうる．もっとも，東南アジアに到達するためには，ブラジルや南大西洋に到達するよりも，より高いエネルギーが必要である．なぜなら，磁場が一方に傾いているからである．エネルギーレベルの少し低い宇宙線は，赤道帯からは全て排除される．なぜなら，そこでは磁場が，地球表面に平行であるからである．エネルギーレベルの最も低い粒子は，全く地球に接近できないか，それとも，磁極の近くに落ち込むかのいずれかである．磁極の近くでは，磁力線が地表に垂直に立った状態となるので，宇宙線は内側へと侵入できるのである．

地球の大気

　星空からやってくる一次宇宙線は，地球の大気に衝突した時に突然無残な終末を迎える．宇宙線にとって大気に衝突することは，頑丈な城壁に衝突するのと同じである．地上の住人にとって，厚さ25 kmの空気層は極めて薄いと思われるが，宇宙線粒子が，この銀河の中を数百万年間飛び回っている間に遭遇したものと比較すると，遥かに密度が高いのである．そうでなかったら，宇宙線は数百万年も生き延びることはできなかったであろう．

　宇宙線に対する我々の最後の防衛線として，大気が重要な役割を果たしていることを示す実物教材は，火星である．火星の大気は，かなり層が薄く地球の上空20km以上の空気層と同程度の宇宙線遮蔽効果しか持っていない．その結果，火星の表面を歩く宇宙飛行士は，地球上の大半の人類が，1年間に受けるのと同じ程度の有害な宇宙線を，たった1日で受ける事となる．宇宙研究機関は，宇宙探査機の電子機器が宇宙線で破壊されないように，防御装置を強化してきた．2005年，火星における人体への危険性についてNASAのチームは少し悲観的な報告をした．

　　　　　火星探査用のローバー車を火星の表面上で1年以上にわたって運転できたことは，最も重要な成功例であった．……現在では，放射線による電子機器に及ぼす影響は，生体に及ぼす影響よりも，より深く理解されているし，より充分に防ぐことができる．

　やってきた一次宇宙線—高速の陽子やより重い各種原子の原子核—は，地球の大気との衝突により，事実上，全て停止させられる．それらが地表に到達するのは，そのずっと後である．停止させられた宇宙線に代わって現れる二次宇宙線の

大群は，原子や核の相互作用で開放された疾走する粒子群である．それらは，さらに，互いに衝突し合う．その結果，エネルギーレベルの高い一次宇宙線（primaries）は，数百万個とか，時には数十億個もの粒子のシャワーとなるので

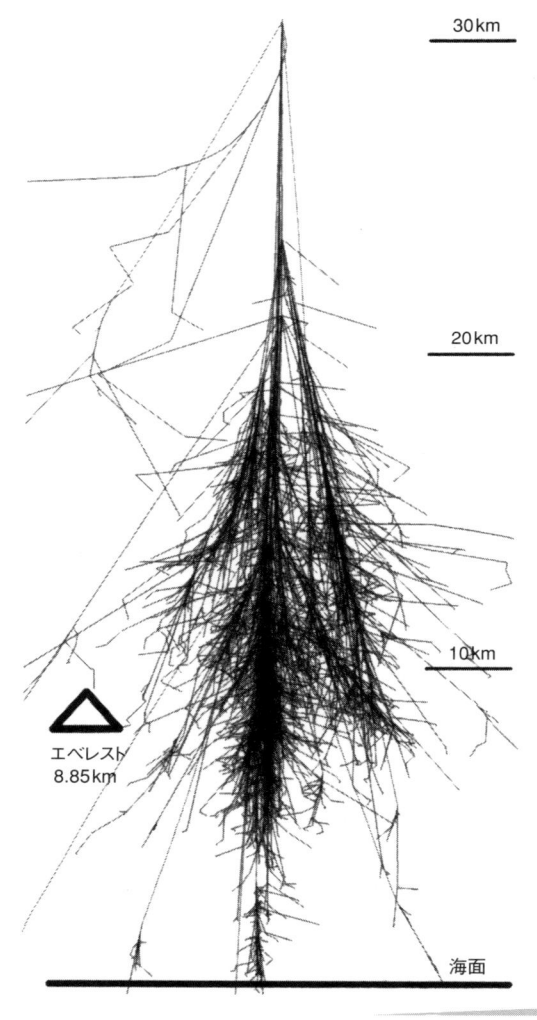

図5 高エネルギーの宇宙線粒子が，地球の大気に衝突した時に，多種多様な粒子のシャワーを生成する．それらのほとんど全てが，大気の遮蔽層により食い止められるので，低い高度まで到達するのは，ほんの一部だけである．（リーズ大学のFabian SchmidtがCORSIKAを用いて計算）

ある．物理学者は，各種の素粒子（sub-atomic particles）とγ線が生じる複雑な一連の反応を楽しんで追跡するが，これらの生成物のほとんどは，大気の下層部には届かない．

二次宇宙線は，試験計器の中で分子から電子を叩き出せることから判断して，この宇宙線の強度（intensity）は，最初の衝突の後に生成され，増加したと考えられる．これは，大量の二次粒子が生じたために，結合エネルギーが運動エネルギーに変換されたからである．宇宙線の強度は，地表から約15 kmの高さでピークに達し，大気と衝突する直前の強度の約2倍となる．それ以降の大気による阻止は非常に効果的で，海面上での強度は，そのピーク時の約1/20にまで弱められる．ヴィクトール・ヘスは，熱気球で4 kmまで上昇した時に，高く上がれば上がるほど，宇宙線の強度は増加したので，宇宙線は上空からやってくるに違いないと実感したのである．

航空機の女性搭乗員が妊娠した時には，胎児が星間物質による悪影響を受けないように，地上勤務に替えられる場合が多い．旅客機は，通常，海抜10 kmの高度で巡航する．その高さは，ヘスが気球で到達した高度の約2倍である．特に，北極横断航路を飛行する場合は，地球の磁場の力線が傾斜しているために，宇宙線が下方に誘導されるので，その影響を受けやすい．

高地で生活している人もまた，上空の高レベルの宇宙線放射を受けている．世界で海抜の最も高い首都は，3,600 m以上あるボリビアのラパスで，宇宙線の強度は，海抜が150 mしかないペルーのリマの近くよりも約12倍も高い．高いアンデス山脈の間の高々度高原には，約800万人が住んでおり，ヨーロッパ人が到来するまで，インカ人と彼らの祖先は，そこで数千年間繁栄した．したがって，この高い宇宙線放射レベルを受けることは，致命的ではありえない．

世界全体を平均すると，医学的に重要な宇宙線放射は，食品や水中の放射能とほとんど同じである．それは，自然に起こる原子放射線に人間が曝される全体量の16％でしかない．宇宙線は，自然の放射能に加えて，発熱（bodily heat）や化学物質の影響と共に，奇形や癌を引き起こす遺伝子変異を助長する．しかし，宇宙線はまた，種の進化を起こしうるものでもある．本書で後に述べるように，宇宙線が，気候変動を介して間接的に及ぼす影響は，進化の点でさらに重要であるようである．

7節 "あれを注文したのは誰だ"

地表に到達するミューオン

　大気の上層部において宇宙線による原子核破壊（sub-atomic mayhem）で生じる物のうち，地表に大量に到達し，それまでのエネルギー損失がそれほど大きくはない荷電粒子は，たった1種類しかない．それは，ミューオン（muon）と呼ばれるものである．驚くべきことに，1937年までは物理学者はミューオンの存在に気が付かなかったのである．ニューヨークにあるコロンビア大学のイサドル・ラビ（Isadore Rabi）が発した言葉は，彼らのその時の困惑振りを表現している「あれを注文したのは誰だ」．

ミューオンに関連する粒子

　その時まで原子物理学者は，最も軽い荷電粒子である電子に，それよりも大きい兄がいようとは，誰も想像さえできなかったのである．しかし，ミューオンという物が存在し，それは，電子より質量が200倍重く，不安定であること以外は，あらゆる点で電子に似ているのである．宇宙線が大気に衝突した初期の段階に，核力粒子（nuclear force particle）であるパイオン（pion）が大量に生産され，それが崩壊する時にミューオンが生じるのである．そのミューオンは，幽霊のようなニュートリノ（neutrinos）を2つ放出して，1つの通常の電子となるので，それまでのミューオン自身の寿命は，ほんの200万分の1秒でしかない．

星の情報を盗み出す工作員としての素質

　もしも，あなたが星からの伝言を盗み出し，地球大気の障害を通過できる粒子を，発明しなければならないなら，ミューオン以上のものは，考えられないであろう．通常の電子は，地上まで届かない．なぜなら，電子は一次宇宙線と二次宇宙線のどちらにも存在するが，あまりにも軽すぎて，容易に減速するので，空気の分子と通常の化学的相互作用に引き込まれてしまうからである．他方，かなり重たい陽子や，その中性の「兄弟（siblings）」である中性子は，各分子中の原子核とあまりにも容易に相互作用をするので，核反応に関わってエネルギーを急速に放出してしまう．それで，15 km上空の宇宙線の中に陽子や中性子が1,500個存在しても，そのうち，海面に届くのは1個だけである．

　空気中への侵入者としては，①いかなる物とも反応しにくく，②利用できるエネルギーから大量に生産されるように，軽量なものであり，そして，③怪物ハーピーのように強奪しようとする全ての空気分子の中を掻い潜って，何も奪われずに通り抜けられるように，充分大きな運動量をまだ保有している，という3つの

特性を備えた粒子でなければならない．ミューオンは，これらの仕様を全て満たすのである．それらを満たしているので，地上に届いたミューオンは，炭素原子，水素結合，および水分子と結び付いて，この物理的銀河宇宙の生産物のうち，生え抜きの化合物群を生み出すのである．それらの化合物群は，生きている惑星で鍵となる役割を演ずる並外れた傑作品である．

ミューオンは，その特性が発揮できるためには，アルバート・アインシュタイン（Albert Einstein）の救いの手を頼らねばならない．それは，非常に寿命が短いので，高速で運動している物にとって時間が伸びる，という相対性理論からの帰結を適用しなければ，大気中の600 m先にしか辿り着けないのである．ミューオンは，光速に近いので，内部時計は遅れ，その時計による200万分の1秒という名目寿命は，実質上，100分の1秒以上に伸ばされるのである．この理論の特別処理のおかげで，ミューオンは，難なく海面の高さまで到達でき，そこで二次宇宙線の98％を占めるのである．残り2％の大部分は，陽子や中性子の間で生き残った数個である．

ミューオンは，水中や岩石の中にも入り込んで行く．物理学者が，珍しい粒子を探す時には，ミューオンを回避する必要がある．したがって，実験装置は，深く掘り下げた鉱山やトンネルの中に設置される．しかし，それでも，最も寿命の長いミューオンのいくつかは，計器に雑音として現れる．

スベンスマルクにとってのミューオン

スベンスマルクにとってミューオンは，気候に最も影響を及ぼす宇宙線である．なぜなら，ミューオンは，大気の最も低いレベルに到達し，そこで，世界を寒冷化させる低い雲の形成に影響を及ぼすからである．したがって，宇宙線は気候変動に関与していないというクレームに対処する時には，彼の注意をミューオンの発生の有無に集中させれば良いのである．

8節　直感の裏付け

ベーアの反論

1章はユルク・ベーア（Jürg Beer）の反論で終わったが，それは，^{14}Cや^{10}Beの生成率の上昇によって，宇宙線の流入量が大幅に増加したことが示されたにもかかわらず，気候の著しい寒冷化は伴わなかったというものであった．ベーアが示す最たる例は，4万年前のラシャンプ期で，地磁気がほとんど消失し，^{14}Cや^{10}Beのカウント比率が急上昇した時である．

この難問は，スベンスマルクの批判者を勢いづけた．この難問により，宇宙線と気候についての我々の説は，その中心部分が，数年間，矛盾した状態のままであったが，スベンスマルク自身は，やがて解決されるだろうと直感していた．

スベンスマルの対応

大気中を通過した記録として，^{14}C，^{10}Be，および他の印を背後に置いていった宇宙線は，大気の低レベルまで到達する本命の宇宙線とは，別物なのだろうと彼は思った．本命の宇宙線が増加した時には，低い雲が増加して気候が寒冷化するが，^{10}Beなどに記録された宇宙線が増加しても，必ずしも，低い雲の増加を招くことにはならないのは，この両宇宙線が別物であることにより，説明できるだろうと考えたのである．

それは，奇想天外なアイデアで，一見，手前勝手なように感じられた．しかし，スベンスマルクは，研究所での実験に没頭していたので，自説の正当性を立証するための議論を中断していた．2006年までは，彼は自宅での短い時間でさえ，そのアイデアを取り上げて検証することはできなかった．そして，その検証に入った時でさえ，物理学専攻の学生だった息子のヤコブに，無給の助手として手伝ってもらわねばならなかったのである．

彼の家族をも巻き込んだ研究事業は，宇宙線研究に関する最新の研究成果（renaissance）を大いに利用した．この研究成果は，天の川銀河，またはその向こうからやってくる超高エネルギーの粒子の研究により得られたものである．これらの粒子は，広範囲にわたる二次粒子のシャワーを生じ，それが大気中を雨のように降りそそぐのである．2005年までには，西アルゼンチンに建設された多国間協力によるピエール・オージェ観測施設は，3,000 km^{2}の面積に行列状に整然と並べられた一群の検出器から，初期段階の成果が得られたことを祝福していた．

ドイツの宇宙線模擬プログラム

世界の各地域には，広範囲にわたる空気シャワーを観察するために，オージェより小さい観測施設が点在している．そのうちの1つが，ドイツのKASCADEと呼ばれる観測施設で，行列状に並べられた252カ所の検出器設置所からなっている．このKASCADEは，"Karlstruhe Shower Core and Array Detector"の各頭の文字からとったものである．カールスルーエ研究センターは，大気中における宇宙線の挙動を追跡するためのプログラムを1989年には利用できるようにしていた．以来，ずっとディーター・ヘック（Dieter Heck）は，それを改良し続けている．このプログラムは，"Cosmic Ray Simulations for KASCADE"の各頭文字を採ってCORSIKAと呼ばれている．そして，これは，一次宇宙線が地球の

大気に衝突した後に起こる複雑な粒子の変化と反応を計算するものである．粒子が降下するにつれて増加する空気の密度の影響，また，地球磁場の影響も考慮されている．

異なる種類の数ダースの粒子に関して，100年間にわたって物理学者により蓄積された知識が，このプログラム中に組み込まれている．粒子間の反応は，例えば，それが崩壊する時や，他の粒子と反応するかどうかを決める時には，偶然が大きな要素を占めている．そのために，CORSIKAは，コンピュータで作成された乱数を用いて，多くの可能性を試行する．この方法は，統計学者がモンテカルロ（Monte Carlo）法と呼んでいるものである．

"CORSIKA"の目的は，どのような粒子が最終的に地表の検出器に到達するのかを計算することなので，それは，気象の問題と直接関連付けられた．スベンスマルクもまた，大気の最も低い部分まで到達する比較的少数の荷電粒子について知りたかった．それらの中で最も重要なものは，ミューオンである．それは，大気の高い領域での大気成分との相互作用で作られるが，光速に近いので，非常に短い寿命が，アインシュタインの時間の伸長により引き伸ばされて，海面まで到達できるようになるのである．

ミューオンが，その必要な寿命を獲得するためには，非常にエネルギーの高い宇宙線が地球の大気に衝突することにより作られなくてはならない．このような高エネルギーの一次粒子がやってくる確率は，比較的低いのである．しかし，高エネルギーの陽子（水素の原子核）は通常の質量が，相対論により100倍され，有効質量が大きくなるので，それにより低い確率は相殺されるのである．このことは，高エネルギーが利用できて，高エネルギーのミューオンを大量に含む二次粒子の大規模なシャワーが生じうることを意味するのである．低い確率と高い生産性がどのようにバランスするかが，スベンスマルクにとって疑問であったが，それに"CORSIKA"は答えてくれたのである．

スベンスマルクによるプログラムの実行

"CORSIKA"は，容量が大きくて扱いにくいために，それをコンピューターに組み込んで動かすには，人手が必要であった．そこで息子のヤコブが加わったのである．スベンスマルク親子は，各種のエネルギーの異なる宇宙線の場合に結果がどうなるかを調査するために，2006年の5月における彼らの空き時間の全てを費やして，そのプログラムの反復実行を行った．各実行には，数時間から数日を要した．こうして得られた結果は，説得力のあるものであった．

標高2,000 m以下の大気中における宇宙線の活動に焦点を当ててコンピュータ

図中テキスト:

天の川銀河内の爆発した星からやってくる宇宙線

高エネルギー　　中間のエネルギー　　低エネルギー

太陽の磁場

地球の磁場

地球の大気

60%：常に存在　　37%：強い太陽磁場で除去　　3%：強い地磁気で除去

低地に届くミューオン

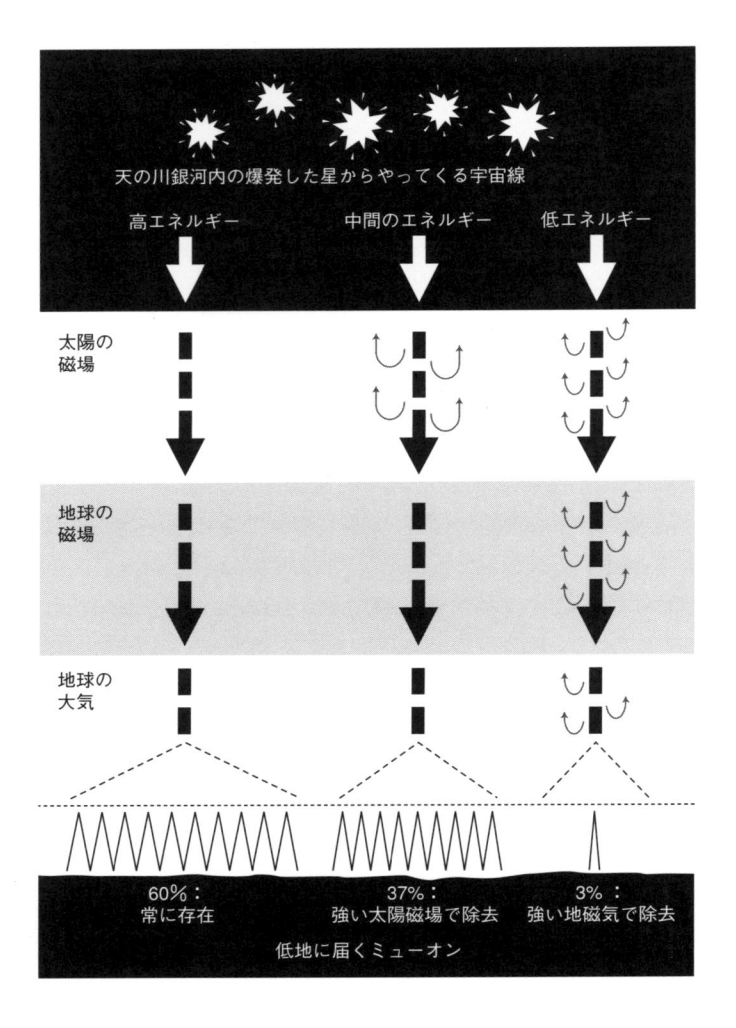

図6　低い雲の形成に寄与する最も重要な二次宇宙線粒子は，低い高度まで届くミューオンである．そのミューオンの半分以上（60％）は，非常に高いエネルギーを持って星からやってくる一次宇宙線粒子に由来するものなので，太陽と地球の磁気遮蔽層によっても，ほとんど影響されない．ミューオンの半分以下（37％）は，活発なときの太陽磁気により遮蔽される．ミューオンの3％だけが，平常時の地磁気で遮蔽される．

ーに計算させた．その宇宙線が，低い雲の形成に寄与し，その低い雲が気候に重要な役割を果たすからである．［以下では，太陽の磁場も地球の磁場も弱い場合に，銀河宇宙線が地球の大気に当たって，標高2,000 m以下まで到達できるミューオンが生成する量が100％とされている．］

　驚くべきことに，この極めて重要なミューオン生成量の60％は，高いエネルギーを持って，天の川銀河外からやってきた宇宙線の生成物なので，太陽の磁場でも阻止できない宇宙線に由来するものであることが示された．それ故，これらは，数世紀の間は一定なので，その間における太陽活動の変動に起因する気候変動には，何ら関係しないものである．ただ，数百万年の間には太陽と共に地球は，この銀河内を周回し場所を変えるので，それにともなって，これら高エネルギーの宇宙線の流入量は，変化することとなる．この流入量の変化が，地球の気候にいかに大きな変動をもたらすか，ということについては，本書の後の部分に述べられる．

　寒冷化を引き起こす低い雲の形成に影響を及ぼすミューオン生成量のうち，残り40％だけが，太陽の磁気活動の変動により変化するのである．この値は，すでに述べた温暖期と寒冷期との間の雲の量の変化を説明するのに充分である．しかし，地球磁場は，ずっと弱い影響しか及ぼさない．すなわち，低い高度まで侵入して雲を形成するミューオンの3％のみが，比較的弱いエネルギーを持ってやってきた宇宙線に由来するもので，これが，地球磁場の変動によって影響を受けるのである．他方，宇宙線が置いていった^{10}Beのような粒子の大部分は，太陽の磁場の変化の影響を受ける中程度のエネルギーを持ってやってきた宇宙線によって，高い高度で作られる．多くの場合，それらはまた，地球磁場によっても強く影響される．したがって，ラシャンプ期のように，地球磁場が劇的に減少した時には，ベーアらが測定した^{10}Beと^{36}Cl原子のカウントが，50％以上も上昇したのである．しかし，気候変動を起こすミューオンは，地球磁場が完全に消失したとしても，3％しか増加しないのである．本命と別物の宇宙線についてのスベンスマルクの直感の正しいことが，これで正確に確認されたのである．

9節　ラシャンプ磁極周回期への再移行

再移行の理由

　"CORSIKA"から得られた前述の結果により，スベンスマルクの説を否定するベーアが提起した根拠は，論破できると，スベンスマルクは考えている．しか

し，ラシャンプ期の頃には宇宙線と気候が，どのような状況にあったのか，その詳細を再調査することは，価値あることと考えられる．

ラシャンプ期の状況

ラシャンプ期には，ベーアに味方をする^{14}Cなどの放射性原子が急上昇すると同時に，温暖化が起こったことが彼により報告されたが，このことは，太陽の磁気が強くなったために，低い高度まで届く宇宙線が遮蔽されて雲が減少し，それと同時に，地磁気が弱くなったために^{14}C，^{10}Be，およびその他の生成量が増加したことを意味するのであろう．

このようなことが起こることは不可能なことではない．気候を記録した氷床コアーの一般的な測定結果から，問題の温暖化は，最後の氷期の間に繰り返し劇的な温度上昇が起こったダンスガール・エシュガー（Dansgaard-Oeschger）温暖期群の1つであることが分かる．そして，その温暖化は，疑いもなく，太陽活動が活発化した結果であった．しかし，この活発化した太陽は，低いエネルギーの宇宙線も多く押し返したであろう．したがって，この影響がなければ，地磁気が低迷したラシャンプ期における^{14}C等のカウントの上昇は，さらに大きくなっていたであろう．

年代の修正

考古学者が，氷期の中頃の発見物の年代を決定するのに^{14}Cを用いる場合，地磁気が弱くなった時には^{14}Cの生成が増加しているので，その分を補正せねばならない．当時の誤差は5,000年にものぼる．2004年にマサチューセッツにあるウッズホール海洋学研究所のコラッド・ヒューヘン（Korrad Hughen）のチームは，ベネゼーラ沖の海底を調査した結果を基に，修正された^{14}Cデータを出版物にまとめた．

ヒューヘンらは，^{14}C生成のラシャンプピーク期が，40,500年前頃に比較的短期間だけ起こり，その後，大きくしかもほとんど止まることなく37,000年前まで低下したことを確認した．この37,000年前が，ベーアのデータによると温暖化がピークに達した時であり，その時は，^{10}Beと^{36}Clの生成も低下した時期と一致している．おそらく，宇宙線の増減と気候の変動との間に残っているいかなる不一致も，データが改善されると解消するであろう．

考　察

ラシャンプ期の問題により，我々の説は進歩した．宇宙線が気候に直接，影響を及ぼすということを，スベンスマルクが1996年に最初に提唱して以来，ベーアの反論は，科学的に最も説得力のあるものであった．この反論への挑戦を本書

の最初の段階に扱うことは，慎むべきではないかと思われた．というのは，この反論を論破できる情報を得た読者は，スベンスマルクの説をさらに読み進もうとはしないかも知れないからである．しかし，今こそ，我々の説におけるもう1人の主役である雲についての諸発見を記述した次章に読み進むべき時なのである．

3章　光輝く地球は冷えている

　今流行の気候科学は，普通の雲が掴みどころがなくて当惑している．人工衛星による観測結果は，雲量が宇宙線のカウントに応じて増減していることを示している．気候変動に最も影響を及ぼすのは，低い雲で，それが地球を寒冷化させるのである．そのことが正しいことは，その雲が雪原の南極を温暖化させている事実により確認できる．諸々の発見から，劇的な地球温暖化は，起こりそうもないことが分かる．

1節　分かっていなかった雲

千変万化し捉えがたい雲

　雲がどういう状態にあるかは，気軽な静観者にとっても専門の気象学者にとっても同様に，天気の大部分を占める．雲は，我々の頭上や水平線上で，快晴や曇天，凪や嵐，雨や雪のショーを絶え間なく演じ，同じ場面を二度と繰り返すことはない．雲が最も恐怖を抱かせる形態をとった時には，稲妻を走らせたり，竜巻を起こしたり，また，台風の目を囲んだ積乱雲の壁（アイウォール）を形成したりする．

　雲を言葉で表現しようとしたり，分類，分析，または，解釈しようとすると，すぐに，その気まぐれさに悩まされる．シェイクスピアのハムレットは，雲がラクダのように見えるかと思うと，鯨に見え，ついには密告者に見える，と言って雲からきっかけを得て発狂を装ったのである．それから数世紀たった現在も，雲は，スーパーコンピューターで明日の天気や長期の気候変動を予測する気象予報士を，手こずらせているのである．

気候モデルにおいて

　100 km間隔の計算点からなるネットワークで，世界をカバーできるが，雲は小さな魚が網の目を通り抜けるように，その点と点の間を通り抜ける．したがって，コンピューターモデルの作成者は，その代わりに雲の平均的な挙動についての理論に基づかざるを得ない．彼らが，地域ごとの気候変動を予測しようとする

と，各モデルが雲をどのように扱っているかによって，正反対の結果が得られるのである．2004年に，米国大気研究センターの優れた気候モデル製作者であるケビン・トレンバース（Kevin Trenberth）は，このことについて次のように率直に述べている．

> 気候モデルは，雲を正しく扱っていない．おそらくこのことが，気候モデルを用いて地球温暖化を予測せねばならない場合の最も大きな問題であろう．

翌2005年に，このコンピューターモデルが，いかに愚かであるかが明らかになった．フランス，ドイツ，英国，および米国の各研究機関が，10種類の大気モデルによる計算結果を，1983～2002年の間における実際の雲の衛星観測と比較したのである．その結果，数個のモデルが，高さの中間の雲と低い雲の量を実際より大幅に少なく見積もっていたのである．ストーニーブルック大学のチャン・ミンファ（Minghua Zhang）らの報告は失敗を認めている．

> 個々の……雲の種類に対し，季節変動幅を，気候モデルと衛星観測との間で比較した時の違いは，数百％にも達し得る．

人工衛星での初めての観測

雲の実態をもっと良く知りたいとの気候科学者の願いが叶えられて，2006年4月に軌道に乗った一対の衛星が，3年間の特別任務に着いた．仏米のカリプソ衛星とNASAのクラウドサット衛星が一緒に飛んで，同じ雲を15分以内ずつ，一方はレーザー光レーダーで，他方はmm波レーダーで観測した．これにより，厚い雲内の異なる各層の識別，小滴の粒径の測定，および雨として落下する小滴かどうかの区別，を行うことができる．これらの結果より多くのことが，2つの衛星により初めて解明されたのである．そして，コロラド州立大学のグレイム・スティーブンス（Graeme Stephens）は，これらの衛星が打ち上げられる以前の無知の深さを，次のように概括した．

> クラウドサットから得られた新しい情報は，雲が雨や雪をどのようにして作るのか，雨と雪が世界にどのように分布しているのか，そして，雲が地球の気候にどのように影響しているのかという，これらの基本問題に答えてくれるだろう．

将来の気候予測

このような告白がなされたのは，途方もない努力を払って気候をモデル化し，スーパーコンピューターを用いて100年先の気候を予測しようとしている，まさにその時であったのである．色々と矛盾する結果があるにもかかわらず，一部の

科学者は，炭酸ガスの排出による気候の大異変が切迫していると発表している．人類は工業を抑制すべきで，さもないと，地球は悲惨な結末を迎えることとなる，と彼らは言うのである．他方，科学分野のいくつかの学会や一流の科学誌は，気候変動の科学は決着がついたことを認めた．しかし，気候変動における雲の役割をよく理解している研究者の発表は，拒絶されることが多かった．

高温多湿の熱帯での暖かい夜に慣れ親しんでいる人は，空気中の水蒸気やスモッグの温室効果を体感しているのである．地球の表面は，宇宙空間に不可視の赤外線の形態で熱を放出している．その結果，乾燥している砂漠では，日没後は極めて冷え込むのである．しかし，高温多湿の熱帯では，頭上の空気中の水分子が，宇宙への熱の放出を遮断して，地表に跳ね返すのである．そのために，ワイシャツ姿でラム酒を飲めるのである．これが自然の温室効果である．これは，主に水蒸気によっており，この惑星の表面を，生物に適する状態にするのに不可欠である．［湿度100％の空気 1 m^3 は，20℃では 17 g，30℃では 30 g の水を含んでいる．30℃で湿度100％の空気の水分濃度は，30 g/m^3 ×（22,400 ml/18 g）×100 ＝ 0.3 %（v/v）である．ちなみに炭酸ガスは，0.037 %である．］

炭酸ガスも同様に作用する．そのために，大気中にこのガスが増加していることが心配されているのである．現在，議論されているのは，炭酸ガスが増加し続けると，その温暖化効果がどれだけ大きくなるかということである．しかし，雲の実際の役割を考慮に入れた場合には，極度の温暖化は起きないだろうと予測されている．

雲の予測に関する熱心な研究は，衛星から得られる改善されたデータと数十億ドル以上の支援を受けているので，各コンピューターモデルでの予測を，互い同士で，また，実際のものとよく一致させることができる日がくると期待してはならない．なぜなら，これらのモデルは，このプログラムの技術上のいかなる欠陥よりも，ずっと大きな欠陥を持っているからである．モデル作成者は，雲は受動的な寄与しかしないと確信しており，気候変動は，主に，炭酸ガスの増加によって起こると考えているのである．

本章の内容

この章では，気候変動を起こす原因は雲の存在にあることを説明する．雲量の変動は，宇宙線強度の変化に追従して起こる．その宇宙線強度は，太陽の磁気遮蔽が強いか弱いかによって変化し，地球上で起こるいかなる他の変化によっては，ほとんど影響されない．気候変動に最も重要な雲の種類が何かを特定できるのである．雲の増加は，おかしなことに雪原の南極大陸では温暖化をもたらすことか

ら，雲が実際に気候を左右していることを確認できるのである．

2節　雲による熱の出入りの抑制

気温に及ぼす雲の影響

　雲には，冷却効果のあることは，夏の日照りの合間に雲の陰に入った時に体感できるように，厳然たる事実である．それらの雲は，下から見ると灰色だが，山に登ったり，飛行機に乗って，雲を上から見ると白く輝いている．太陽光は，その雲がなければ，その下の地球の表面を温めるが，雲があると，それに当たった光の約半分が宇宙空間に跳ね返される．さらに，雲に当たった太陽光の一部は，雲の内部に吸収される．

　また，日常の経験から分かることであるが，星の輝く夜よりも曇っている夜の方が，冷え方が小さい．冬に霜が降りるのは，星空の夜のことが多い．雲は，地球の表面から熱が逃げるのを阻止することにより，それ自身が温室効果をもたらす．雲もまた，宇宙空間に赤外線を放射するが，雲の上部は地表より温度が低いので，雲が存在する時の方が，熱の損失が少ないのである．

　この惑星を覆う雲の加温効果と冷却効果の＋－を総合するには，入ってくる可視光と出ていく赤外線の収支を調べなければならず，極めて複雑な計算となる．1984～1986年の間に打ちあげられた米国の3つの衛星によって，特殊な目的の計器が宇宙空間にもたらされるまでは，その計算の大部分が憶測の域を出なかったのである．それらの計器により，入ってくる太陽光と出ていく赤外線が全地球的に測定されたのである．1990年代の前半までに，NASAの地球放射収支実験（NASA's Earth Radiation Budget Experiment）の結果が明らかにされた．

　総合すると，雲は，強力なクーラーである．ただ，薄い雲は例外で，全般的に加温効果を持っている．高度の高い羽毛状巻雲は，－40℃近辺で冷たいので，雲から宇宙に放射する熱は少なく，地球からの放射を阻止する熱の方が，ずっと多いためである．他方，最も効率の高いクーラーは，中間の高さの厚い雲である．しかし，それはどの時間帯も地球の約7％を覆う分しか生じない．

　低い雲は，その中間の高さの雲のほぼ4倍の面積を覆う．そして，低い雲は地球冷却の60％を占める．それらは，太陽光を遮ると共にその低い雲の比較的暖かい上面は，宇宙空間に高い効率で熱を放出するからである．そして，低い雲の中でも最も重要なクーラーは，広くて平らな毛布状の積層雲で，これは地球表面の20％を覆う．これらは，主に海洋上に生じ，大陸間を飛行する旅客機の乗客

にとっては単調な光景となる．

　全般的に見れば，地球の雲は，入射太陽光の加温効果を8％削減する．もしも，この巨大なパラソルを取り除き，他の要因は全て変わらないとすると，この惑星の平均温度は，約10℃上昇するだろう．逆に，低い雲が数％増えるだけで，地球は，著しく冷えることとなるだろう．

　地球を覆う雲が多くなればなるほど，宇宙にいる宇宙飛行士には，地球はより明るく輝いて見える．地上の天文学者も，この光景を間接的に観察することができる．鏡として作用する月面を見た時に，直射日光の当らない影の月面部分が，白い地球の反射光で明るく照らされているのを観察できる．地球が白く輝けば輝くほど，地球は，より冷えることとなる．これは，単に太陽の温かい光線をより多く跳ね返すからである．

雲の分布状況の把握

　雲が空を覆う平均量は，年ごとに変化する．勤勉な気候の年報編集者は，各地域での変動を数世紀にわたって記録している．しかし，雲を地球全体の視野で見ることは，気象衛星により初めて可能となったのである．宇宙空間を飛行する衛星のカメラの下に展開されている通りに，地球全体の気象の完全なドラマを示すことにより，気象学に革命をもたらしたのである．1966年から，気象予報士には，連続的に気象情報が提供されており，その品質と対象範囲は常に改善されている．テレビの視聴者は，雨雲や台風の進路を衛星の動画像で見られるようになった．

　1983年以降，国際衛星雲気候計画（International Satellite Cloud Climatology Project）は，全世界の民間の気象衛星から入ってくるデータを蓄積した．ニューヨークにあるNASAのゴダード研究所（NASA Goddard Institute）に所属するウイリアム・ロソー（William Rossow）により立案されて，雲が地球を覆う面を，地球表面を一辺が約250 kmの正方形に分割して表現し，月ごとの平均チャートを作成した．このチャートは，季節が変化する様子や，進行するモンスーンが雲の巨大な羽毛布団を南アジアに掛けていく様子をきれいに描いた．この衛星の編集資料は，エルニーニョと呼ばれる異常気象の期間中には，熱帯の太平洋と南アメリカを覆う雲の分布が，大きく変化することを記録した．それらは，また，地球全体の雲量と太陽のリズムとの間につながりのあることも示した．

3節　太陽と気候との間の見落とされていたつながり

新しいアイデアが見出された経緯

　1995年のクリスマスの日には，コペンハーゲンの北の郊外にあるデンマーク気象庁は，天気予報の事務所以外は人気(ひとけ)がほとんどなかった．別の階の一室にも電灯が点いていた．そこではスベンスマルクが，雲についての1つのアイデアを追究していた．そのために，休日の期間中，彼の妻と若い息子は，余儀なく，なおざりにされていた．それまで，彼は，雲の衛星データをウイリアム・ロソーが編集したものがあることを聞いていなかったが，そのクリスマスの日にインターネット上でそれを見出したのである．それは，太陽が地球の気候に影響を及ぼす今まで知られていなかった機構を，彼が初めて明らかにするのに役立つものであった．

　そもそもスベンスマルクが，クリスマスの日にも出勤していたのは，新年にはその気象庁の別の部門に移り，エイジール・フリース-クリステンセン（Eigiil Friis-Christensen）と一緒に新しい仕事をする予定になっていたからである．クリステンセンは，太陽地球系物理学の責任者であり，彼の長年にわたる関心事は，磁気嵐とオーロラ，それに，それらの発生がグリーンランド周辺の海の冷たさの変化に明らかに結び付いていることであった．この古い大陸であるグリーンランドを手がけていたもう1人の研究者が，スベンスマルクの今までの上司であったクヌード・ラッセン（Knud Lassen）である．このラッセンと共にフリース-クリステンセンは，20世紀における北半球の温度上昇と太陽の黒点周期の速まりが，奇妙に一致していることに気が付いていたのである．

　彼らがこの結果を1991年に発表した時に，フリース-クリステンセンは，気候変動に太陽が重要な役割を演じているという考えの主な広報者の役割を，自分自身が担わされていることに気が付いたのである．この太陽主因説は，英国の天文学者のウィリアム・ハーシェル（William Herschel）が，黒点の少ない時には，小麦の価格が高い，ということに気付いて以来，ほぼ200年間，検討されてきたものである．しかし，1990年までに，多くの気候科学者は，太陽は，それほど重要ではないと結論付けていた．なぜなら，宇宙探査機により太陽光の強度変化を測定したところ，その太陽光の変化は，気候には，ほんの小さな影響しか及ぼしていないことが示されたからである．

　フリース-クリステンセンの新しい共同研究者は，1995年12月にかけての空き時間を利用して，太陽の別の変動特性の影響がずっと強いのではないかという直

感を，クリステンセンには内緒で追究し始めていたのである．スベンスマルクは，太陽に許されて太陽系内に入った宇宙線の流入量が，地球の雲量（cloudiness）を加減するのではないかと考えたのである．宇宙線が多いと雲も多くなるだろう．もっとも，ロシアの科学者たちは，反対のアイデア—すなわち，宇宙線が雲量を削減するだろうというアイデア—をもてあそんでいた．いずれにしても，この星と雲との間の関連性を突き止めることは，容易ではなかった．

スベンスマルクが全世界のウェブサイト（WWW）から2～3のデータを集めてすぐに確認すると，年ごとの雲量の変化は，宇宙線強度の変化に追従しているようであった．そこで1995年の12月の中旬に，彼は，それまでに得られた数点の初期の結果をフリース–クリステンセンに示したのである．それを見たクリステンセンは，宇宙線が雲を増やすという提案は，新しい考えであり，さらに，それは不合理ではないと彼に保証した．

それどころか，それは太陽の影響を増幅して気候変動を起こしうる機構で，フリース–クリステンセンが数年間を費やして探し求めていた形式の機構そのものであった．「君が1996年の1月に私の部署にきた時には，このことを一緒に研究しよう．その時には，もはや，余暇や趣味の時間をなくして，全ての時間をこの研究に費やそう．いや，休日も返上だ」．

将来の上司から励まされて，スベンスマルクは，クリスマス休暇を返上して，雲量に関するさらに良いデータを探していたのである．彼は，それまでは，米国空軍気象衛星とNASAの汎用ニムバス宇宙探査機からの雲のデータで間に合わせていた．しかし，何回か検索しているうちに，ついにクリスマスの日に，国際衛星雲気候計画（ISCCP）に辿り着き，1983年の中頃から1990年の末までの期間に対して，ロソーが編集した非常に詳細な結果を引き出すことができたのである．それにより，この研究は俄然，はかどることとなった．

宇宙線量と雲量との関係の調査結果の投稿

国によっては形式の異なる気象衛星が用いられているし，雲は，地上の氷面，雪や霜の面，それに山の表面とは区別するのが難しいので，衛星の編集されたデータには，不完全さと不確かさが生じている．そこで，スベンスマルクは，赤道上空を飛行している米国，欧州，および日本の静止衛星によって観測された海洋上の雲の月間記録のみを使用することとした．宇宙線に関しては，各種の入手可能なデータ源の中から，コロラド州クライマックスのジョン・シンプソンが建設した観測所における中性子の月間平均数を選んだ．

両者の変化の一致は著しかった．1984～1987年までの間に，太陽活動が徐々

に静かになると共に，地球に届く宇宙線は増加した．その間に海洋上の雲量は，徐々に約3％だけ増加した．1988～1990年までの間は，宇宙線は減少し，雲もまた4％だけ減少した．この結果は，宇宙線による雲量の変動が，太陽からの光の強度の小さな変動よりも，地球の温度にずっと大きな影響を及ぼしうることを示唆していた．

　雲量は，宇宙線量の変化に忠実に従った．気候科学の基準からすると，この相関は並外れて高く，スベンスマルクとフリース–クリステンセンは，このような明確な相関があることに，誰もそれまで気が付かなかったことに驚いた．彼らは，他の科学者に先を越されることを心配して，科学論文の完成を急いだ．1996年の2月末には，首都ワシントンで出ている雑誌"Science"に投稿した．

　2人は，それが早く出版されることを望んでいたにもかかわらず，次のような断り状が戻ってきた「これに要約を付け加えると，本誌での掲載には長すぎるので，他で出版すべきものと判断します」．そこで，フリース–クリステンセンは，「大気と太陽地球系物理学誌（Journal of Atmospheric and Solar Terrestrial Physics）」の編集長に迅速な処理を要請した．この論文の増補されたものが同誌から出版されたが，翌年の1997年まで待たねばならなかった．

調査結果の報告

　その間に，こういうことがあるとは知らずに，1996年の夏に英国のバーミンガムで開催される宇宙科学者の学会の主催者は，気候に及ぼす太陽の影響について短い講演を行なってもらうために，フリース–クリステンセンを招待した．彼は，2番目の投稿先からどのような処遇を受けても良いと考え，スベンスマルクの同意を得た上で，宇宙線とのつながりについての要約を講演内容に盛り込むべきであると決断した．そのために，公表された最初の印刷物は，英国王立天文学会が，バーミンガムのマスコミのために用意した短い報道記者用資料となったのである．

　その表題は，「太陽と気候との間の見落とされていたつながり」であった．この記者用資料は，フリース–クリステンセンの講演，および関連する記者会見と共に，嵐のような関心を巻き起こした．しかし，それはデンマーク以外ではほんの束の間だけであった．最も典型的なものは，ロンドンタイムズ紙の場合であった．その新聞の内側ページに，「爆発している星（stars）が，"地球温暖化を起こしているかも知れない"」，という見出しの下に隠されて，簡潔な報告が掲載された．この引用符（""）は，同紙がこの説から距離を置くためである．

　バーミンガムでの学会で，コールダーは，関係する専門家の反応を観察してい

た．彼は，以前にたまたま，スベンスマルクとフリース−クリステンセンのそれまでの研究内容を学んでいたし，彼らの協力の下に，太陽と気候変動について，すでに1冊の本を執筆中だったからである．彼の仲間の科学作家が，宇宙線と雲との関係の発見に気付いて先に本にしたなら，彼自身の本が完成した時には，この説は，新鮮味がなくなってしまうおそれがあるからである．しかし，彼が心配する必要はなかった．デンマーク以外では，このテーマを扱ったものは，実質上コールダーの著書のみであった．それも，彼が"The Manic Sun（躁病の太陽）"を出版した1997年4月以前だけでなく，その後の数年間もそうであった．それは，誰も聞きたくないニュースだったからである．

スベンスマルクの戦い

スベンスマルクは，どうかというと，この発見が受け入れられるためには，挑んでくる戦いに立ち向かわねばならないことを覚悟していた．もっとも，その戦いが10年以上も続くことになろうとは予想だにしなかった．彼は，まずは，自然の世界と科学的に対決せねばならなかった．すなわち，宇宙線の量，太陽の激しさ，および地球上の雲量の記録は，小刻みに揺れ動き，錯綜しているので，それらの記録から末梢部分を剥ぎ取り，1つの説として纏め上げねばならなかったからである．しかし，戦いはそれだけではなく，もう1つの戦線でも起こったのである．彼のアイデアは，科学界によりほとんどの場合に攻撃され，無視されたからである．

4節　幼稚で無責任な提案

他人による検証過程

独創的なアイデアを持っている科学者は，誰しも，厳しく批判されることを覚悟している．その上，同僚や競争相手は，そのデータや理論が間違っていないか検証しようとするものである．間違いを除去し，充分な裏付けがある結論だけを残そうとするのが，科学の取り組み方であるからである．敵の集中砲火に見舞われるアイデアは，通常は間違っている．しかし，真実の発見が激しい抵抗に会い，「虚偽」の合意が長く生き延びるということも，過去の歴史には数多く存在する．この検証過程は，心地の良いものではない．なぜなら，科学者も感情を持った人間であり，論理のみで動くロボットではないからである．通常，論争はある程度の礼儀をもって進められるが，気候科学者は，最低限の礼儀も欠き粗暴になってしまったのである．

主流の炭酸ガスによる温暖化説

「気候変動に関する政府間パネル（IPCC）」はこの惑星の過熱が目前に迫っている，という警告を1990年に発表し始めていたので，新しい時代の流れは明らかであった．その警告は，20世紀の間に地球の温度が穏やかに上昇しているのは，空気中の炭酸ガスの量が増加しているためである，という考えに基づいている．したがって，太陽活動のような自然要因が，それに大きく関与しているというような提言は，いかなるものも歓迎されなかった．

スベンスマルクらへの攻撃

1992年に，デンマーク代表団は，気候に及ぼす太陽の影響を研究課題のリストに追加すべきではないかと「気候変動に関する政府間パネル」に穏やかに提案していたが，それは直ちに却下された．そして，1996年に，デンマークの一新聞社が，IPCCの議長であるバート・ボーリン（Bert Bolín）を招いて，フリース-クリステンセンがバーミンガムでの学会で発表した宇宙線と雲に関するスベンスマルクの研究成果について，意見を求めたところ，彼は次のように酷評したのである「この2人からの提案は，科学的に，極端に幼稚で信頼できるものではないと思います」．これは不適切な言葉であり，コペンハーゲンの物理学の教授が提出した研究論文に対して，ストックホルムの気象学の教授が用いるべきものではない．

デンマーク気象研究所の内部においても，スベンスマルクは，個人レベルで毛嫌いされた．職員食堂においてさえ，彼のアイデアに対する反論は，時には攻撃的であった．一部の同僚は，人工の炭酸ガスが気候変動の主要原動力であるという仮説に心酔していない人とは，付き合おうとはしなかったのである．

同じ年（1996年）に，彼らはスベンスマルクを痛めつけようと企んだ．北欧諸国から科学者が集まる米国のエルシノアでの学会のために，主催者は，形式上は歓迎と称してスベンスマルクを招待し，宇宙線と雲についての講演を依頼したのである．しかし，その講演は，全員が彼に奇声を浴びせられるように，大酒が振舞われた食事会の後だったのである．彼らは，楽しんでこのようなことをしたのである．

かなりの質問は冷やかしからであった「宇宙線が雲の形成に影響を及ぼすと提案するなんて，スベンスマルクは狂っているのではないですか？」．聴衆の中で著名な人は，雲と降雨に関する国際委員会の議長で，ヘルシンキ大学からきたマルック・クルマーラ（Markku Kulmala）であった．彼は，静かに聴いていたが，ある質問者から，スベンスマルクのアイデアが間違っている理由を説明してほし

いと依頼された時に「それはあり得ることです」と一言だけ述べた．その言葉は，全員を驚かせた．

それで満足できなかったその質問者は，スベンスマルクの研究は，"危険である"と抗議した．これも不適切な言葉である．毒物も飛び道具も，それに爆発物も含んでいない理論的研究を評するのに用いるべきものではない．唯一，危険が生じると考えられるものは，地球温暖化に関する現在の科学上の信念や社会上の政策の方である．それらは，スベンスマルクのアイデアにより間違っていることが指摘された仮説や原因に基づいているからである．

スベンスマルクへの研究支援

デンマークの公的資金供給機関は，スベンスマルクの逸脱した研究を支援するのをためらった．その代わり，カールスバーグ財団から援助を受けられることとなった．この財団は，19世紀以来，多くの多種多様な心躍る科学研究を助成するために，ビール販売で得られた収益の一部を喜んで提供していた．この財団の理事長は，政府高官の科学者から，スベンスマルクへの助成の取消を促した手紙を受け取っていたが，それを無視したのである．スベンスマルクは，彼の発見した気候変動機構により，クヌード・ホフガール（Knud Hojgaard）記念研究賞とエネルギーE2研究賞という，2つのデンマークの賞を受賞したが，その時でさえ，その報道記事はスキャンダルめいていた．

カールスバーグ財団のお陰で，スベンスマルクの要請により新しい研究者が加えられた．そのナイジェル・マーシュ（Nigel Marsh）は，英国生まれで，コペンハーゲン大学においてつい最近，物理学の博士号を取得したばかりだった．それは，グリーンランドの氷床からドリルで採取した氷柱コアーを調査し，古代の気候変動を明らかにした研究によるものである．彼は，スベンスマルクの主な協力者となった．そして，宇宙線が雲に及ぼす詳細な影響を突き止めることに，彼らは一緒に取り組むこととなったのである．彼らは，また後に，今までの職場よりも友好的で，スベンスマルクの研究に理解がある研究所に移れることになる．

5節　低い雲に驚くほどの一致

研究体制の変更

エイジール・フリース–クリステンセンは，デンマーク気象研究所の一部門を運営するトップである上に，地球磁場を監視するために設計されたデンマークの最初の衛星エルステッドの事業推進科学者でもあった．彼は，16カ国から60以

上の研究グループを集めて，1つのチームにまとめていた．このため，彼は，これ以上スベンスマルクと共に宇宙線とのつながりを研究する時間を確保できなくなった．もっとも，このテーマに関する講義は続けていたが．

1997年末にかけて，フリース-クリステンセンは，デンマーク宇宙空間研究所の所長となった．この研究所は，後にデンマーク国立宇宙センターと改名された．政府は，この研究所の活動範囲を広げることを願って，既存の宇宙物理学に，太陽系に関する研究を加えた．新しい構想により，太陽自身の研究，および太陽が地球の宇宙環境，磁気，気候に及ぼす影響の研究が含められた．1998年にフリース-クリステンセンは，スベンスマルクとナイジェル・マーシュを招き，この宇宙研究所の研究スタッフに加えたのである．

再調査に用いた新しいデータ

国際衛星雲気候計画は，1983年7月～1994年の9月までの期間を対象とする新しい一連のデータを発表した．マーシュとスベンスマルクは，新しい研究室で，雲の高さとその地球上の位置に従って，そのデータをあらゆる角度から調査した．彼らは，高度範囲の異なる3種類の雲が各地域を覆う面積比率（％）月間平均値の変化を，太陽活動の変化に応じて変化する宇宙線量の月間平均値と比較した．その宇宙線量は，コロラド州のクライマックスにおいて記録されたものを用いた．この研究は，多大な時間を要し，単調で飽きがくることも度々であったが，彼らは，2000年までに「驚くべきことに，太陽活動の変動の影響は，低い雲に最も強く現れる」という明確な結果を報告することができた．

再調査で得られた結果

言い換えると，地面から約3,000 m以下の高度─すなわち，宇宙線がいつも最も少量しか存在しない高度─に生じる雲が，宇宙線の増減に最も敏感に応答するのである．すでに記述したように，NASAの地球放射収支実験により，地球冷却の60％は，低い雲によるものであることが確認されていた．したがって，この低い雲が主役であると確認されていたことは，宇宙線と気候とのつながりを追究する上で，極めて重要な意味を持っていた．これにより，最も重要なものは，最もエネルギーの高い宇宙線の強度［カウント］であることが分かるからである．なぜなら，それしか，最も低い高度まで到達できないからである．この調査結果の統計的検定により，1年ごとに平均した低い雲の量と宇宙線の強度との一致度（match）は，完全を100％とした時の92％が得られた．これは，気候科学の基準からすると，非常に高い相関である．

全ての予想に反して，高度が中間の雲，および高い雲は，宇宙線の変動とは無

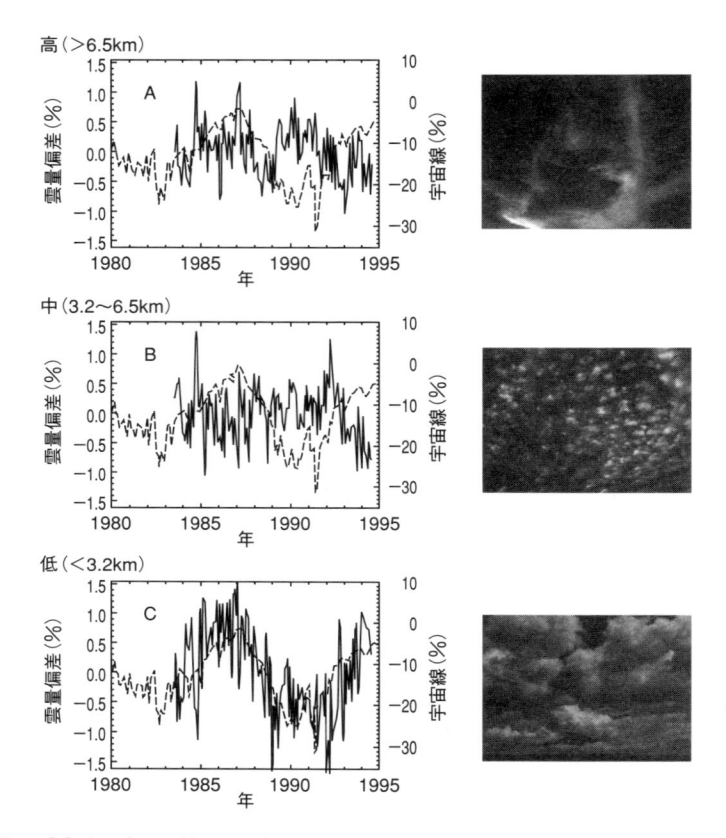

図7 大気中の高さの異なる3種類の雲ごとに，地球を覆う雲の増減（—）が，クライマックス観測所で記録された宇宙線カウントの変動（……）と比較されている．雲の増減と宇宙線の変動は，高い雲と中間の雲では一致していないが，低い雲では密接に関連している．（グラフは，N. Marsh と H. Svensmark による）

関係に変動するように見える．これの最も単純な説明は，宇宙線は，高い高度にはいつも大量に存在するが，低い高度には少量しか存在しないので，宇宙線の変動は，低い高度で，より顕著なものとなるということである．それは，例えば，土砂降りの雨は，熱帯雨林よりも砂漠にずっと激しい影響を及ぼすのと同じことである．さらに，高い雲は，液体の水ではなく氷の結晶からなっており，低い雲とは異なる機構で形成されているからである．

太平洋とインド洋との2つの大きな領域，およびグリーンランドとスカンジナビアとの間の北大西洋の領域は，低い雲と宇宙線とのつながりが最も強いことを

示している．マーシュとスベンスマルクが低い雲の上部温度に着目して徹底的に分析したところ，つながりのさらに強い地理上の領域が浮かび上がった．それは，熱帯地方を中心にして地球を取り巻いたベルト状の領域で，そこの雲の変化は，宇宙線の変化に忠実に追従した．この雲の影響は，地球冷却の30％を超えることは確実である．宇宙線が増えた時には，この低い雲の上部温度がより温かくなり，そのために，宇宙空間への放熱が増加し，冷却効果は強まるのである．

低い雲の上部温度についての考察

どうして熱帯のベルト状領域における低い雲の上部温度が，星からの宇宙線の多少に応じて上下するのであろうか．その最も可能性の高い理由は，マーシュとスベンスマルクにより提案されたように，水の小滴が凝縮できるための表面を提供する小さな極微細粒子が，その領域の空気中にはより多く存在するからであるというものである．すなわち，極微細粒子が多いので，宇宙線が多いと，小滴は，小さいが数が多くなり，そして凝縮した水の合計量が少ないので，雲は霧状になるのである．その結果，これらの雲は，地表からの熱を上方に透過しやすいのである［極微細粒子については4章1節］．衛星から観察すると，海洋上の雲の少なくとも2/3は，この奇妙な形態の雲に属している．

海上の船の航跡に沿って現れる直線状の雲は，ちょうど，この効果が働いていることを示している．1987年にワシントン大学の研究用航空機が，2隻の船の航跡に沿って形成された雲の中を飛行し，このことを検証した．人工衛星は，飛行機の背後に認められる飛行機雲にかなりよく似た白い筋状の雲を確認している．それらは，実際には飛行機雲よりもずっと下に存在しており，既存の雲の中で輝いている直線状のものである．そこは，船の煙突からの排気が，多くの極微細粒子を空気中に供給している所である．宇宙線により生成が促進された自然の極微細粒子は，低い雲の上部を世界的規模で温めている可能性がある．

我々の宇宙線の筋書きに賛同する仲間の中には，高い高度で形成された極微細粒子が，空気の下降流により，低い雲のレベルにまで運ばれてくると提唱する者がいた．しかし，コペンハーゲンの2人は，それには同意しなかった．2人は，その極微細粒子の生成は，大気の最も低い位置まで通り抜けてきた比較的少ない宇宙線により左右されて，その低い位置でなされたものであろうと考えている．スベンスマルクが研究室での実験を計画した時に，彼はどのような仮説に賭けたのであろうか，そのことについては4章で記述する．

6節　太陽活動が活発化した時

20世紀の気温の変化

　もしも，宇宙線量を加減する太陽の磁気活動がリズミカルに変動し，それに合わせて，雲量が約11年の周期で単純に増減を繰り返しているだけなら，いかなる影響も均一化されるので，気候に及ぼす長期の影響は何もなかったであろう．しかし，宇宙線強度の平均値は，この100年間に著しく低下したのである．このことは，地球を覆う雲量が減少し，地球は温暖化していることを意味する．

　温度の記録は，この20世紀中に地球全体が，徐々に約0.6℃温暖化していることを示している．この温暖化の約半分（＋0.3℃）は，1945年以前に起こった．この期間には，太陽が活発化の最中であったし，宇宙線は減少中であった．そのことは，大気中の宇宙線量を間接的に表す放射性原子の生成率の減少により示された．1960年代と1970年代の初期には，著しい寒冷化の期間に切り替わった．この期間は，太陽の磁気活動が一時的に弱まり，宇宙線が増加した時期と非常に良く一致している．1975年以降は，しばらくの間，太陽活動の上昇が再び始まり，宇宙線は再び減少し，そして地球の温暖化が回復した．「気候変動に関する政府間パネル」が1988年に創設されて，炭酸ガスについての関心の高まりが頂点に達したのは，この時期であった．

20世紀の宇宙線の変化

　宇宙線の流入量（influx）の系統的測定値は，1937年までしか遡れない．しかし，それ以前に宇宙線が流入していた量を見つけ出せる別の方法が存在していたので，20世紀の全期間における宇宙線の効果を評価できるのである．1999年に注目すべき新事実が，オックスフォード近郊にあるラザフォード・アップルトン研究所のマイク・ロックウッド（Mike Lockwood）のグループからもたらされた．それは，惑星間空間では，太陽の磁場は，この20世紀の間に2倍以上強くなったというものである．これにより，20世紀全体においてこの磁場の変化が温度変化と非常によく一致していることが示されたのである．

　その磁場が2倍以上強くなったとの推定ができたのは，欧州米国宇宙探査機ユリシーズにより，太陽の磁場強度が全ての方向で同じであることが発見されたからであると，ロックウッドは説明した．「誰もそのようなことを予想だにしなかった．しかし，この事実が意味することは，太陽全体の驚くべき変化を推定するのに，地球というたった1つの場所での歴史的データを利用できる，ということなのである」．

歴史的データとは，地球表面で記録された磁気嵐（aa インデックス）に関するものである．このデータの変動と同じように，太陽の磁場強度は変動したと推定できるのである．宇宙探査機は，1964年以来，磁場強度が40％増加したことを直接測定した．しかし，ロックウッドは，20世紀のそれ以前の段階で，さらに大きく増加したと推測したので，20世紀全体での増加が131％に達したのである．このことは，1995年の太陽の磁場強度が，1901年の値より2.3倍大きいことを意味するのである．

　1995年以降には，磁場が強くなっているので，それに対応して，低い雲の高さまで届く高エネルギーの宇宙線が減少していることを，ペルーのワンカヨの測定器は示している．その変化から，スベンスマルクとナイジェル・マーシュは，この高エネルギーの宇宙線が，20世紀の最初から11％減少したと推定することができた．彼らは，それを雲に及ぼす影響に変換して，20世紀に太陽が活発化することにより，低い雲の量は約8.6％だけ減少したと，結論付けた．それによる温暖化を次のように表現した「20世紀の100年間における低い雲の放射強制力（radiative forcing）の概算値は，$1.4W/m^2$の温暖化である」．［放射強制力：ある要因の変化によって起こる地球のエネルギー収支の変化量のこと］

スベンスマルクらへの批判

　この提出された概算値は，挑発的な数値であった．なぜなら，気候変動に関する政府間パネルは，産業革命（1750年）以来，人間活動により空気中に加えられた全炭酸ガスの放射強制力の推定値として，同じ$1.4W/m^2$の温暖化を用いていたからである．したがって，コペンハーゲンの結果への批判は，活発で納まることがなかったのである．

　1人の批判者の指摘は，スベンスマルクによって研究された雲の変動は，宇宙線とは無関係で，火山爆発やエルニーニョに対応している，というものであった．火山の爆発と雲の変動とは，時間的に一致するものがなかったので，その可能性は簡単に排除された．しかし，1987年と1991年のエルニーニョとは，極めてよく一致するので，これを排除するには詳細な分析が必要であった．

　他の批判者は，国際衛星雲気候計画が，信頼性に欠けるとして，すでに廃棄していた雲のデータを，ついうっかりして用いていた．多くの人は，高い雲がより強い宇宙線に晒されるので，高い雲が宇宙線の変動の影響を最も強く受けるはずであると，いまだに考えていた．オセロ大学のジョン・エジール・クリスチャンソン（Jon Egill Kristjánsson）とヨルン・クリスチャンセン（Jørn Kristiansen）は，高い雲と宇宙線が相関すると彼らが提唱していたことを再検討したところ，

皮肉にも，低い雲だけがよい相関を持っていると結論付けた．それにより，批判を取り下げたのである．考え方の異なる陣営側で，宇宙線の変動の影響を受けるのは，間違いなく低い雲であると宣言したのは，彼らが最初かも知れない．

ナイジェル・マーシュとスベンスマルクが，2000年に，非常に長い期間にわたる一連の雲のデータを用いた時の結論を発表した時でさえ，一部の批判者は，それを無視して，スベンスマルクとエイジール・フリース−クリステンセンによる最初の論文の誤りを見出そうとした．スベンスマルクらは，1つ1つの批判に反論することもできたであろうが，ひっきりなしに出てくる敵対する科学論文は，1つの目的を持っていたのである．宇宙線と気候との間のつながりを真剣に取り上げたくない人が決まって主張することは，その提案に対する異論がたくさんあるというものである．2001年に，気候変動に関する政府間パネルは，「宇宙線が雲量に影響を及ぼすとは，いまだ立証されていない」と発表し，否定的であった．

7節　南極だけは雲で温暖化する

概　説

専門家は，当時，南極（―南極大陸を意味する―）における気温の傾向が，他の地域での傾向とはずれていることが多いという事実に気が付いていた．この南極のわがままな性質を詳細に調べると，雲が気候変動を引き起こす主要原動力であるという我々の提案に，強力な裏付けが得られるかもしれない．そこで，スベンスマルクは，これを確認するための調査を開始した．話は，彼がまだデンマーク気象研究所にいた1996〜1997年に遡る．

最初の調査での躓き

NASAの地球放射収支実験から得た衛星データにより，雲は，南極以外の地球の大部分には全般的に寒冷化の影響を及ぼすのに対して，南極には温暖化効果をもたらすということが示された．スベンスマルクは，すでに，宇宙線と雲との間のつながりを見出していた．もしも，この地球を覆う雲が全体として少ないことが，20世紀の間の全般的な温暖化を説明しうるなら，その時には，南極上の雲が少ないことにより，南極は寒冷化していなければならない．しかし，この南の大陸からの信頼できる地表の気温は，入手が困難であった．また，スベンスマルクが雲の効果を計算しようとした時に，彼は，南極が他の世界と気象学的に隔離されている程度を，過小評価していたのである．そのために，重要な結果を予測できず，この問題を棚上げにしたのである．

南極を隔離するもの

　風の回転特性が，南極を他の地域の気象から隔離している．このことを，スベンスマルクは看過していたのである．南氷洋における強い西風が船員を苦しめている．その風は，ワタリ・アホウドリを，大陸の周囲を上から見て右回りの決まった旅に連れ出し，そしてまた，その繁殖地に戻すのである．それらの風はまた，大きな環南極海流をひき起こしている．その海流は，クジラにとって豊かな餌場である．世界の全ての海は，その南端でつながっているが，南極は，その環南極海流により，北の陸地を温めるメキシコ湾流や黒潮のような熱帯流から隔離されているのである．

　南極の成層圏にも同様の渦巻き状の風が吹いている．1999年に天文学者は，ビッグバン後に宇宙がどのようにして作られたのかを知るために，「ブーメラン」と呼ばれる気球望遠鏡を成層圏内にロケットで打ち上げた．10日間で8,000 kmを飛行した後，その望遠鏡は，ブーメランという名に恥じず，エレバス山の近くの出発点からたった50 kmしか離れていない地点に着陸した．この成層圏南極渦（Antarctic polar vortex）は，これと対をなす成層圏北極渦よりも，ずっと強力で持続性が高いのである．

南北の氷床コアー・データの比較

　極地以外の世界の気候変動に，北極の気候は従う傾向にあるが，南極の気候は従わず，独自の傾向を示す可能性がある．このテーマへのスベンスマルクの取り組みは，最初の段階では失敗したが，その後，もしも，雲が気候変動を起しているなら，南極ではこうなるだろうと予想されるのと，ちょうど同じ傾向を示す証拠がすぐに蓄積され始めていた．その証拠は，地球の南北の両端において，氷床中を掘削したチームからもたらされた．

　1999年にコペンハーゲンのニールス・ボーア研究所のドルス・ダール–ジャンセン（Dorthe Dahl-Jensen）らは，グリーンランドのGRIP掘削孔と南極のロードーム掘削孔の中の氷の温度を比較した．埋まっていた氷は，熱の貯蔵性と絶縁性が高いので，その生成当時の局所温度を，数千年もの間，保存しているのである．試料採取を兼ねた温度測定装置は，掘削孔中の異なる深さで掘削操作中に新しく掘り出された氷を採取し，各層が形成された時代における温度を測定し直接記録するのである．ダール–ジャンセンが過去の6,000年間にわたって，北と南の温度を比較すると，南北での気候の交代の仕方は単純であった．すなわち，「南極の気温は，グリーンランドの気温が平年より"寒い"時には，平年より暖かい傾向にあり，そしてグリーンランドが"暖かい"時には，寒い傾向にある」．

これらの結果は，氷河学関係のジャーナルに公表された（1999）．スベンスマルクは，グリーンランドの結果については聞いていたが，南極の結果との対比については聞き逃し，それを知ったのは，その数年後にダール-ジャンセンの夫であるヨルゲン・ペダー・ステッフェセン（Jørgen Peder Steffesen）から聞いたときであった．スベンスマルクは，それは予想していたことだと述べた「ヨルゲン・ペダーは，私が『見つかった！』と言った意味を理解できなかったようです．私は，このテーマについて常に考えていましたが，他のことで手一杯だったのです」．

　ダール-ジャンセンの結果は，最近の数世紀にわたる小氷期の間，グリーンランドでは著しく寒かったが，南極では比較的暖かであったことを示した．南極のもう1つの掘削場所であるサイプルドームでは，ペンシルベニア州立大学のリチャード・アレイ（Richard Alley）らが，稀に存在する特徴的な層を見出した．その層は，それが表面に存在していた時代に，夏が異常に暖かくて，氷が溶解していたものである．その溶解の起きた頻度の変化が，気候の変動を示していた．2000年に，アレイが指導している学生のサラ・ダス（Sarah Das）は，1つの明確な結論を発表した．

　　　溶解が，最も頻繁に起こった300～450年前の間で，溶解を経験した年が8％にも達した．それは，十中八九，南極ではこの期間の夏の温度が高かったことを示しているのであろう．この150年間は，北半球で温度の低い小氷期とよく呼ばれている期間に一致しているのである．

　ダスとアレイは，この小氷期の物語を10,000年前まで追跡した．彼らは，南極のサイプルドームの氷床で，約7,000年前における2,000年もの間，氷の溶解が全く起こらなかった期間を見つけて感銘を受けた．その期間の気候条件は，南極では特に寒冷であったが，一方，グリーンランドでは異常に温暖であった．グリーンランドのGIPS2の掘削地から採取した同じ期間の氷は，過去10,000年の全期間の中で，夏の溶解が最も頻繁に起こった期間であることを示したのである．

北と南の気候変動の境界と時間差

　他の科学者は，さらに古い時代まで遡って，グリーンランドと南極との間に，同様の対照的な現象を見出した．古い考えを持った気候科学者は，この解釈を手探りで探していた．その典型的な解釈は，海流の変化を含むものであった．2001年にケンブリッジのニコラス・シャックルトン（Nicholas Shackleton）は，彼らの当惑を次のように表現した「過剰の暖かさが，一方の半球から他方に飛ぶことにより，"極同士がシーソー"をしているのだろうか．何がこの膨大な熱量の

3章 光輝く地球は冷えている

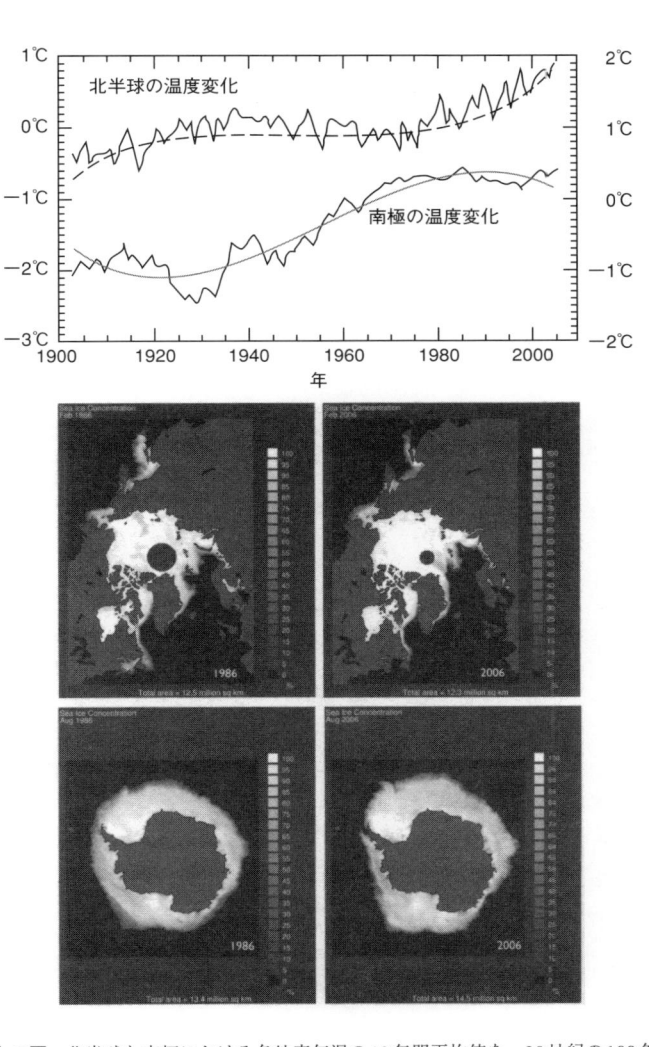

図8 上の図 北半球と南極における各地表気温の12年間平均値を，20世紀の100年間にわたってプロットしたものである．南極（下のグラフ）は，北半球（上のグラフ）とは異なり独自の気候変動パターンを示している．北半球が温暖時には，南極は寒冷傾向にあり，逆に北半球が寒冷時には南極は温暖傾向にある．（NASA-GISSのデータから）

下の図 1986年（左）と2006年（右）の北極（上）と南極（下）の衛星写真は，この20年間に海氷が，北極では減少し，南極では増加していることを示している．この両極で気候変動が逆になるのは，宇宙線と雲が気候変動を引き起こすなら，予想されることである．（US National Snow and Ice Data Centerのチャートから）

変動を引き起こしているのだろうか」．

スベンスマルクにとっては，何の矛盾も存在しなかった．なにしろそれは，ちょうど見つけたいと期待していたものであったからである．そして，2005年にようやく彼がこの問題に，より細心の注意を払って取り組めるようになった時に，彼は，誤解を招きやすい「極同士のシーソー」，という呼び方を退けた．というのは，この表現は，シーソーの軸が赤道にあり，北半球と南半球が対称的であることを意味するからである．

実際には，地球全体の気候は，孤立した南極とそれ以外の残りの世界との間で，非常に不均等に分配されており，その2つの領域は，風と海流により，それぞれの領域固有の気候変動の傾向を形成しているのである．そして，それぞれの領域内の各地域は，その領域の気候変動の傾向を共有しているのである．オーストラレーシア（—豪州，ニュージーランド，および南太平洋の島々を含む全体—），南アフリカおよび南アメリカ，並びにそれらの間の海洋を含む全ての地域は，気候変動に関して共通性が高いのは，近くの南極領域ではなく，ユーラシアと北アメリカを含む領域の方である．シーソーといっても，その軸は，赤道ではなく，南緯約60°の所にあるのである．この2種類の気候変動が存在することに対する相応しい名称は，「南極気候の異常（Antarctic Climate anomaly）」である．

そして，他の人たちは，海流の編成替えが含まれる場合には，この正反対の気候変動が生じるには，どの程度の時間が必要であるか，という点についても言及している．しかし，スベンスマルクは，両者がほとんど同時に起こると考えた．たとえ，南極とそれ以外の世界とで気候の応答速度が実際に異なっているとしても，最大で数年という程度である．

20世紀における南極気候の異常

1900年以降の100年間の気温の記録は，全地球と南極の双方とも，全般的に温暖化を示しているが，その途中の各段階では，両者は一致していない．1920年代と1940年代には，南極領域で大きく寒冷化し，全地球は温暖化が急上昇した．それとは反対に，1950年代と1960年代には，南極は劇的に温暖化したが，一方，他の世界は一時的に寒冷化を経験した．1970年以降は，地球の温暖化が再開している間は，南極の気温は横ばい状態となる．しかし，南極の主要な観測所の1つであるハリー湾基地では，気温は極めて著しく低下した．

8節　ペンギンは南極の寒冷化を知っていた

南極気候の異常を起こす要因候補

　南極気候の異常をどのように説明したらよいのだろうか．気候変動を起こす各種の要因候補のうち，どれがそれを説明できるだろうか．炭酸ガスではない．なぜなら，それは，遠く離れた南極も含めた全世界にほとんど均一に広がっているからである．炭酸ガスの増加に基づいた気候予測は，温暖化が両半球の極地にも同時に，しかも強力に起こることを示している．しかし，現実には同時には起こっていないのである．最近では，オゾン・ホールとして知られているように，南極上空のオゾン層が失われている．このオゾン・ホールは，そこの地表での気温を下げるのに役立ったかもしれない．なぜなら，オゾンは温室効果ガスとして作用するからである．しかし，もしも予想されているように，オゾン・ホールの拡大が，最近になって人工のフルオロカーボンを放出したことに起因するなら，それは，有史時代にも先史時代にも起こっている南極気候の異常とは関係しないこととなる．

　天文学的要因を考えると，太陽の周りを回る地球の軌道や宇宙空間に対する地球の姿勢が徐々に変化するので，南極に降り注ぐ太陽光の強度は，数千年の間に変化する．現在，地球は南半球が夏の期間中に太陽に最も接近する．しかし，10,000年前には，北半球が夏の期間中に太陽に最も接近していたので，南極が夏の時には，弱い太陽の光しか受けていなかった．これは，ダール–ジャンセンの氷床コアーが，6,000年前の石器時代に，相対的にグリーンランドが非常に暖かく，南極が寒かったことを示した理由を説明するのに役立つかもしれない．しかし，北方の気温と南極の気温が急激に切り替わっていることが，氷床コアーのより最近の部分に記録されていたし，また過去100年間の気温測定にも記録されているので，これらを説明するには，この天文学的変化（―ミランコヴィッチ・サイクルと呼ばれている―）では，極端に応答が遅すぎる．

　雲量の変化が，何ら他の変化を必要とせずに，南極気候の異常を直接予測できる唯一の強制要因（forcing agents）である．雲量が減少すると，地球は温暖化し，南の大陸は寒冷化することとなる．雲量が増加し南極が温暖化すると，地球の残り部分は寒冷化することとなる．これは，他の要因の場合とは正に対照的である．しかし，どうして雲は南の大陸には異なるように作用するのであろうか．

雪原における雲の効果

　南極の雪原は，この惑星の表面に最も白い部分を作り出している．それは，北

極の雪よりも明るく，さらに雲の上面よりも白い．その結果，南極では雲がない時に雪原が，太陽から直接吸収するエネルギーよりも，雲があるときに，その雲が一旦太陽からエネルギーを吸収し，その熱を雪原に再放射するエネルギーの方が多いのである．衛星により観測されたこの南極の雲の温暖化効果は，南極点における地上観測により確認された．その結果は，ウィスコンシン・マディソン大学のマイケル・パボロニス（Michael Pavolonis），および米国環境衛星・データ情報サービスのジェフリー・キー（Jeffrey Key）により，2003年に報告された「雲は，1年のどの月においても，南極大陸の雪原を温める効果を持っていることが判明した」．

グリーンランドの氷床においても，雲により温められることが知られていたし，長年にわたってそのことが観測されていたし，さらにまた，衛星による観測からも，雲の減少は局所的に寒冷化させることが示されていた．南極気候の異常は，グリーンランドと南極における氷床の歴史を比較することにより発見されたので，このグリーンランドでの結果は，一見すると，駆動要因としての雲量を排除すべきように見えるかもしれない．しかし，グリーンランドの氷床は，ずっと小さく，その表面は，南極の物ほど白く輝いてはいない．それに，グリーンランドの気候は，風と海流によって，北大西洋地域や世界全般の気候と一体化されている．したがって，その局所的な雲による温暖化効果は，完全ではないにしても，その大部分が打ち消されているのである．

南極気候の異常についての考察

スベンスマルクは，雲が少しだけ増減した場合の結果として，異なる緯度で予想される地表での気温の変化を，地球放射収支実験の衛星データを用いて計算した．雲量が4％だけ増加した時には，気温は，赤道では約1℃低下し，南極では約0.5℃上昇する．雲量が，4％だけ減少した時には，数字は同じであるが，上昇は低下に，低下は上昇に変わる．したがって，その時には，南極では約0.5℃低下する．雲量の増減がこれより小さい時でも，このような数値は，20世紀に観察された南極気候の異常の程度を，充分説明できるものである．

しかし，1つの疑問が残る．もしも，全般的に地球が長期にわたって温暖化している傾向が，雲量の減少に起因しているなら，南極において，1900年頃よりも2000年頃の方が，結局は温度が高くなったのは，どうしてなのだろうか．スベンスマルクの答えは，南の大陸は孤立してはいるが，その大気中の水蒸気が自然に増加したために，全般的な温暖化を共有できた，というものである．

地球の大気が温かくなると，水は蒸発しやすくなる．水蒸気は，最も重要な温

室効果ガスなので，その水蒸気がなかったなら宇宙空間に放出されていた熱の一部が，水蒸気があると，地表に戻されるので，20世紀の間に雲量の減少により引き起こされた全般的な温暖化を増幅することとなる．余分の水蒸気は，南極上の空気の中にも入ってくるので，その温暖化効果が，雲の減少による寒冷化効果を，ついに上回ったのであると，スベンスマルクは説明するのである．南極気候の異常は，温暖化と寒冷化が交互に起こっている段階では保持されるが，世界の一方的な温度上昇時には破綻することとなるのである．

この分析は，2006年に完成したが，スベンスマルクの目的は，気候変動を引き起こす主な要因としての雲の役割を確認することにあった．気象予報士により用いられているコンピューターモデルでは，雲は，本質的に受身的な役割しか演じておらず，他の強制要因に従って，形成または消失させられている．しかし，スベンスマルクが指摘するように，実際には，雲が気候変動を仕切っているのである．なぜなら，南の大陸では他の世界での寒冷化と温暖化とは正反対の温暖化と寒冷化が起こっていることを，次のように言っているからである．「もしも，雲量の変化が，地球の気候変動を引き起こしているなら，南極気候の異常は，その例外であるが，この例外が，"雲量の変化が地球の気候変動を引き起こす"という原則（rule）が正しいことを，立証しているのである」．

21世紀における南極の寒冷化

英国南極調査隊のハリー観測所は，2002年にそれまでの44年間で初めて，船が海氷に閉じ込められ，物資の補給に支障をきたした．それにもかかわらず，古い考えの気候科学者は，南極が異常に寒冷化しているとは一言も話題にしなかった．彼らは，適正な温度測定が不足していると主張した．しかし，気候変動の動向を感知する能力が，人間の科学技術よりも勝るとも劣らない渡り鳥は，その行動により，南極気候の異常が，いまだ活発に示されていて，南極は寒冷化しているということを，強力に示しているのである．

北方の島々に渡り鳥が春の早い時期に現れる現象は，世界が最近，温暖化していることの実例として，度々引き合いに出される．東南極に繁殖しているアデリー・ペンギン，ケープ・ウミツバメ，および他の渡り鳥の観察記録が，2006年に55年前まで遡って調査された．調査したのは，フランスのヴィリアーアン-ボア（Villiers-en-Bois）にあるシゼ生物学研究センター（Centre d'Etudes Biologiques de Chizé）のクリストファー・バーブロード（Christophe Barbraud）とヘンリ・ウェイマスカーチ（Henri Weimerskirch）である．彼らは，海氷の季節が長期化していることを指摘した．渡り鳥が春の営巣地である南極にくる時

期は，1950年代よりも平均して9日遅くなっているのである．しかし，それは，地球の温暖化を信奉する主流の信者にとって，心地よい結論ではない．バーブロードは，世界的な温暖化により，海で餌を見つけるのが困難となったために，春の営巣地に来るのが遅くなったと説明した．

9節　もっと単純に構えよ

氷期における南極気候の異常

　一般的に気候科学で問題なのは，以下の点である．すなわち，地球の表面で起こっている各種の気候変動（events）を引き起こしている気候モデルのシステムは，非常に巧妙に作られているので，理論家が，氷，水，空気，および各種の分子をチェスの駒のようにあちこちに動かして，終わりのないゲームをすることにより，最終的に，いかなる気候変動も彼らの好きなように説明できる点である．この問題は，時代をさらに遡って，南極気候の異常を対象とした場合のことであった．過去10,000年前に遡っても，20世紀と同じことであるが，この氷期には，1章で述べたように，厳寒のハインリッヒ期と，ずっと暖かいダンスガール・エシュガー期との間で気候がふら付き，気候の交代がより劇的に起こっているので，南極気候の異常がより明確となっているのである．これらの寒冷期と温暖期に起因する温度変化は，北半球に関するものである．南極での温度変化は，北半球のものとは違っているのである．

　グリーンランドの氷床におけるGIPS2地点と南極のバード（Byrd）地点との双方で行われた氷の掘削が，最も良い比較試料を提供した．同じ年の氷層同士を間違いなく比較するために，研究者は，各層ごとに氷中の気泡中に閉じ込められている空気のメタンガス濃度を測定し，その上昇と下降を追跡した．地球の両端におけるメタンガス濃度の小刻みの変動を一致させることにより，双方の年代が対応していることを確認したのである．また，これらの氷床は，氷そのものに存在する重い酸素原子をカウントすることにより，それらの古代の温度が判明したのである．

　2001年にプリンストン大学のトーマス・ブルニアー（Thomas Blunier）とワシントン州立大学のエドワード・ブルック（Edward Brook）が，過去90,000年の間にわたって記録された主な温暖期と寒冷期について報告することができた．

　　　　　南極では，この90,000年の間に主な千年規模の温暖期が7回起こったが，それらの各開始時期は，グリーンランドでの各温暖期の開始時期よりも，

それぞれ，1,500〜3,000年だけ先行した．一般的に，南極の温度が徐々に上昇した時は，グリーンランドの温度は低下中か，それとも一定しているかであり，南極の温暖化が終了した時期は，グリーンランドでの急激な温暖化が開始した時期と，一致しているようだ．

これを説明するために，一部の専門家は，大西洋で海流の再編が起こり，それまで，北の方に運ばれていた熱が，赤道を横切って南の方に運ばれるようになったからであると推測した．しかし，南極気候の異常は，今日では，10年そこらの間隔で起きているので，このようにあまりにも速い変化を海流では説明できないだろう．いずれにしても，海流説は，複雑で，全く投機的なものでしかない．

望ましい科学上の基本

仮説を組み立てて，物事を説明する場合には，オッカム（Occam）の格言に従うことが，望ましい科学上の基本である，と学生の頃に良く教えられたものである．オッカムの格言は，ロンドン近郊の町オッカムの中世の聖人ウィリアム（William）により述べられた仮説節約の原理で，NASAのスタッフにより，カウボーイ風に翻案された．「KISS—すなわち，Keep it simple, stupid!（馬鹿正直に，もっと単純に構えろ）」言い換えると，矛盾なく理論が成立しているうちは，常に最も単純な仮説，または機構とすべきであり，やむを得ない場合にしか，余分の仮説や装飾を付け加えてはならない，ということである．

スベンスマルクの説明

雲の形成により気候が変動する，というスベンスマルクの説の場合には，氷期における温度の変動を説明するのに，オッカムの格言が3回使われている．彼は，南極が氷床で覆われているために雲が通常とは異なる温暖化効果を及ぼす，と指摘することにより，南極気候の異常を最も単純に説明し，他の人がそれを説明するだけのために発明した複雑な機構を一掃しているのである［氷床の影響］．

オッカムの格言の2回目の使用は，太陽が「躁」または「鬱」の状態になることにより宇宙線の量が変化したというもので，雲量の変動を最も単純に説明している．氷期以来の正反対の温暖期と寒冷期の双方に太陽が明確にかかわっており，氷期の間に起こったそれらを説明するために，さらに別の説明を発明する必要はないのである［太陽活動の影響］．

オッカムの格言は，本書の後の部分のために覚えておく価値がある．数百万年，または数十億年にわたる長期の気候変動を説明するのにも，宇宙線と雲との間に全く同じ機構が役立つのである［宇宙線発生源の影響］．

たった1つの単純な仮説を欲張って使っているように思われるかもしれないが，

それに対する答えは，もう1つのカウボーイ気質である．すなわち，「壊れないなら直すな」である．

10節　炭酸ガスにはクールに対応しよう

20世紀の温暖化の説明

20世紀における地球温暖化は，現在では，太陽活動の変化によるものと，大気中の人工の温室効果ガス—特に炭酸ガス—の蓄積によるものの2つによって説明されている．しかし，この2つの仮説のうち，どちらか好きな一方だけで，1900～2000年の間の約0.6℃の温度上昇を説明することができるのである．もちろん，2つが双方とも正しいということはあり得ない．もしそうなら，温暖化は今の2倍に達していなければならないからである．

争いを避けて穏やかに暮らすために，おそらく温暖化の半分は太陽により，半分は炭酸ガスによっていると，提案したくなったかも知れない．しかし，そうすることは許されない．厳粛な科学では，2つが平等で穏やかに共存する必要はなく，その代わり，全ての領域で正しくて矛盾のないことを目指さねばならないからである．温室効果ガスの熱狂者としては，20世紀の温暖化に対して，①炭酸ガスがその気候変動の大部分を起こした主要駆動要因であるという仮説と，②地球は現在，温暖化の危機に直面しているという仮説の双方を支持すると主張する必要があるのである．この片方だけでは充分ではないのである．

また，スベンスマルク説が受け持つ分が，20世紀の温暖化の半分だけで充分というわけではない．後の章で述べるように，古代の気候変動は，1900年以降に起こったいかなる変化よりもはるかに激しかったが，それらも，明らかに，宇宙線の変動により引き起こされたものである．20世紀の温暖化は，太陽の磁場が2倍になり，その結果，宇宙線が減ったことが，その原因の大部分を占めなければ，他の時代に起こった，現在よりも大きな温度変化を説明することが難しくなるのである．

20世紀における宇宙線と気温との関係の調査

宇宙線強度の全ての体系的な記録を，最も古い時代まで遡れるものが利用できるようになったのは，1998年のことである．宇宙線研究の開拓者であるスコット・フォービッシュ（Scott Forbush）により低い高度に建設された，メリーランド州のチェルテナムとバージニア州のフレデリックスバーグの2つの観測所から，ニューメキシコの大学のハージット・アールワリア（Harjit Ahluwalia）が，

1937年まで遡る古いデータを回収し，それらを，シベリアのヤクーツクにおける同様の計器から得られた結果と組み合わせて，1937～1994年までの一連のデータとしたのである．

スペンスマルクは，このアールワリアのデータを用いて，宇宙線の変化を北半球の温度変化と比較した．グラフの縦軸の上向きを宇宙線の減少，雲量の減少，それに温度の上昇を採って，予想される傾向を合わせた経年変化のグラフを作成すると，各グラフは，最初の数十年間は小刻みに上下し，1960～1975年の間には，予想されたように低下し，それから，1990年代初期の温暖期に向かって一緒に上昇した．

1980年以降の温暖化の原因

一部の科学者は，現在では，次のように言っている「1980年頃より後は，宇宙線のカウントと共に，太陽の磁気活動は横ばいに入っているので，炭酸ガスの温暖化効果が，はっきりと目に見えるようになった．太陽の磁気活動は，本書執筆中の2006年まで全般的に，ほぼ横ばい状態を続けている．それにもかかわらず，温度は上昇を続けているので，この気候変動には，宇宙線の変動を含めて，太陽のいかなる種類の影響による寄与分はなく，太陽要因説は排除できる」．

しかし，最近の太陽活動と温度変化の実態は，そのように単純なものではない．太陽活動は，20世紀の期間中の上昇傾向が1980年頃に終了したが，その後の25年間に，著しく降下したわけではない．宇宙線のカウントは，太陽活動の各サイクルの期間中に，予想通りリズミカルに変化し続けている．そして，それと同じリズムの小刻みの温度変化が，何らかの全般的な大きな温度変化傾向の上に重なっていることが，全ての温度記録に認められる．太陽が引き続いて気候変動を起こしているというこの証拠は，特に，気球や衛星により測定された海洋の表面と準表面（水深50 m）の水温，および海面上の気温において明白である．

1985年以降の温度上昇は，北半球の陸上の表面上の温度で，その勾配が最も急である．しかし，他の環境では，あたかも太陽の貢献が一定化したことを知っているかのように，この上昇傾向は，小さいか存在しないことさえある．例えば，海洋の水面下50 mの場合がそうである．そこは，空気よりも多くの熱を保持しているからである．この水が示すことは，あたかも地球温暖化が，すでに停止しているかのように，宇宙線の減少と増加に合わせて，水の温度が上昇と下降をするだけであった．

気候科学者に課された1つのパズルは，「現在，陸地，海洋，および空気によって温められる速さは，北半球の陸地の表面上の温度の方が，残りの世界よりも，

速いように見えるのはどうしてか」というものである．もしも，気象学者の記録が，信頼できるものなら，北半球の陸地には，他にはない気候変動過程が存在して，それが稼動しているに違いない．その候補としては，海洋では，本質的に変わっていないという観点から，大気汚染や陸地の用途変更が挙げられる．

　もう1つの難問は，全くもって，より挑戦的である．それは，増加中の炭酸ガスや，他の人工の温室効果ガスの温暖化効果は，地球の大部分において，予想されているよりも，ずっと少ないように見えるのはどうしてか，ということである．例えば，南極では，雲の減少による寒冷化の影響を，温室効果ガスは打ち消すことができなくて，人工の温室効果ガスにより急激に温暖化していると長い間特定されていた期間である1978～2005年の間に，海氷の領域が8％増加しているのである．

炭酸ガスの温室効果

　海洋における準表面の温度変化の程度は，宇宙線と雲に関する我々の説によれば，全く妥当なものである．しかし，過去半世紀にわたる温室効果ガスに起因する上昇温度は，その温室効果が正しく評価されたなら，予想されていたよりも，ずっと小さい値となる．

　このような状況の下で，ヒューバート・ラム（Hubert Lamb）が1977年に書き留めた意見を思い出すことは，価値のあることである．彼は，ノーウィッチの気候研究部隊に属し，現代の気候科学の父といわれている人である．

　　　　放射収支上，増加した炭酸ガスが気候に及ぼす影響が，温暖化する方向
　　　　にあることは，ほぼ間違いのないことであるが，一般的に受け入れられて
　　　　いる推定値よりも，おそらくずっと小さいであろう．

　1980年代の末までは，太陽の変動が数世紀にわたる気候変動を引き起こす最も有望な要因として，広く認識されていた．もし当時，この宇宙線と太陽活動との関係が，すでに知られていたなら，専門家は，太陽が影響していることに，もっと自信を持っていたであろう．そして，人工の温室効果ガスが影響しているという仮説の支持者は，その仮説を述べるだけでも，困難な状況であったであろう．ましてや，耐えられない地球温暖化がやってくるという説を述べるなんて，とんでもないことであったであろう．太陽が最も重要であるとして再登場している現在，彼らの好きな炭酸ガスによる寄与分を，現在の気候変動のどこの部分に，割り込ませられるかを示す立証責任は，炭酸ガス説の熱狂者に戻されているのである．

　炭酸ガスによる温室効果は，現在では，炭酸ガスが主要因と見なされる前のよ

うに，気候変動を引き起こすと考えられる他の各種候補と同列に扱われている．これらの候補には，①大きな火山爆発やエルニーニョ温暖化が起こった頻度，②空気中の塵や煙の量の変化，③オゾン，メタン，および他の温室効果ガスの変動，④陸地の用途変更，および皮肉なことに，⑤増加した炭酸ガス全てにより繁茂した植物による陸地の全般的な暗色化，も含まれている．

地球の温度に及ぼす雲の影響が，衛星により測定されていたので，ナイジェル・マーシュとスベンスマルクは，宇宙線と雲の減少により，約0.6℃の温暖化が起こったと推定することができた．この衛星のデータは，また南極気候の異常を説明するのにも，雲が気候変動の役割を担っていることを確認するのにも役立った．それに対して，炭酸ガスがその温室効果により引き上げられた温度を，衛星データから求めようとしたが，著しい不確かさのために阻まれた．

空気中の炭酸ガスを2倍に増やした時の温室効果を，各種の方法で計算すると0.5～5℃の間のいずれかの値が得られ，この不一致度（最大値／最小値）は，10である．そして，現状では，温室効果を研究している科学者は，観測された温暖化を主張することはできても，前述の他の要因のいずれでもなく炭酸ガスだけが，実際にそれに対応していることを示すことは，ほとんど望み薄である．衛星と地上による南極の観察結果は，他に類を見ないほど，雲形成理論を支持しているが，温室効果説とは一致しないのである．

最近の温暖化への炭酸ガスの関与について，コメントを求められた時に，スベンスマルクは，平静を保った．彼の意見によると，賢明な回答を出すためには，互いに相手をやり込める擬似政治のような論争は必要なく，余分の炭酸ガスの効果を，より精密で科学的に評価することが必要であるということである．それができた時に，観察された気候変動のある一部分に，この炭酸ガスの効果を一致させることができるであろう．しかし，その結果は，この惑星にとっておそらく心配のない良いニュースとなるであろうと彼は考えている．

　　　温室効果の支持者が，温暖化記録から，太陽の寄与分を充分に考慮して，その分を差し引いた後に，炭酸ガス寄与分を割り込ませられたとしても，その分は，極めて小さなものでしかないことが分かるであろう．もしそうなら，21世紀における地球温暖化は，起こったとしても，現在の典型的な予測値である3～4℃よりは，はるかに小さいであろう．

スベンスマルクらの研究

スベンスマルクとエイジール・フリース－クリステンセンが，宇宙線量と地球を覆う雲量とのつながりを，1996年にバーミンガムで発表することにより，太陽

が強い役割を果たしている，という考えを復活させたのである．それから，10年間は，この宇宙線説の反対者は，宇宙線が雲の形成に何らかの役割を演じているというアイデアそのものを嘲笑した．彼らは，それを説明できる物理的機構は存在しないと言った．しかし，2005年にコペンハーゲンの地下室で行われた実験により，爆発した星が大気中の雲の景観にどのように寄与するのかということが，正確に示されたので，現在では，反対者の防衛前線は撤去されている．

　歴史的に展望すると，水蒸気が雲の小滴になるには何が必要かということを理解するために，科学者は長い間奮闘してきたが，この地下室の実験は，まさに最終段階であった．この雲形成実験の第1章は，19世紀に始まったのである．

4章　雲の形成を呼びこむ原因は何か

　　　　雲は，水蒸気が冷えて凝縮した時に形成される．水蒸気は，空気中に浮遊している極微細粒子の表面上に凝縮する．最も重要な極微細粒子は，硫酸の小滴である．これらの硫酸の小滴が形成される機構については，まだ解明されていなかった．これらの小滴の形成は，宇宙線により促進されることが，ひとつの実験により示された．

1節　霧や雲の過去の形成実験

かつての英国の霧
　英国は，ビクトリア朝時代（1837〜1901）に自国を工業国に導いたが，それと共に，空気汚染国にも導いた．石炭使用時代のロンドンは，11月の息の詰まる黄色い濃霧で悪名を馳せた．クロード・モネは，ウェストミンスターの霧を日光が透過することにより生じた神秘的な光と影を描いた．チャールズ・ディケンズは，小説の『荒涼館（Bleak House）』の中で，公害訴訟のために一具体例を見た．

　　　どこもかしこも霧．霧は川上では，川中の緑の小島や牧草地帯の間を流れて行く．反対に川下では，乗船用の階段の間を汚しながら流れ，大きい（汚れた）都市の港湾を汚染して行く．……たまたま橋を通りかかった人は，霧の空の下を欄干越しに垣間見て，周囲全てが霧なので，あたかも，気球で上空まで上がり，霧状の雲の中をさ迷っているかのように感じた．

エイトケンの雲の研究
　工場と家庭の煙突から排出される煙と硫酸の煙霧（fumes）は，秋に自然発生する霧を，不快で汚れたものにするだけではなく，霧そのものを濃くし，なかなか消えないものにする．1875年に，フランスの薬剤師であるポール・ジャン・クーリエ（Paul-Jean Coulier）が，霧発生実験を行った．それと同じ実験を，英国の技師であるジョン・エイトケン（John Aitken）は，同じとは知らずに行い，さらに発展させた．その出発点となる実験は，進化論者であり，科学の普及者であるアルフレッド・ラッセル・ウォレス（Alfred Russel Wallace）の著書"The Wonderful Century（すばらしい世紀）"に簡潔に記述されている．

2つの大きなガラス製容器の一方に，通常の空気を満たし，もう一方には，脱脂綿で濾過して，全ての固体粒子を除去した空気を満たし，その双方に蒸気の噴流を入れる．すると，無処理の空気が入っている方は，即座に水蒸気が凝縮して通常の雲を形成したが，濾過した空気が入っている方は，全く曇らず透明なままであった．

　エイトケンは，それに驚かなかった．彼は，物質が固体，液体，および気体の間で行き来する様子を観察していたからである．非常にきれいな水は，氷点を大幅に下回った時でも，凍結しようとはしない．そして，塩または分子化合物を含む溶媒を蒸発させ，結晶を析出させようとした時でも，小さな種（seed）を加えて，その表面上に析出するようにしなければ，なかなか結晶を形成しようとはしないものである．エイトケンが実感したように，状態を気体から液体，または液体から固体に変化させようとしたときには，なかなか変化しようとしないので，何らかの手助けを必要とするのが普通である．

　彼の容器内での雲形成法の1つの応用は，都会の空気をシーディング（種形成）に用い，それによる小さな水滴形成の度合により，その空気の汚染度を定量化することであった．これは，きれいな空気を取り戻そうとする運動家が用いた攻撃材料であったが，ロンドンや他の都市に本格的な排煙浄化処理が導入されるのは，20世紀の中頃まで待たねばならなかった．エイトケンの研究の応用はさておき，彼は次のような，気候科学におけるトップクラスの発見をしたのである．

　すなわち，彼は，自然の雲形成をより厳密に模倣したいと考えて，ジャーに冷たい空気［と水］を入れ，水蒸気で飽和させた．次いで，真空ポンプで空気の一部を吸引して，ジャー内に残った空気の圧力と温度を下げたままにしたのである．そうすることで，自然の場合のように，湿った空気が上昇して上空の冷たい層の中に入り，そこで，温度が露点以下に下がって，その空気は過飽和となる，という状況を真似ることができたのである．通常の空気を用いた場合は，ジャー内は，即座に人工の雲で満たされた．これに対して，通常の空気をあらかじめ濾過したものを用いれば，雲は生じず透明なままであった．

　エイトケンの結論は，空気中に漂流する極微細粒子の表面上に，水蒸気が凝縮して小滴となるので，もしも，極微細粒子が存在しないなら，地球は雲や雨を作ることはできないというものであった．きれいな空気中に水滴が形成されるためには，あらかじめ空気を2回以上，水蒸気で飽和させて過飽和度を100％以上とし，さらに，他の物質からなる何らかの核発生源（source）となるものを加える必要があるのである．実際の世界では，雲凝縮核（cloud condensation nuclei）

と呼ばれる適当な大きさの極微細粒子が豊富に存在するために，通常，たった1％の過飽和度で充分すぎるのである．

ウィルソンの霧箱の研究

この19世紀における研究の副産物は，原子物理学者の道具となった霧箱（cloud chamber）である．ケンブリッジの物理学者—通常，C.T.R.として知られている—だったチャールズ・ウィルソン（Charles Wilson, 1869-1959）は，きれいな空気でも，容器中の空気を急に膨張させて充分高い過飽和の状態にすると，水の小滴がわずかに生じるので，不思議に思った．この凝縮を促進した他の核発生源は，電荷ではないかと考え，X線照射によりそれを確認することにした．X線照射は，空気分子から電子を剥ぎ取り，電荷の大群を生じるからである．彼の原始的な霧箱内にX線を照射すると，予想通り小滴の雨で満たされた．

その後，ウィルソンは，個々の粒子が霧箱内をヒューと飛ぶと，その背後に電荷の軌跡を残し，それにより小滴の飛跡が生じることを見出した．これは，世間を騒がせた大事件であった．彼により素粒子研究のために特別に設計された霧箱が完成されていなかったなら，アーネスト・ラザフォード（Ernest Rutherford）のような原子物理学者は，実験で得られた美しい写真に熱烈な興味を抱かなかったであろう．霧箱は，20世紀初期における宇宙線の多くの研究に貢献している．その宇宙線には，最初に知られた反物質（antimatter）の破片も含まれている．

ウィルソンは，生まれ故郷のスコットランドで，山の頂上を流れる雲を眺めた時から，生涯にわたって雲の魅力に取り付かれていたので，ウィルソンの雲の実験が閃いたのである．彼がノーベル賞を受賞した素粒子の研究をしている間でさえも，気象学への最初の愛着を忘れていなかった．晩年に，ウィルソンは宇宙線が天気に関与しているに違いないと確信していたが，どうしてもそれを示すことはできなかったのである．彼のアイデアの1つに，宇宙線が稲妻に影響を及ぼしているというものがあった．

スベンスマルクの研究

スベンスマルクは，ウィルソンの研究にはこの長く忘れられていた側面のあることを知らなかった．しかし，彼が，地球の雲量は宇宙線強度により変化する，ということを最初に思い付いた時，かつて，エルシノアの高等学校で霧箱の実習実験をした時のことが，ふと心に浮かんだ．また，彼が学生だった時に，宇宙線が残した小滴の飛跡の写真を見たことを思い出した．ある意味で，彼の考えは，地球の大気は巨大な霧箱のように作用し，宇宙線が増加すると，それに対応して，凝縮して雲となる量が増加するというものであった．

スベンスマルクの考えは，本人自身がよく知っているように，あまりにも大雑把すぎていた．全ての宇宙線が後に残す飛跡は，過飽和度の非常に高い空気の場合でさえ，薄くて中途半端なものなので，1日中ずっと数十億トンほどにも達する水蒸気が凝縮して形成された雲とは，比べられるものではない．しかし，宇宙線は，この自然の雲形成作用のどこかを増幅しているに違いなかった．おそらく，宇宙線は，雲凝縮核を生成する過程に分子レベルか顕微鏡レベルで介在するか，それとも，その核を水の小滴が付着しやすいようにするのであろう．スベンスマルクは，手始めに，この宇宙線と雲凝縮核との相互作用—それが何であろうと—を，細心の注意を払った室内実験で，エイトケンとウィルソンの伝統的方法を用いて追究しなければならないことに気付いた．

　このような実験のアイデアだけでも，スベンスマルクが予想していたように，敵意を持って迎えられた．1999年にロンドンで開催された王立気象学会は，彼に講演を依頼したが，この学会の会員は，この招待客を批判するために休憩時間でさえ連帯していた．スベンスマルクが気付くと，最も手ごわい人物と向き合っていた．その人物は，雲の物理学者でこの学会の前会長であった．撮影班は，この2人の会話を録音していた．

　　　前会長　　　：あの実験を行う目的は何ですか．
　　　スベンスマルク：いくつかの既述の論文で議論しましたが，「雲凝縮核は実際にどこからくるのか」ということと，「雲はどのようにして形成されるのか」ということを解明することです．
　　　前会長　　　：それなら，すでに分かっていますよ．
　　　スベンスマルク：いいえ，それは分かっていません．
　　　前会長　　　：あなたとは，雲の物理についての議論など，私とすべきじゃないね．

用語についての見解

　空気中に浮遊するほど小さな対象を，専門用語ではエアロゾル（aerosols）という．それらは，粒子（particle）と呼ばれることが多い．しかし，この雲形成では，宇宙線の粒子でも，あまりにも大きすぎる場合もあるので，粒子では混乱を招くこととなる．粉塵（dust）は，読者には分かりやすい用語ではあるが，それは，固体を表すものである．雲凝縮核は，大抵の場合，液体の微細な滴（minute drops）である．したがって，我々は，極微細粒子（specks）を用いることとした．

2節　海鳥の朝食の臭い

空気中の極微細粒子研究の概要

ポール・ジャン・クーリエとジョン・エイトケンにより，雲形成における極微細粒子の役割が示された時から，空気中に存在する各種の固体と液体の物質を同定し，数量を調査する研究は，決して終わることなく継続されている．有害大気汚染は，呼吸困難であえいでいる患者とそれを治療する医者にとって，いまだ大きな関心事である．他方，気候学者が，それらに関心を持っているのは，雲の形成という1つの理由からだけではない．なぜなら，雲を形成しない極微細粒子であっても，太陽光からの熱を奪うからである．レーザービーム，航空機，および人工衛星は，この方面の研究者が，種類の豊富なこうした極微細粒子の実態像を構築するのに役立つものである．

固体状の極微細粒子

乾燥した土地，砂漠，および海岸から風が吹き上げる粉塵（dust）は，自然由来の極微細粒子内で大きな部分を占める．半乾燥地帯，または乾燥地帯で営まれる農業は，この供給を増やすこととなる．1930年代に長く続いた旱魃の期間中に米国中西部のダストボウル（Dust Bowl）という大草原地帯で起こった砂塵嵐は壊滅的であった．同様の出来事は，今なお，アフリカやアジアで定常的に起こっている．1960年代に世界が寒冷化の期間にあった時，農業の粉塵生成を寒冷化の原因であると非難したかった一部の気象学者は，それを人為的火山と呼んだ．

同様に風が吹き上げたものとして，森や草原の火災に由来する煤煙（soot）がある．これらは，雷，または火山による自然の発火で起こることが多い．しかし，人が意図的に草木や植物廃棄物を燃やすこともあるが，これらは，先史時代から土地運用のために普通に行われてきたことである．今日では，南アジアでの乾期に，木材や石炭の燃焼により生じた褐色の煙霧（haze）が，アラビア海からベンガル湾に広がりを見せている．

隕石のような宇宙塵は，空気中に浮遊する微小物質の生成事情の中で，目立つ存在である．また，花粉症を誘発する花粉粒もそうである．他方，バクテリアおよび菌類の胞子も豊富に存在し，かなり高い高度まで上昇する．

そして，空気中で際限なく起こる一連の化学反応は，多くの異なる元素や化合物を巻き込み，最終的に極微細粒子となる．晴れた日に森全体を覆っている靄を，よく見かけるが，これは，樹木から放出された炭化水素の水蒸気が，日光によりスモッグ状物質に変換されたもので，車の排気ガス中の炭化水素から作られて，

都市を悩ませている光化学スモッグと同様のものである．

火山爆発に由来する極微細粒子

　火山は，鉱物灰および硫黄ガスを放出する．鉱物灰は，すぐに落下する．硫黄ガスは硫酸の微細な小滴や，他の化学物質の細片に変換される．火山爆発に由来する硫黄の大部分は，通常の雲が形成される高度よりも高い成層圏に入る．そこから，ゆっくりと降下し世界中に拡散する．エドヴァルド・ムンク（Edvard Munch）が制作した『叫び』に描かれている恐ろしい赤色の夕日は，1883年にインドネシアのクラカトア火山の爆発によって，引き起こされたものである．この爆発は，遠く離れたノルウェーの大気までも汚染したのである．

　大きな爆発は，太陽光線を遮り成層圏を温めるが，地球表面を数年間，冷やすこととなる．フィリピンのピナツボ火山が，1991年に爆発した後に，地上からレーザー光線で調べたところ，成層圏から戻ってくる散乱光（backscatter）が，100倍も増加していることが示された．その後，それは，徐々にしか減少せず，正常値に戻ったのは1996年であった．この火山で成層圏中に排出された硫黄の量は，約1,000万トンであると言われた．

液状極微細粒子

　海洋は，この硫黄の生成に関して，巨大で止まらない水性火山のように作用する．というのは，海洋は，低い空気中に大量の硫黄を放出するからである．それは，最初，硫化ジメチルと呼ばれる水蒸気として海面上に浮上する．この化合物は，2つの炭素原子，6つの水素原子，それに1つの硫黄原子からなる単純な化合物［$(CH_3)_2S$，沸点：37.3℃］である．それが，陸から遠くはなれた大海原から放出されていることが，1970年代の初期に，英国の化学者であるジェームズ・ラブロック（James Lovelock）により最初に発見されたのである．それの発生源は，表面水の中にプランクトンとして漂流している各種の微細な植物で，たとえばdinoflagellates（渦鞭毛藻）他の藻類からなる．そのプランクトンの細胞は，生物が捕食中につぶされ，その内容物が微生物により分解されて，最終的に硫化ジメチルが排出されるのである．

　その水蒸気は我々の鼻には，海岸線の海藻とか茹でたトウモロコシに近い臭いがする．陸から遠く離れた所に生息している多くの鳥—たとえばウミツバメ—にとって，硫化ジメチルの臭いは，朝食を意味する．鳥がそれを嗅ぎつけた時には，その臭いのする方向に向かうと，海洋の最も肥沃な領域で，鳥の餌がたくさんある所に辿り着くことができるのである．この臭いは，日中には消失する．硫化ジメチルは，日光により進行する空気中の化学作用により，硫酸の微細な小滴に変

換されるからである.

　雷放電の中で生産されたり，土中の微生物によって放出された窒素酸化物は，同様の化学変化により，硝酸の小滴となる.多くの生物に由来する窒素の別の形態は，アンモニアである.それは，硫酸とチームを組みやすく，硫酸アンモニウムの極微細粒子を生成する.

3節　雲凝縮核の補給の必要性

各々の極微細粒子の重要度

　空中を浮遊している各種の極微細粒子を一覧表にしておくと，気候上，最も効果的なものは何かと聞かれたときに，まごつかなくて済む.風が吹き上げた粉塵は，日光を遮ることで気候に影響を及ぼすが，雲凝縮核としては大きすぎる.同じことが，花粉粒にもいえる.ワスレナグサの花粉粒が最も小さいが，これでも大きすぎる.

　反対に，空気中に豊富に存在する水蒸気やガスから作られた超微細粒子は，多くの場合，小さめのタンパク質分子ほどの大きさで，幅がほんの1mmの百万分の1の数倍（数nm）しかない.それらは，小さすぎて雲形成を支援することはできない.しかし，それらが凝集して，1mmの1万分の1（すなわち，100 nm）くらいとなると，理想的な雲凝縮核となる.

　硫酸の小滴は，少量の水を用いて作られるが，雲形成には世界中で最も重要なものである.大陸上の硫黄の主な発生源は，今日では，人間活動—特に，化石燃料の燃焼—により生じる亜硫酸ガスである.発展途上国の急速な経済成長により，硫黄の産出量は，今では，約1億トン／年に近いだろう.しかし，それらは工業地域に集中している.この公害は，風下の数千km先までも拡散されるが，人工の亜硫酸ガスによっては，世界の大部分はほとんど影響を受けない.

　地球の表面の半分以上は，大海原の巨大な領域で占められている.この大海原の上空での雲の形成は，特に，硫化ジメチルから作られた硫酸の小滴に基づいている.この海洋上に放出された硫黄の全トン数は，陸上で化石燃料から排出される硫黄量の半分以下かも知れないが，この海洋上の硫黄が，ずっと広い領域の天気に関与しているのである.もしも，雲凝縮核の世界一の自然発生源を挙げなければならないなら，それは，陸地から最も離れた海洋中の目立たない微小植物に由来する悪臭ガスの硫化ジメチルである.

　海洋上の雲凝縮核の供給源として，硫黄の主なライバルは，海の塩である.適

当な大きさの塩化ナトリウムの粒子は，暴風雨の波——特に冬季の緯度40°台の吠える海域の波や，緯度50°台の恐怖の海域の波——により，跳ね上げられた細かい水しぶきの噴出に由来している．それらは，おそらく雲を発生させる極微細粒子のわずか約10％しか供給できないが，硫酸小滴同士が凝集している期間中は，利用しうる水を，硫酸の雲凝縮核と張り合って奪い合うことができるほどである．

氷結核

水の状態である雲の小滴が，積雲の上昇気流により空気の冷たい領域中に運ばれると，凍結して雪片や霰状の粒となる．また，水蒸気が，高い高度に運ばれると，液体の段階を飛び越して，直接，氷の結晶になることもある．それが，高い位置に形成される変化しやすい巻き雲である．どちらの場合も，多種類のこれらの極微細粒子が，氷結核（ice nuclei）として作用し，その表面上に水が結晶化するのである．

氷の基となる氷結核は，放浪している水分子を取りこんで，実際の氷粒子がその形成に必要な水分子を探しているかのように行動する．粘土に由来するありふれた鉱物のカオリンの微細片は，自然にとって都合のよい氷結核である．人工降雨実験では，ヨウ化銀の煙が用いられる．それは，冷たい雲が氷粒子を作るのを促進するものである．そうして氷粒子になると，水の小滴よりも落下しやすくなるのである．自然のものであれ，人工のものであれ，雪片や霰粒子は，通常，地上に達するまでに溶解する．

雲凝縮核

雲を形成する極微細粒子は，それが何であれ遅かれ早かれ，次のようにして消失してしまう．①雨，霰，または雪により，空気から洗い落とされるか，②最も高い雷雲中の上昇気流により，成層圏内に吹き上げられるか，③重力により，地表にゆっくりと降下するかである．したがって，それらは連続的に補給されねばならない．1990年代に高性能の検出器が出現し，大きさが，1mmの100万分の1（＝10^{-9}m＝1nm）の数倍しかない超微細粒子の数を記録できるようになった．この検出器により，新しい雲凝縮核の大群が，創造されていることが示された．それは，核の爆発的生成（nucleation bursts）と呼ばれている．

ヘルシンキの近くのヒッティアラにある森林研究所では，マルック・クルマラ（Markku Kulmala）らが，この雲凝縮核の爆発的生成を定常的に監視している．それによると，たとえば春の日には極微細粒子の数は，次のように変化することが示された．夜の間に徐々に減少した後，朝の10時に全く突然に上昇し始め，真昼までには，ほぼ10倍まで上昇して，それから数時間は，横ばい状態で

あるが，この間にさらに成長してサイズが大きくなり，日没時から，再び数が減少し始めるのである．

陸上の大気の雲形成領域における1リットルの空気には，様々な補給により，数百万個の雲凝縮核が含まれている．外洋上においても，典型的な場合，1リットル当たり10万個が存在する．このために，気象学者は，極微細粒子は常に大量に存在していると考えがちであり，したがって，宇宙線が雲の形成量を変化させることができるとは決して考えないのである．

4節 パナマ沖の低空での超微細粒子群の大量形成

雲のシードのシード

スベンスマルクらが，彼らの研究に専念していた1990年代の末期に，気象予報士は，自信をもって，翌日の天気を予報したり，西暦2100年の気候予測をしていた．大気の最も基本的な科学の一部が，実際には解明されておらず，いかに不完全な状態であるかということは，そのことを研究している人以外には，知りようがなかったのである．天気のエンジンそのものである雲の基本的な働きの核心部分は，未解明分野であるということに，気象学者の間でさえ，ほとんどの人が気付いていなかったのである．

大気化学に関して，難問が存在する．水の小滴形成でシード（種）の役割を果たす雲凝縮核は，その核自身が，硫酸のような水以外の蒸気が凝縮した小滴の場合，それらは，どのようにして形成されるのだろうか．また，種の元を必要としないのだろうか．これを考える時，英国の民話で，市場で買った子豚を家に連れて帰り，柵の中に入れようとするおばあさんの話を思い出す．

> 焔よ，焔，棒切れを燃やしておくれ．棒切れは，犬を打とうとしないし，犬は，子豚を咬もうとしないし，子豚は，跳び越すのが難しい柵の中に入ろうとしないから．これでは，今夜は家に入れない．（『おばあさんと子豚』から）

雲を形成するための硫酸シードを形成するには，大気の化学者の標準的な理論によると，強引な力と膨大な時間を必要とする．また，この理論は，蒸気の形態をした硫酸分子が高い濃度で存在することを前提にしている．そして，これらの個々の硫酸分子は，必要な水分子を数個取り入れ，他の助けを受けずに，硫酸分子を1つずつゆっくりと集めて小滴となるのである．

しかし，この従来の理論は，突然死したのである．というのは，ある日，余り

にも大量の極微細粒子が，都合の悪い場所で見出されたからである．その場所は，人工の大気汚染とは決して混同されない太平洋上だったからである．そこは，科学者が雲の形成から消滅までの全過程を研究するのに打って付けの場所である．海軍の哨戒機オリオンは，NASA宇宙局により研究用に改造され，ガス，水蒸気，および小さな極微細粒子を検出するのに必要な計器を取り付けられて，熱帯の太平洋の雲の間を何回も飛行したのである．

パナマ沖での極微細粒子生成の調査

1996年のある日の午後の早い時期に，その哨戒機は，パナマの南側の太平洋の波面上を低空飛行し，海鳥のように，硫化ジメチルの臭いを嗅ぎまわった．ハワイ大学のトニー・クラーク（Tony Clarke）に率いられた科学者チームがこの領域を選んだのは，海洋微小生物が特に沢山生息しているだろうと考えたからである．彼らは，空気中における硫化ジメチルの化学変化を追跡したかったのである．

パイロットは，目的の領域で高度160 mまで降下した．すると，予想通り，硫化ジメチルは，大量に存在することが検出器に示された．哨戒機が低空を巡航している1時間の間，澄んだ風が，広い海洋から西側に吹いていた．天気は，千切れた低い雲が立ち込めた状態で，時々，雷を伴うにわか雨が降っていた．

計器は，予想通り，硫化ジメチルが，水蒸気と太陽の紫外線が関与する反応で，最初は亜硫酸ガスに，次に，硫酸の蒸気に変換されることを示した．この硫酸分子の数は大きくばらついたが，一般的に普及している理論に従って，分子同士が凝集するには，あまりにも少ない値のままであった．

驚くべきことが，午後2時に起こった．その時，哨戒機上の検出器は，大量の超微細粒子に遭遇したことを示したからである．このリットル当たりのカウント数は，2分間に，ほぼ0から3,000万個に急上昇したのである．同じ時に測定された遊離基（free）の硫酸分子の数は，低いままであった．

この超微細粒子群の爆発的発生は，そこに存在していた高濃度の硫酸を利用して起こった，というほど単純なものではない．また，地球の半分以上の領域を占める海洋上での雲凝縮核の主な発生源が，このように短時間に生成することは，従来の理論では説明することができないので，あたかも，何が点火プラグに火をつけたのか説明できない自動車整備工のように，気象科学者は茫然自失の状態であった．しかし，NASAから提出された速報は，この予期せぬ発見に平静を装って，前向きの解釈を与えた．

全くはっきりしていることは，熱帯で起こる核生成現象を，このような

独特な方法で観察することにより，確実な実験的基礎事実が得られたことであり，この事実を説明できるかどうかで，新しい理論の正否を判定することができることになろう．

新しい理論による説明

クラークらの研究チームは，これを説明できる理由を探し回って，海面で発生したアンモニアが超微細粒子群の形成を促進したのではないかと考えた．さらに現実離れした仮説としては，飛行中に見られた稲妻閃光により，おそらく，空気中に解放されたと考えられる電荷が，硫酸と水分子との一体化を助長したのではないかというものであった．

空気中で電気的に帯電した分子，原子，および電子—これらは，まとめてイオンと呼ばれる—は，雲凝縮核を形成するためのシードとして役立っているのではないかという考えは，新しいものではない．このイオン関与説は，1960年代から流布していたものであり，クラークらの調査結果を暗示していた超微細粒子の観測結果，室内で行った数例の実験結果，およびいくつかの予備的仮説に基づいて支持されていた．1980年代のイオン説の提唱者は，フランク・レーズ（Frank Raes）であった．彼は，ロサンゼルスにあるカルフォルニア大学（UCLA）に在籍するベルギー人の大気物理化学者で，硫酸の微細小滴のイオン・シーディングが，本当に実現可能であることを計算で示した．

何の偏見を持たない理論家は，イオン・シーディング説を捨てきれず，いつでも利用できるように本棚に置いていた，というべきである．彼らは，1998年に公表されたパナマ沖での発見を充分に消化して，その本質的意味を把握することにより，初めて，彼らの想像力に火が付いて，これらの現象の解明に取り組めたのである．それから，他の大気化学者も，イオン・シーディングなら，成長を促進できて，子豚が跳び越すのが難しい柵を非常に早く越えられるようになるかも知れない，と実感し始めたのである．そして，このイオン説は，より説得力のある形式で，宇宙線をこの雲形成の機構に持ち込むことになるのである．なぜなら，宇宙線は雷放電よりも，雲が形成される高さにおいても，また，オリオン哨戒機が巡航した海面近くにおいても，イオンの主要な発生源となりうるからである．

ロサンゼルスのユウ・ファンクン（Fangqun Yu）とリチャード・ターコ（Richard Turco）は，空を横切る航空機の背後に生じる飛行機雲（contrails）を研究した．航空機の航跡の場合もまた，その雲凝縮核の形成は，従来の理論によって予想されるよりも，ずっと速い．従来の理論では，分子と分子が1つずつ接合せねばならないので，遅いのである．燃料の燃焼により生じた荷電した原子や分子が，極

微細粒子の生成と成長を助けているのは明白である．

ユウとターコは，2000年にはそれから一歩進めて，宇宙線によって生成されたイオンは，雲凝縮核の形成，およびそれを元にした雲の形成を助けることができると認めたのである．硫酸の蒸気分子は，電荷が存在すると，より低い濃度において凝集できるようになるのである．イオンは，その時，イオンによって生じた初動極微粒子（embryonic specks）を安定化させ，分解しにくくするので，それらの極微細粒子は，さらに凝集してより大きな微細片になれるのである．計算により，パナマ沖での超微細粒子群の大量の形成が説明されたのである．

5節　CERNでのカークビーの実験計画

カークビーの構想

大気化学者の話をしているところに，タイミングよく割り込ませるのに，ジュネーブのCERN（欧州原子核研究機構）の素粒子物理学者であるジャスパー・カークビー（Jasper Kirkby）ほど相応しい人はいないだろう．宇宙線と雲の間につながりがあることをスベンスマルクが発見したことについて，1997年の12月にコールダーがCERNで講義をした．その時の聴衆の中にカークビーがいたのである．彼は，その講義によって好奇心を掻き立てられたので，家族と共にクリスマス休暇を義姉の住むパリで一緒に過ごすためにスイスを発つ時，関連する論文集を携帯した．カークビーは，他の人が買い物に出かけて静かになった時，発表された内容を研究した．その結果，スベンスマルクの発見は，非常に興味深いものであると確信するに至ったのである．

宇宙線の増加と雲の増加とが一致しても，その因果関係は証明されていないので，カークビーは，雲が形成し始める時の機構を見出すことにより，この因果関係を検証できるのではないかと考えた．気候科学は，素粒子物理学者の研究分野ではないが，宇宙線は，確かに専門である．そして，素粒子物理学者は，彼らの加速器から人工の宇宙線を大量に創出することができる．皆がパリの街でクリスマスを賑やかに祝っている真っ最中に，カークビーは，時間を見つけて，実験の構想を練った．特別に設計された箱の中で，大気と雲の条件を再現し，そこにCERNの粒子ビームを当てて，その影響を測定するというものであった．

この気候変動を引き起こすと考えられる原因に取り組むことは，基礎科学の中の彼の専門である素粒子という世間離れした深遠な部門を，気候という身近な環境研究に結び付けられる絶好の機会であった．空気の入った箱の中に水蒸気の制

御された量と亜硫酸ガス，アンモニア，および硝酸のような物質のごく微量を供給し，一連の綿密に計画された実験を行うことにより，科学者は，そこで生じる物理的変化と化学的変化を追究することができるし，粒子ビームの照射が，雲凝縮核の形成に影響を及ぼしうるかどうかを，確認することができる．カークビーは，この実験に，Cosmics Leaving OUtdoor Droplets（―宇宙線が通った後の屋外に小滴を残す―）から，CLOUD（雲）と名付けた．

実施への準備

　彼は，研究チームの立ち上げに取りかかった．2年間に50人以上の大気科学者，太陽地球系物理学者，および素粒子物理学者を，欧州と米国の17の研究機関からスカウトした．スベンスマルクは，そのメンバーの1人だった．彼は，デンマークでは，彼自身の実験のための充分な資金が得られなくて失望していたので，喜んでカークビーの専門家集団に参加した．

　ヘルシンキのマルック・クルマーラも，このメンバーに入っていた．彼は，エルシノアでスベンスマルクが批判の嵐に晒されている時に，救いの手を伸ばした人である（3章4節）．彼は，このチーム内の数人と同様，雲の形成に宇宙線が直接関与している，というスベンスマルクの考えに，その可能性は認めたものの，まだ納得していなかった．当時，彼は，超微細粒子の爆発的生成を，硫酸と水蒸気に加えて，他の分子も含まれる反応により説明したかったのである．しかし，他の全員と同様，彼は，大気化学に関する前例のない研究を行うことができると共に，イオン・シーディングのアイデアを確認できる絶好の機会が与えられると考えたのである．

　カークビーは，CERNの陽子シンクロトロンの実験ホール内において，ビームライン同士の間に，CLOUDのための場所を見出した．このシンクロトロンの装置が，所定数量に制御された高速粒子を，幅50cmの霧箱に供給するのである．この霧箱は本実験の最も重要な装置である．ヘルシンキ，ミズーリ大学ローラ校，およびウィーンからのチームメンバーは，霧箱で経験を積んでいたので好都合であった．そして，CERNの技術者は，同様の技術を用いて粒子追跡用の大きな泡箱（bubble-chamber）を作った実績がある．

　霧箱の周囲に配置された最先端の計器は，加速器から出た粒子ビームにより引き起こされた現象を監視し，この霧箱内に形成される液体の小滴は，光の散乱により，その存在が検出される．3Dカメラによる高速度撮影装置には，本来は日食を観測するために開発された技術を活用することができた．

　その空気中に存在する，種類と質量の異なる原子，分子，およびイオンは，

様々な計器によりその姿を現す．3台の種類の異なる質量分析器は，それらの分子量を精密に測定することにより同定するものである．もう1つの計器は，イオンの移動度を測定し，イオンが実験装置内に存在する空気や他の物質とどのように相互作用をするのかということについて多くのことを教えてくれるものである．

この提案に欠けていたものは大気化学者による適切な理論で，1980年代のフランク・レイツ（Frank Rates）による考え以上に，宇宙線が雲凝縮核の形成に役割を演じうることを裏付けるものであった．正にこういった時期に，パナマ沖での予期できなかった大量の極微細粒子の生成を説明できる洗練されたシナリオが，ロサンゼルスのユウ・ファンクンとリチャード・ターコからもたらされたのである．2000年の4月までに，このチームは，1つの詳細な提案を纏め上げた．その結びの言葉は，スベンスマルクの最初の考えと一致していた．

> 100年以上前にC.T.R.ウィルソン（C.T.R. Wilson）は，気象現象を研究するために霧箱を発明した．それが発展して，素粒子物理学研究のための最も重要な観測計器になった．またウィルソンは，地球の大気が，太陽の気まぐれに同調する1つの大きな霧箱のように作用する可能性について，研究をしようと構想を立てていた．現在，歴史の歯車が回転し，我々は，このウィルソンの構想に立ち返っているのである．

外部専門家による査読

このCLOUDの提案は，2人の指導的な大気科学者に送り検討を依頼したが，その返答はがっかりさせるものであった．1人のノーベル賞受賞者は，スベンスマルクの発見をあざ笑ったうえに，地球温暖化に関して現在進行中の科学的で政治的な論争に，彼らを活用することに，CERNの関心を向けさせようとした．この返答に対するチームの公的な解釈は，「このCLOUDの提案に賛成か反対かを科学的に議論したものではない」というものであった．この反対意見の論理性を個人的に疑問視した批判が広まった．

> 本人が，（査読者として）同意できない立場にあるなら，そのことを書いて査読を辞退すべきである．そして，最も重要なことは，スベンスマルクの仮説の間違っている点を指摘すべきである．

もう1人の査読者は，提案中の各専門事項について議論した．そして，実際の大気条件の模擬実験に対して，その可能性を疑問視した．これに対して，カークビーのチームの雲の専門家たちが，1つ1つ丁寧に議論して対応した．また，このチームの専門家たちは，この実験の目的は，雲が宇宙線に敏感に反応するということを立証するものではなく，単に，そうすることができるかどうかを，確認

するものでしかないと確約した.

　指摘された最も明らかな技術上の問題点は，実験時間が余りにも短かすぎる，ということであった．出発点となる極微細粒子が生成され，それが成長するには，長時間を要する．しかし，小滴が，霧箱の壁面に付着して消滅するので，約24時間で実験を止めざるを得ないのである．そこで，このチームは，この点を改善するために，霧箱の60倍以上の体積を持った大きな反応室を設け，その中の2つの補助タンクを接続すると共に，壁面をテフロン加工することにした．これにより，化学作用が数日間または1週間続いても，問題なく装置を稼動させ続けられるようになった．

CERNの方針決定の推移

　CERNが取り組むべき研究課題に関して，所長に助言を行う内部委員会は，この提案に対して実験の進め方を，より明確に示すように要求した．この実験は，大気物理学者にとってさえも新規なものだったので，CERN委員会の素粒子物理学者にとっては，なおさらのことであった．カークビーは，CLOUDが2000年末までに承認されることを望んでいたので，この提案に付け足す大きな添付資料を早く作成するよう各専門の担当者を駆り立てた．それにより，新しい反応室の構造が記載され，最初の実験の一部が詳述された．2番目の添付資料は，このように長年月を要する実験は，CLOUDでこそ可能なので，CLOUDは，ジュネーブにおける半永久的な大気研究機関の中核と考えるべきものであると説明した．

　しかし，専門外のことに手を出すべきではないのではなかろうかと，この提案を検討しているCERN委員会のメンバーは，素粒子物理の研究所が，大気研究に本気で首を突っ込むべきかどうか迷った．このため，彼らは，決定を下すことを先に伸ばした．それからは，大気科学者たちの間に，この提案を支持する大きなうねりを起こすために，長期にわたる努力が払われた．

　2001年に，欧州地球物理学会，欧州物理学会，および欧州科学財団がジュネーブでワークショップを共催し，「イオン，エアロゾル，および雲の間の相互作用」を概観し，そのための実験計画を議論することとした．世界中から50人の専門家が集まった．宇宙線によるイオン化が気候に重要な役割を果たしていると考えられるか，という質問をして，挙手で答えてもらうと，「はい」と答えた人と「いいえ，分かりません」と答えた人とは半々であった．しかし，彼らは，カークビーの研究プロジェクトに対しては，満場一致で支持を表明した．

　このワークショップの成功により，しばらくは士気が上がったが，その2001年の後半には，CLOUDに対して否認の鐘が鳴らされた．CERNでは，世界最強

の加速器であるLarge Hadron Collider（大素粒子加速器）を建設するという巨費を投じたプロジェクトが進行中であったからである．これは，多国籍研究所の予算を限度いっぱいまで引き上げていたので，理事会は，当面の間，新しい実験には取り組まないことを決定した．CLOUDは，高エネルギー物理の標準予算からすると，高額ではないにもかかわらず，取り組まない実験の部類に入れられたのである．

　カークビーは，それにも挫けずにCLOUDに必要な加速器を提供してくれるように，米国を説得し始めた．最善の方策は，カリフォルニアにあるスタンフォード線型加速器を用いることであった．そこは，彼が1970年代に研究していた所であり，当時，マーティン・パール（Martin Perl）が，この宇宙で最も基本的な素粒子の1つであるタウ・レプトン（tau lepton）を発見するに至った所でもある．パール自身，CLOUDチームに加わっているほど熱心であった．ユウ・ファンクンもそうであった．彼は，その時はまだアルバニーにあるニューヨーク州立大学にいた（4節）．しかし，再びこの提案は，かなりの敵対心の強いスタンフォードの審査員たちを相手にせねばならなかった．そして，最終的に大西洋の向こうでの策略も水泡に帰したのである．

　このプロジェクトは，3年間凍結されたが，その間に科学的事実が明らかとなり，これまで以上に幅広く評価されるようになってきた．また，CERNは，2004年の終わり頃に，新しい実験を支援することが，再びできるようになった．2005年の1月に，科学計画作成委員会の会議が開催される前に，最高研究管理者とカークビーとの対談があった．その対談に，カークビーは，彼のチーム中の重要人物を数人列席させた．そして，その席で，ヘルシンキからきたマルック・カルマーラは，この計画について説得力のある説明をした．その結果，その委員会は，CERNが粒子ビーム発生装置をCLOUDのために提供することを決定したのである．カークビーは，このことをコールダーに伝えたが，喜びに満ち溢れていた．

　　　　CERN側が，たった今，基本的に引き受けることとなった．国からの資金調達が成功すれば，我々は，CLOUDの実験装置を持ち，雲発生の物理学に取り組めることになる．越えるべきハードルは，まだ多いが，最も困難なのは我々の背後に隠れている未知のことである．

　カークビーが最初にこの実験のアイデアを描いてから7年が過ぎていた．正式な提案をCERNに提出したのは，ほぼ5年前であった．このチームは，幸運にも2010年まで，実験を継続してデータを収集することができることになったのである．

6節　空気箱の地下室への設置

スベンスマルクのSKY構想

　カークビーがCERNで実験を計画している間に，デンマークの国立宇宙センターでは，スベンスマルクらが，彼ら自身のより質素な研究装置を作り出し，その稼動を始めていた．というのは，CERNが恩着せがましく，試料空気中に電荷を解放させるために粒子ビームを使用することを渋っているので，その承認を待つ代わりに，スベンスマルクらは，コペンハーゲンに降り注ぐ自然の宇宙線を利用して，彼ら独自の研究をしようと考えたのである．この実験の名称は，"SKY"である．これは，デンマーク語で雲を意味するが，英語でもかわいくて相応しいものである．

　重い電子であるミューオン―帯電した宇宙線粒子の中で最も貫通性の高いもの―は，ジュリアーナ・マリー・フェイ（Juliana Maries Vej）の住居でもある宇宙センターの建物の屋根に当たっても，ほとんど物ともせず，各階で机，コンピューター，コーヒーカップ，または人の体の中を素通りしながら，各階の床を次々に通り抜けて下に降りていく．ミューオンは，地殻中に消失する前に，その一部が，地下室に設置された，空気の入った大きな箱の中を，ヒューと飛ぶことにより，窒素分子と酸素分子から電子をたたき出してイオンを生成するので，スベンスマルクのチームの願いが叶えられるのである．[地下室で実験するのは，宇宙線以外の影響を避けるためである]

　SKYの構想が立てられたのは，CERNからのニュースが，がっかりさせるものだった2000年のことであった．SKYの実験は，空気中で雲凝縮核を作る過程に的を絞っているので，より簡単な方法で着手できたのである．ユウ・ファンクンとリチャード・ターコは，太平洋上の大気中で起こった驚くべき超微細粒子を説明できる，新しい計算体系を考え出したが，その計算体系は，研究室内の比較的安価な装置でも，そのような過程を起こしうる，という結果をスベンスマルクに示したのである．そして，SKYは，CLOUDより速くやり遂げられるだろうと考えられた．

　これは，スベンスマルクにとって新しい門出であった．彼は，ジュネーブのジャスパー・カークビーのように物理学者であったが，大気の化学者ではなかったからである．さらに，彼は理論家だったので，カークビーのような実験家の忍耐強い進め方には慣れていなかった．空気箱の設置場所を確保するだけでも時間を要した．地下室のきれいな部屋が適する場所であったが，そこを占領している本

を移動するだけでも，大学図書館の特別許可が必要であった．そして，資金調達に対しては，スベンスマルクは，楽観的にしか考えていなかった．

資金調達

2つの私立財団から受けた少額の助成金を用いて，建設が暫定的に始まった．最初のうち，成功の見込みは，不透明であった．なぜなら，SKYでは，技術者採用の優先順位が最後だったからである．研究は何回も中断された．SKYは，デンマークの国立科学研究評議会（SNF）から，総額600,000クローネ（─概略でUS\$100,000（1千万円）─）の助成金が3年に分割されて与えられたので，かなり財政基盤が整った．しかし，実験装置の設置と必要なチームの編成を完了するには，まだ充分ではなかった．カールスバーグ財団からの援助資金でさえ，打ち切り期限が迫っていて，ナイジェル・マーシュ（Nigel Marsh）をスベンスマルクのチームに引き留めて置けなくなる状態であった．

2002年までは，この状態は厳しかった．プロジェクトの当面の運転資金として50,000クローネ（80万円）程が，緊急に必要であった．スベンスマルクは，前年にエネルギーE2研究賞を委員長から受賞した際，有力実業家が彼の研究に高い関心を示していたことを思い出した．そこで，何回も何回も連絡を試み，やっと電話が通じた時に，現在の苦境を説明し始めた．実業家は，直ちにタクシーを差し向け，スベンスマルクを呼び寄せた．無精髭を伸ばしてサンダル姿のスベンスマルクは，スーツ姿の人で溢れた部屋に通された．そこで彼らから述べられた言葉に仰天した「私たちは，最初の年は1,000,000クローネ（1,700万円），2年目は500,000クローネ（800万円），そして3年目には250,000クローネ（400万円）をあなたに差し上げようと考えていました」．

これにより事情は一変した．スベンスマルクは，マーシュをチームに引き留めることができたし，ニールス・ボーア（Niels Bohr）研究所の物理学研究室から1人の実験家を採用することができた．ジェン・オラフ・ペプク・ペダーセン（Jens Olaf Pepke Pedersen）は，高速粒子と原子との衝突に関する専門家で，SKYの実験の立ち上げと稼動では中心的存在となった．フルスケールの操作をするには，まだ，資金援助が必要であった．しかし，2003年にはすべて見通しは，すっかり明るくなった．

デンマークの国会議員は，政府の資金供給機関を飛び越えて，許可を与えることができる．これは，ルートを多様化して，特別なプロジェクトを支援できるようにしたものである．このルートにより，スベンスマルクは，国家予算書内に彼自身の「連絡網（line）」を持つことができた．このようなルートで間違った研究

が支援された場合には，強硬な環境保護主義者や一部の科学者からの投書により，デンマークのマスコミの激怒をかうこととなる．しかし，このプロジェクトは保証されて，次の4年間に12,000,000クローネ（2億円）を確保できたのである．これは，SKY実験のための研究評議会（SNF）の支援額の20倍である．

　スベンスマルクは，彼の研究グループ名を「太陽－気候研究センター」に改名した．このチームは，マーシュとペプク・ペダーセンの他に，アールハ大学の原子物理学者であるウーリック・ウガーホイ（Ulrik Uggerhøj），および物理学の博士号を持っている学生のマーティン・エンホフ（Martin Enghoff）が加わって規模も大きくなった．財源を確保できたので，彼らは，不可欠の装置全てを購入でき，実験を開始できることとなった．

SKYに対する批判と実験への取り組み

　将来，科学史家がこの小さな武勇伝を回顧した時に，どうして，ジュネーブのカークビーとコペンハーゲンのスベンスマルクの双方が，それぞれ，数百万USドルを要する別々のプロジェクトを実施し，承認と資金援助を受けることに，身の縮む思いをせねばならなかったのかと不思議に思うかもしれない．しかし，世界は気候の研究のために，当時，数十億USドル／年も使っていたのである．また，回顧に当たって有利なのは，一般的に言って，反対した側が下した断定の方である．その中には，この実験結果が彼らにとって不利となることを知っている非常に著名な一部の科学者が含まれていた．スベンスマルクは，予備調査のために，長期にわたって試験につぐ試験の上にさらに試験を重ねた後に，2004年のクリスマスの少し前にこの体系立った実験を始めた．その時，スベンスマルク自身，どのような予期せぬ驚きが待ち構えているのか，予想だにできなかった．

7節　瞬間に起こった極微細粒子の生成

最初の実験

　高さ2 mの空気箱（box of air）の周囲には，配管，ポンプ，ダイアル，および電気的読み出し装置が配置されているので，コペンハーゲンの研究所の地下室は，まるで船のエンジン室のように見えた．この印象は，全てが間違いというわけではない．なぜなら，この箱の中の空気の品質から判断すると，欧州の都会ではなく，太平洋のど真ん中にいるようなものだからである．この箱は，マイラー樹脂製で内側がテフロン加工されており，正式には，「反応室（reaction chamber）」という名称である．この箱には，5種類のフィルターを通して極微細

粒子を除去した7 m³の通常の空気が入れられた．

　フィルターから著しい漏れのないことを確認するために，実験者は，瓶詰めの窒素と酸素を正しい比率で混合して得た尚一層きれいな合成空気を箱に満たした．窒素分子が極微細粒子の生成に何らかの化学的役割を演じている可能性のある場合には，合成空気中の窒素の代わりに，アルゴンを時々用いた．箱に入れる気体をこのように変えても，いずれの場合も，結果は全く変わらなかった．このことから，化学反応の1つの貢献者と考えられた窒素は除外することができ，したがって，プラスに帯電したイオンが関与すると考えられる種類の反応は全て除外された．それどころか，最も素早く動けるイオンである電子に，注意を集中することができたのである．

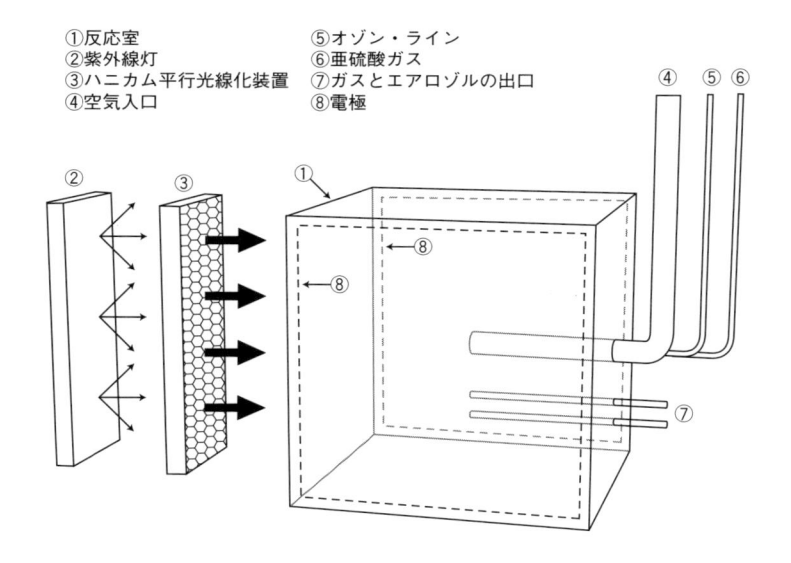

①反応室　　　　　　　　⑤オゾン・ライン
②紫外線灯　　　　　　　⑥亜硫酸ガス
③ハニカム平行光線化装置　⑦ガスとエアロゾルの出口
④空気入口　　　　　　　⑧電極

図9　デンマーク国立宇宙センターにおけるSKY実験装置
　　この空気箱の中には，濾過された空気と共に，微量の亜硫酸ガスとオゾンが入れられる．水蒸気の挿入量も制御された．これらの成分は，汚染されていない自然の環境下にある空気中に見出されるものである．屋根を貫通して入ってくる宇宙線が，この体積7 m³のプラスチック製の空気箱中に入ってくる．紫外線灯は，硫酸を生成する．生成された硫酸は，次に，水分子と結合して，極めて多数のクラスターを生成する．電極間に高電圧を掛け，宇宙線により解放された電子を一掃した時には，このクラスターの生成は，少なくなる．γ線により電子の供給を増やしたときには，クラスターの生成は多くなる．

空気の温度と湿度は制御され，正確に定量された微量の亜硫酸ガスとオゾンが，反応室に入れられた．7本の紫外線灯の連続照射か10分間の集中照射が，化学反応を引き起こす太陽の役割を果たした．超微細粒子の検出器は，化学反応の生成物の発生を示してくれる．

紫外線の集中照射で開始された各実験により，太平洋上で発見された自然現象と同様の超微細粒子の発生が再現された．紫外線は，硫酸の急速な生成を誘発した．硫酸は，小滴形成に関する古い強制力理論が必要とするよりも，ずっと少ない分子数しか存在していなくても，急速に集まって凝集塊（clumps）となった．

新しく形成された極微粒子群は，ほんの10分以下の遅れの後に，SKYの検出器に現れ始めた．それらの極微粒子群は，それが現れ始めてから15分以内に約2,000個/lという最大のカウント数に達した．この値は，箱の壁面に付着したこれらの極微粒子群を，連続的にふき取った場合のものである．したがって，その損失分をカウントに入れると，累積生成量は，数千万個/lとなる．これは，太平洋上で観測された値に匹敵する．

一般的な意味では，全てが予想以上にうまくいった．しかし，1つの実験から次の実験に移る間の事例が，次の実験結果を予想もつかないものにした．この空気箱内で，その間に展開されている化学ドラマの主役を演じているのは，おそらく，宇宙線であろう．それは，天井を貫通して進入し，箱の中を通過し，下の床を通って出ていく間に，その通過した背後に荷電粒子を置いていくからであろう．実験者は次の実験で，これを証明しようとしたが，その時に，予想外の結果が得られて驚かされた．

電場をオンにした状態での実験

スベンスマルクは，SKYの計画段階から，宇宙線で生成されたイオンが，実際に極微細粒子のシード（種）であるのかどうかという疑問に対して，単純なイエスかノーの答えを要求した．この答えを得るために，彼は，強力な電場のスイッチをオンにすることによって，全ての荷電粒子を空気箱から一掃できるようにした．それにより1秒以内に除去できるものと推測した．現在の理論によると，荷電粒子が著しい影響を及ぼすためには，約80秒は必要であったので，もし，それらが実際に理論通りに動作するなら，極微細粒子は生成されないはずである．スベンスマルクは，実際に起こったことを，後で次のように思い起こしている．

> それは，夕方の研究室内でのことであった．このプロジェクトの関係者全てが，集まっていた．電場をオンにした状態で，イオン誘導による核生成を確認できる究極の実験が行われようとしていた．少なくとも，我々は

そう考えていた．しかし，10分後には，前の実験と同じように，箱全体が超微細粒子で満たされたのである．それは，非常に不思議な瞬間であった．アイデア全体の終わりを意味しているのだろうか．

最初にとった処置は，全てを確認することであった．硫酸の濃度は，正しく測定されていたか．紫外線発生装置の校正は充分であったか．ハニカム・マスクは，航空機工業から入手して，注意深く塗装したものであるが，紫外線を均一な平行光線にしているか．全員が緊張して，何かが規格に正確には合っていないのではないかと，苛立っていた．これらの技術上の仕事に数週間を費やした後，再び実験に取りかかった．

何としたことか，電場をかけた状態で実験しても，今回も全く何の違いも生じなかったのである．このSKYが成功するか失敗するかは，このことを説明できる理由を早く見出せるか否かにかかっている．電子は，マイナス荷電の軽い粒子で，宇宙線により通常の空気の分子から叩き出されたものであるが，誰もが可能と考えていたよりもずっと速く，シーディングの仕事をするのではないかとスベンスマルクは考えた．例えば，1人の幼稚園の先生が，多数のバラバラの園児を，1人ずつ手を取って，数人ずつからなる班単位にまとめるように，もしも各電子が，1つの初動硫酸の小滴から，別の硫酸分子にジャンプして，それをさらに大きな小滴にするなら，このような瞬時の電子により超微細粒子の生成も起こりうるだろうと．

γ線を照射した実験

もしも，そうなら，1つの電子でも，電場がそれを一掃する前の1秒未満の間でも，大きな影響を及ぼし得るだろう．したがって，このチームは，イオンを除去しようとする代わりに，より多くのイオンを生成し，それが極微細粒子の数を増やすかどうかを確認すべきなのだろう．γ線は，この仕事をしうるだろう．そこで，このチームの手元にあった唯一の放射線源を，箱の外側面に設置したが，ほとんど差は認められなかった．しかし，そのγ線源を，チューブから箱内に完全に入れると，極微細粒子の大量の生成を誘発し，彼らを勇気付けた．

その数日後に，驚くべき結果が偶然に示された．博士号を持った学生のマーティン・エンホフ（Martin Enghoff）と技術者の1人であるジョゼフ・ポルニー（Joseph Polny）は，放射線源を箱内に入れた直後に超微細粒子の検出器が大量のカウントを示し始めたことに気付いたのである．それは，紫外線灯のスイッチをオンにする前のことであった．したがって，紫外線が亜硫酸ガスを硫酸の蒸気に変換させると考えられていた予測に反することが起こったのである．明らかな

ことは，有り難いことに，紫外線の助けなしに最初の化学変化が，非常に巧く起こったために，超微細粒子が生成されたということである．

イオン化を増加させた場合の最初の結果により，それまでの憂鬱な気分は吹き飛んだが，その放射線源は，正式な試験用としては，あまりにも，その場しのぎ的なものでしかなかった．そこで，箱全体を均一に照射しうる最適のγ線源を発注した．それがベルギーから届くまでの5週間の間は，他の種類の実験をした．届いてからは，イオン化を増加させた場合のきめ細かな実験を開始できた．

それらの実験は，空気中に解放された荷電粒子の数が多ければ多いほど，超微細粒子の生成数も多いということを非常に明確に示した．極微細粒子のカウント数を2倍にするには，イオン数を4倍に増やすことが必要である（言い換えると，極微細粒子の生産性は，イオン密度の平方根に比例する）．このことは，宇宙線の一定量が変化した場合，宇宙線数が比較的少ない時の方が，極微細粒子の生成に大きい影響を及ぼすことを意味する．

このようにイオン・シーディングは，結局，実際に起こったのである．そして，このことは裏を返せば，電場がそれらを一掃する前の一瞬の間に，電子は本当に仕事をしたということである．このチームは，紫外線灯で集中照射したり，または連続照射したりして，非常に違った種類の実験を6ヵ月かけて行うことにより，理路整然と説明できる一連の結果を蓄積した．これらの結果を理論的に説明できると確信した時に，スベンスマルクは，電場を用いて，その電子の活動を抑える，という彼の最初のアイデアに戻った．

高圧電場による電子の除去

ジャンプする電子によるシーディングにより，硫酸のクラスターを生じるには約1/5秒を必要とするだろうとスベンスマルクは推測した．より強い電場を用いれば，空気中から電子をより急速に一掃できるということを検証できるかも知れない．空気箱にかけた電圧は，その時までは，最大が10,000 V（ボルト）であった．2005年の6月末頃には，このチームは20,000 Vを試みた．その結果，超微細粒子の最大カウント数を半分に下げられたので，チームは勇気付けられた．

翌日には，ウーリック・ウガーホイがアールハで見つけた50,000 Vの発電機が接続された．電圧が上がり40,000 Vの印を超えた時に，雷鳴を伴って空気箱内に火花が走った．この電磁パルスにより，電子機器と流量計の1つが破損した．チームが，このシステムを急いで修復している時，スベンスマルクは，この状況を楽しんで次のように述べた「この実験は，火花と爆発があるので，現実の科学のように感じられる」．

彼らは，3日目に40,000 Vに限定して再び試みた．スベンスマルクは，少し長めのヒューズを入れていたので一瞬の間があり，それから同じことが再び起こった．悲しいことに，システムと計器類に及んだ破損はずっと激しく，修復に3カ月を要した．しばらく実験できないので，この時間を利用して，じっくり落ち着いて結果を報告書にまとめ，科学誌に公表することにした．

8節　雲を作る種（シード）の種は電子である

新しい生成機構

幸運にも，すでに蓄積されたデータは，彼らに核の生成機構を語りかけていた．スベンスマルクと彼のチームは，その語りに聞き入り，それを理解しようと努めた．超微細粒子の生成は，以前の理論によるよりも遥かに速く，ユウ・ファンクンとリチャード・ターコの最新の理論でも及ばないほどであった．これらの核生成には，完全に新しい機構が必要とされた．

実験がまだ続けられている間に，スベンスマルクは，最初の極微細粒子が計器に現れてから後の全ての出来事を表現する数学的表現—すなわち，数式—を展開した．それをコンピューターで実行させると，実際の結果を非常によく模擬した結果が得られた．また，同じ数学的表現を，言ってみれば，過去に遡って実行させることにより，計器では捉えられない3 nm以下という大きさの中で，起こっている現象についても，説得力のある描像が得られた．

各出来事の起こる順序と速度から，スベンスマルクは，極微細粒子からなるクラスター生成作用は，早い時期から始まっていると考えた．亜硫酸ガスとオゾンを空気箱の中に注入してから約1時間後に，紫外線灯で模した太陽のスイッチをオンにした．そのスイッチを入れる前の1時間の内に，各粒子のクラスターが形成されているに違いない．このクラスターは，超微細粒子よりもさらに小さいため，現在利用できる検出器では検出できないのである．硫酸の生成は，紫外線の支援なしに進行する．このことは，マーティン・エンホフとジョゼフ・ポルニーが，γ線源を扱っている時に，偶然に確認したことである．

クラスターの生成過程では電子が中心的存在である．1つの酸素分子に1つの電子がくっつくだけで，その酸素分子が，水分子を引き付けるのに充分な強さになる．そのために，その酸素分子の周りに数個の水分子が集まって，1つの水クラスターを作る．この水クラスターは，オゾンにより活性化され，そこに亜硫酸ガスが供給されると，硫酸を作りだす出発点となると同時に，その硫酸を蓄積で

きる場所ともなる．古い理論では，硫酸分子は，最初に紫外線の助けを得て生成され，次いで，集団の方が良いと考え直したかのように，ゆっくりと集まるというものであった．しかし，実際は硫酸分子が生まれた時には，分子クラスターになっているのである．少なくとも，この極微細粒子生成のごく初期の段階ではそうである．

クラスター上の電子は，そのクラスターに全てのものを集める能力をまだ持っている接着剤である．しかし，そのクラスターが数個の硫酸分子を蓄積した時には，まだ非常に小さいにもかかわらず，それだけで安定な状態となる．次に，そのクラスター上の電子は，別の酸素分子を見つけると，それに移って，そこに新たに水分子を集まらせて，別のクラスターを作るのである．このように電子は，化学反応を促進するだけで，それ自身は消費されないので，触媒として作用するのである．

[参考]

$O_2 + e \longrightarrow O_2 \cdot e$

$O_2 \cdot e + 3H_2O \longrightarrow O_2 \cdot e \cdot 3H_2O$

$O_2 \cdot e \cdot 3H_2O + O_3 + 3SO_2 \longrightarrow O_2 \cdot e \cdot 3H_2SO_4$

$O_2 \cdot e \cdot 3H_2SO_4 + O_2 \longrightarrow O_2 \cdot 3H_2SO_4 + O_2 \cdot e$

このクラスター生成過程は非常に速く進行するし，SKYの空気箱中では多くの電子が働いているので，紫外線灯を点灯する前にすでに，分子クラスターの数は，1リットル当たり100万個に達している．紫外線灯を点灯することにより，硫酸がずっと豊富になったときには，既存のクラスターは，容易にその硫酸を取り込むことができる．各クラスターが70個の硫酸分子を集めた頃には，直径は1～3 nmに増加し，超微細粒子として認識できるようになる．

新しい理論が，反応室内での各出来事を正しく説明しており，しかもSKYが実際の大気のモデルであるなら，その時には，これと同じ過程が，我々の頭上の空気中で起こっていることとなる．この超微細粒子は，成長して，実物大の雲凝縮核になり，それがシード（種）の働きをして日頃見ている雲を形成するのである．したがって，雲のシードのシードは何か，雲の核の核となるのは何か，それに，子豚に踏み越え難い柵を越えさせたのは何かという難問に対する答えは，電子—それも，宇宙線により空気中に解放された電子—であるということになる．

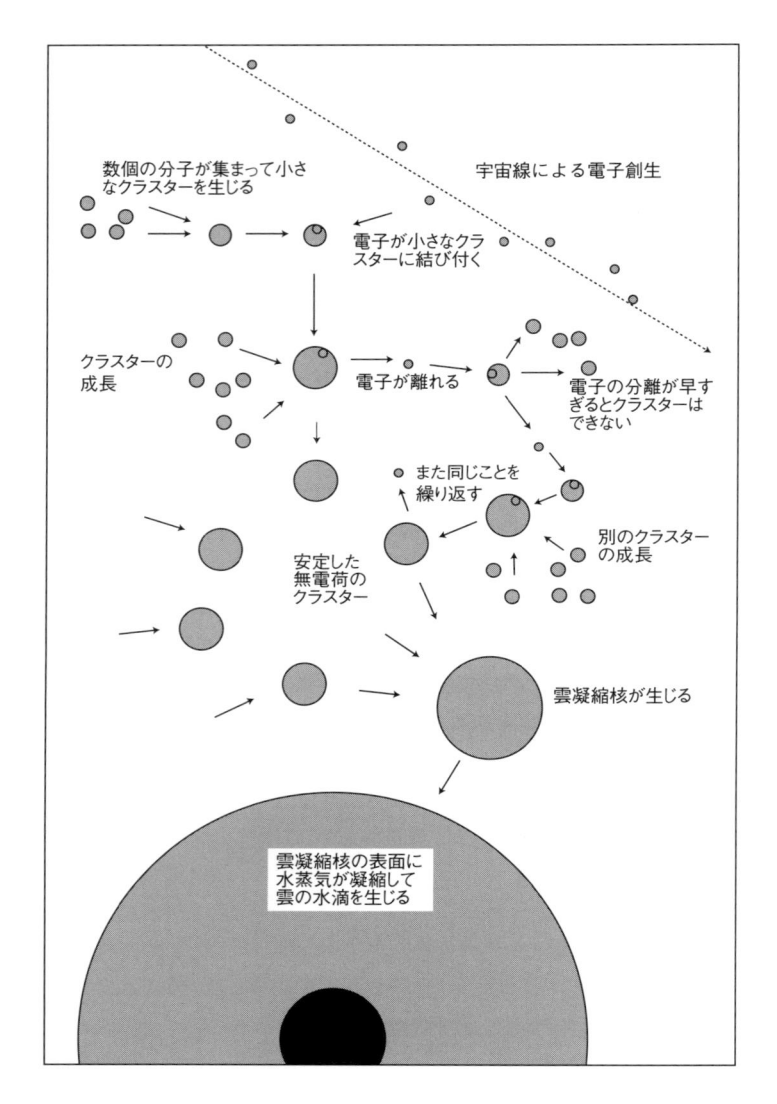

図10 水滴は，雲凝縮核の表面に形成される．雲凝縮核は，その構成単位であるクラスターが集まって構成されている．クラスターは，奔走する電子により分子が集合整列したものである．電子は宇宙線の迅速な作用により遊離されたものである．

論文の発表

この実験は，2005年の夏までに完了し，1つの科学論文にまとめられた．しかし，それから，このチームは長期間の遅れをとることとなった．というのは，最初の投稿先の科学誌が掲載を拒否した上に，次の投稿先の一流科学誌も，このチームの技術業績に関係しない難癖をつけて，同じく掲載を拒否したからである．特に腹立たしいことは，科学誌は，そこでの公表以前の発表には強硬に反対するという慣例があることである．それは，その誌上で公表されるまで，その実験結果について，公然とはしゃべれないことを意味する．この実験結果のニュースは，小さな仲間の範囲以外には誰にも知られることなく，1年以上が虚しく過ぎ去ったのである．

ようやく，権威のあるロンドンの科学誌「英国王立協会紀要」が，この論文の掲載を受理した．その表題は，「大気条件下での雲の核生成におけるイオンの役割についての実験的証拠」である．この科学誌のオンラインでの公表は，2006年10月に行われたが，印刷物としての発行は，2007年まで待たねばならなかった．王立協会とデンマーク国立宇宙センター（DNSC）から，この経緯がマスコミに公表された．DNSCの所長であるエイジール・フリース–クリステンセン（Eigil Friis-Christensen）は，彼の所見を書き加えた．

> 多くの気候科学者には，宇宙線から雲，雲から気候へのつながりは，根拠のないものと考えられていた．一部の科学者は，宇宙線が地球を覆う雲に影響を及ぼしうる機構が，存在するとは考えられないと言っていた．ところが今や，SKYの実験により，宇宙線が気候に影響を及ぼす機構が示されたのである．これを根拠に，宇宙線と気候とのつながりを，国際的な気候研究の課題の中にしっかりと組み込むべきである．

まとめ

1996～2006年の間に発生した個人上と技術上の煩わしい問題については，さておき，この我々の雲に関する説の要約は，現在では次のようになる．気象衛星の観測により，地球を覆う雲の量が，数年間の間にリズミカルに増えたり減ったりする変化は，太陽の黒点数が減ったり増えたりする変化—より正確に言うと，太陽風の影響が減ったり増えたりする変化—と一致することが示された．これは，太陽風の変動により，星間空間からやってきて地球に到達する宇宙線の数が，増えたり減ったりするからである．このことに促されて，大気中の化学反応を確かめる実験が行われた．その実験により，宇宙線により解放された電子は，硫酸分子同士が凝集するのを促進する触媒的作用をすることが示された．この硫酸分子

同士が凝集したものが，雲凝縮核の最も重要な供給源である．

　CERNにおけるCLOUDのような綿密で強力な実験や，航空機による実際の大気の厳密な調査に対しては，まだやるべき余地が残されているが，星から雲，雲から気候，という一連の説明は，今や実質的に完成している．SKYの実験は，宇宙線強度の変化が，明確に雲量変化をもたらすという低い高度での大気の状況を，再現することに成功したのである．この結果は，絶えず変化する宇宙線が，変化の著しかった古代の地球の気候に，どのような役割を演じてきたのかということを探究したいと願っている人に，自信を与えるものである．次章以降では，地球の古代の気候変動に及ぼした宇宙線の役割を調べることとする．我々は，この世に水をもたらす雲が存在することに対して，この幸運な惑星に感謝せねばならないが，この雲は，寒冷化をもたらす能力を持っているということも認識せねばならない．

5章　恐竜が天の川銀河を案内する

　　気候は，数百万年の間にリズミカルに切り替わる．氷期は，太陽系が天の川銀河内の明るい腕を運行中に起こる．気候の寒冷化は，たとえば，鳥を出現させたように，生物の進化に影響を及ぼす．炭酸ガスによる温暖化は，世間で騒がれているよりも小さいだろう．現在では，気候変動のデータから，天の川銀河についての正確な情報が得られる．

1節　押し曲げられた石灰層

押し曲げられた石灰層

　モンス島は，バルティック海にある島で，コペンハーゲンの南80 kmに位置する．そこの農民は，「断崖の王様」の所有物である馬に，農作物を食べられないように，馬草(まぐさ)をやっていたが，その習慣は，現在では忘れ去られている．世界の創造主である北欧神オーディン（Odin）の後継者と考えられていた「断崖の王様」のクリンテコンヘン（Klintekongen）は，鳥の姿をして，この島を侵入者から守っていると噂された．彼の家は，デンマークで最も目立つ海蝕断崖であるモンスクリントの洞窟であった．

　このモンスクリントの空にそびえる白い石灰岩は，最近世間で騒がれている気候変動について，いかなる民話とも相容れない物語を地質学者に語りかけている．この石灰岩自身ができたのは，約7,000万年前で，ティラノザウルスや他の巨大な恐竜類が，まだ世界を支配していた時代である．当時の気候は，非常に暖かく，両極地でさえ氷がなく，南極大陸にも恐竜が棲んでいたのである．また，海面は非常に高い位置にあった．微細藻類の外套であった炭酸カルシウムの板は，その所有者の藻類が死んだ時に，海底に蓄積された．バルティック海域では，それらが固結して，厚さ100 mもの石灰岩となったのである．

　当時，同じことが世界の各地で起こり，それ以上に巨大な規模の場合さえあった．その地質年代が，白亜（Cretaceous）紀と名付けられたのはそのためであった．白亜とは，白色の石灰岩のことである．モンス島からそれほど離れていない南イングランドでは，分厚い石灰岩がその後隆起し，その立っているところが浸

蝕されてドーバー海峡の白い断崖となっている．そこでは，石灰の各層は，白亜紀の海底面に数百万年という長期にわたって蓄積されたばかりの頃と変わりなく，整然とした堆積状態を今もなお維持している．

　モンスクリントの光景は，ドーバーのものとは大変違っていることから，19世紀に激しい論争が巻き起こった．デンマークの地質学者であるクリストファー・プガール（Christopher Puggaard）は，そこで見た驚嘆すべき状況を，1851年に発表された報告書の中に書き記している．

　　　石灰岩の地層は，あらゆる方法によって，捻じられ，曲げられ，そしてへし折られている．形状は，S字状またはZ字状，もしくは半円状または鐙（あぶみ）状になっているところへ，再び深い裂け目が入って，巨大な断層が形成されている．さらに，それらの組み合わされ方が，極めて異常である．急斜面の中央付近のドロニンへストール（Dronningestol）といわれている箇所では，この無秩序な状態が極限に達しており，そこで絶壁は上り詰めて頂点になっている．……この地層の傾斜は，大きく急に変化したり，また連続的になだらかに変化している．いくつかの場所では，水平方向から突然，垂直方向に変わっている．

石灰層の押し曲げと気候変動

　欧州の北西地域で見出された多くの他の石灰岩層のゆがみは，それほど甚だしくはないので，特異なモンスクリントに対して異なる説明が地質学者間であり，論争が半世紀にわたって続いた．プガールを含む一部の学者は，下の基盤部に横たわっている岩が沈下または浸蝕したために，天井が落下したように，石灰岩やより若い表面の沈殿層が崩れ落ちたのであると主張した．他の学者は，氷の動きが原因で，このような乱雑な地層となったと推測した．

　今日では，この押し曲げた原因は明確に解明されている．約7万年前に始まった直近の氷期中に，大きな氷河が，現在のバルティック海の領域を横切って，西方に進んだのである．この氷河の先端は，ブルドーザーのように，石灰岩の表面を剥ぎ取って，厚さ約100 mのフレークを24枚作り，氷河が前進を止めるまで，それらのフレークを前方にめちゃくちゃに押しやったのである．そして，大きな氷解期がやってきた時に，「末端堆積」—氷河が下ろした荷物—として留まったものがモンス島である．

　したがって，モンスクリントは，世界の2つの対照的な気候状態—通称，温室期と氷室期—の産物である．最初の温室期には，石灰を作る生物が，心地よい水中で繁栄したのである．それに対して，次の氷室期には，それらの墓地が，動く

氷の山によりめちゃくちゃにされたのである．この気候の変化は強烈であったが，突然にやってきたわけではない．

約5,000万年前に，温度は著しく低下した．南極には，それから3,000万年という長い期間，融けなかった氷床が存在していたのである．275万年前に，北大

地表が鱗状の扇状地層

不規則な堆積

斜面

細長い溝状衝上断層の前方部

ドロニンヘストール
不規則な堆積

二重に重なった斜面

瓦（ウロコ）状斜面

SSE新バルティック氷河の前進

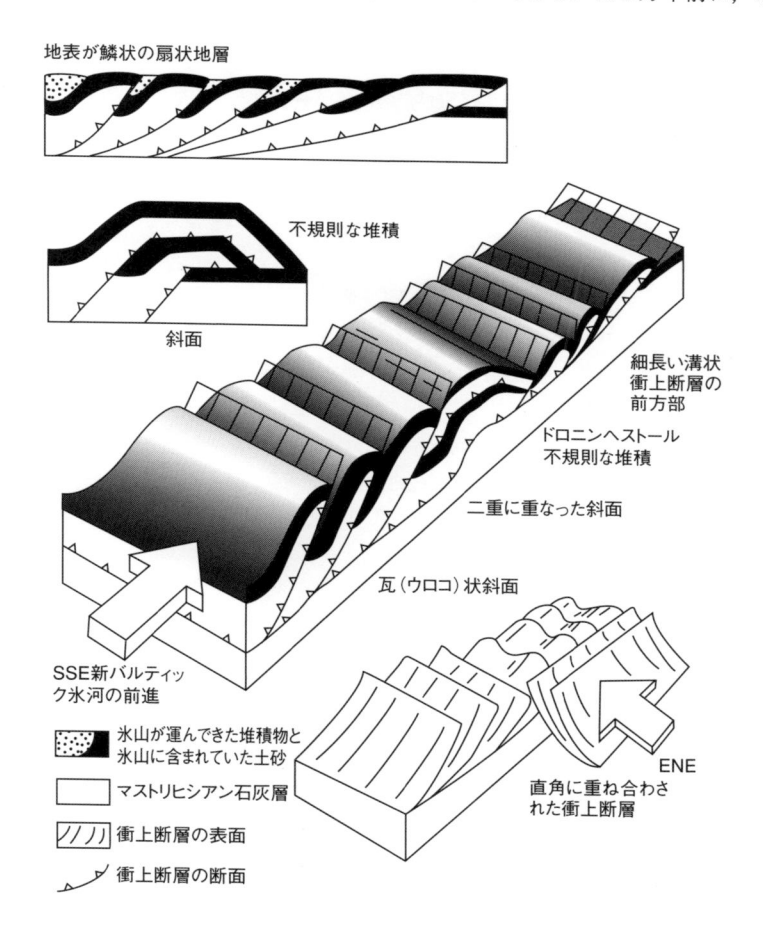

氷山が運んできた堆積物と氷山に含まれていた土砂

マストリヒシアン石灰層

衝上断層の表面

衝上断層の断面

ENE

直角に重ね合わされた衝上断層

図11　温室期から氷室期へ
　　　世界が非常に暖かい時に，石灰が堆積した．その石灰堆積層が，その後の寒冷期に，氷河により押しつぶされ，氷河が削り取っていた岩屑が石灰層に混合されて異様な堆積層が生じたのである．それがデンマークのモンスクリントの絶壁である．（S.A.S. Pedersen, Geological Survey of Denmark and Greenland）

西洋の領域が寒冷状態に入った．世界は，氷室期となり，氷河と氷床が景色の一部を常に占めるようになったのである．

　専門家は，この大きな気候変動を色々な方法で説明しようと試みた．大陸は，いつもあちこちと移動したので，大陸移動により地形が変化して気候変動が起こったと考えた．すなわち，オーストラリア大陸は南極大陸から離れ，南極には南極大陸のみとなった．それで南極の周りの環南極海流が生じ，それが温かい海水の内部への浸入を遮断したので，南極大陸は，その時から今なお孤立化されて，氷床を蓄積するための完全な土台となった．インド大陸とアジア大陸が衝突し，ヒマラヤとチベットを大気中に高く押し上げ，熱帯地方に寒気のプールを作ったのである．もう1つの考えは，大気中の炭酸ガス量が低下したので，それが原因で寒冷化したのであろう，というものである．

　さらに，エルサレムのラカー物理学研究所の天体物理学者であるニール・シャヴィブ（Nir Shaviv）は，モンス島の石灰岩を生み出した温室期から，それをめちゃくちゃに押しつぶした氷室期に切り替わったことに対して，全く異なる説を提出した．彼の考えでは，この難問に対する答えは，天の川（Milky Way）にあるのである．特に「射手－竜骨腕（Sagittarius–Carina Arm）」と呼ばれている非常に明るい領域内に，太陽系が入ったためであると彼は言うのである．この星座は，南半球において冬の夕方に最もよく見えるものである（2節参照）．

天の川銀河の渦状腕との遭遇による寒冷化

　約6,000万年前に，地球を伴った太陽は，現在と同様に当時も明るくて短命の星が多く存在していた腕の領域に遭遇したのである．我々が現在いる次の腕から，この後ろの腕を見ていたとすると，太陽系は，その明るい腕の遠い方の後端部に入り，約3,000万年前には，その近い方の前端部に現れたのである．その近い方の前端部では，爆発している星の数が頂点に達したので，それらから発せられた宇宙線の強度も，頂点に達していたのである．

　シャヴィブは，宇宙線が気候に影響を及ぼすことについて，それに，宇宙線が地球を覆う低い雲を増やすことにより地球を冷却しうることについて，デンマーク人が見出した知見を採用したのである．そして，この解釈により，6,000万〜3,000万年前の間に，地球全体の温度が低下し，南極大陸は氷床を作り出したのである．射手－竜骨腕から遠ざかるにつれ，寒冷化は弱まった．そして，気候は逆転して温暖期に入るはずであったが，天の川銀河中の放浪者である太陽系が，オリオン腕（Orion Arm）と呼ばれる明るい星の集まった特別の分岐腕の中に突入したので，再び寒冷化したのである．このオリオン腕こそ，我々が現在いると

ころである．したがって，我々は現在，氷期と氷期の間の比較的暖かい期間にいるが，まだ氷室の深部にいて，モンス島の石灰層をかき乱したような氷河作用は，単に小休止しているだけなのである．

2002年に発表されたシャヴィブの解析は，直近の温室期から氷室期への変化だけでなく，地球上に動物の存在が初めて顕著に認められるようになった5億年前よりさらに少し遡った時から起こった4回の主な氷室期を全て説明したのである．

考　察

宇宙線と気候に関して，本書で今までに述べてきた全てのことは，最近の変化に関することで，地質学や天文学の時間幅からすると，非常に短いために，この間には，天の川銀河から太陽系への宇宙線の流入（influx）は，ほとんど変わらなかったのである．したがって，過去10万年の間では，太陽活動の変化が，地球大気の最も低い位置まで到達する宇宙線の強度を変化させる第一の理由であった．我々が，太陽や地球と一緒に，時間や空間のより大きな領域—数百万年の時間や数千光年の距離—を，横切って移動する間には，宇宙線の流入量は，変化幅がより大きく，周期がより長くなる．

2節　鉄隕石に託された伝言

渦巻状銀河の形状

それぞれの銀河の形状を望遠鏡で見ると，各種の形状が認められるが，渦巻状銀河が，空の中で最も美しい天体の部類に入る．渦巻状銀河は，数十億個の星からなっており，中央部分では，一般的に比較的古くて赤味がかった星が球状または棒状に分布しており，その外周部分では，中央部分から放射状に出て優雅に湾曲して伸びる数本の腕に沿った部分に，最も明るくて青い星が主に点在している．重力が渦巻状銀河を平板化し，これを横から見ると，目玉焼のように中央部が膨らんでいる．

天の川銀河について

我々が住んでいる天の川銀河は，我々がちょうどその内側にいるので，全天に伸びた光の帯のように見える．そのために，天の川（Milky way）と名付けられた．その後，夜空一面に沢山散らばっている遠方の天体と同じように，これは「島宇宙」であると認められた．1950年代以前に，オランダの電波望遠鏡が，水素ガスの分布をチャート化したことにより，天文学者は初めて，天の川銀河が渦

巻き状をしたアンドロメダ銀河や，多くの他のものと同じような，形状をしていると確信をもって言えるようになったのである．

星同士間に働く重力は，物質の密度の高い所と低い所からなる波動を生じる．それにより渦巻きの構造ができるのである．その渦は，天の川の中心の周りをゆっくりと周回する．この密度波（density waves）は，星間ガスをかき乱し，比較的密度の高い雲を生じ，その雲から，この銀河を活性化させる新しい星が生まれる．その結果，質量が大きくて明るく青い星が腕を飾るのである．しかし，それらの星は，あまりにも短命なので，それらが生まれた所から遠く離れた所まで行き着く前に，爆発して宇宙線を吐き出すのである．

太陽のような小さい星は寿命が長いので，銀河の中心の周りを何回も周回することができる．しかし，それらの小さい星は，渦状腕が回転するのと同じ速度で周回するわけではない．そのために，それらは，渦の腕の中に一方の側から入り，その腕の反対側から出ていく，ということを繰り返すのである．太陽とそれに伴う惑星が，渦状腕を出る時に，宇宙線を受ける量は頂点に達する．というのは，大きな星の多くが渦巻きの先頭部分で作られ，爆発する前には，その渦巻きの少し前方を周回しているからである．ニール・シャヴィブは，これが気候に非常に大きな影響を及ぼすと推定した．

各種宇宙線のうち，地球の低空をイオン化させることができる高エネルギーの宇宙線が，我々の銀河内での太陽の周回によって腕との位置関係で増減する変化は，太陽活動の強弱によって増減する変化よりも10倍大きい．もしも，太陽が世界の気候を約1℃変化させるなら，渦状腕を通過することによる変化は，約10℃となろう．この10℃の変化は，地球を温室の気候が極地まで広がっている温室相から，現在のように両極地方に氷床がある氷室相にまで変化させるよりも，もっと影響が大きいのである．事実，渦状腕の影響が，1億年の期間にわたる気候変動の最も大きな駆動要因であると予想されている．

4つの主要腕，および数本の分岐腕は，太陽と地球が天の川銀河内を周回する軌道と交差している．それらの各腕の名前は，異なる腕が夜空に最も目立って見える部分の手前に存在する星座に由来している．我々が現在いる所は，主要ペルセウス腕（Perseus Arm）から枝分かれした，明るい星々からなる分岐腕部分（corridor）で，オリオン腕（Orion Arm）と呼ばれている．我々は，現在，このペルセウス腕に向かっており，今から5,000万〜1億年後に，それに遭遇することとなる．遠い将来，地球はまた，定規腕（Norma Arm），楯−南十字腕

（Scutum–Crux Arm）中を通過し，そして，射手－竜骨腕（Sagittarius–Carina Arm）に，再び出会うこととなる［―アンドロメダ星雲，大マゼラン星雲，および小マゼラン星雲を別にすると，肉眼で見える星は全て，天の川銀河に属している（6章2節）―］．

銀河内での太陽の軌道における周回速度に関しては，天体物理学者間で意見が一致しているが，渦状腕の圧力波の形状（pattern）が回転する速度に関しては，論争の対象になっている．過去40年間に得られたその推定値は，太陽の進む速度の1/2から，太陽より少し速い速度まで広がっている．渦状腕との遭遇と気候変動とを結びつけるためには，太陽と渦状腕の相対速度が重要である．それが分かれば，宇宙線強度の山と谷がどのような頻度で，いつ起こるのかを確定できることとなる．

太陽系の周回に伴う宇宙線の増減周期

我々は，数億年前という悠久の太古の時代まで遡って，太陽の近傍における宇宙線が，当時からどのように変化してきたかを見出すことができるのだろうか．シャヴィブからは，「はい，できます」という驚くべき答えが返ってきた．彼は，鉄隕石中の放射性元素に関するドイツ研究者のデータを解析し直すことにより，宇宙線増減のリズムを見出したのである．

小惑星同士が太陽系内の遠方で衝突した時に，空間に放出された破片の中に鉄の塊が含まれていることがある．それらは，数億年の間，太陽の周りを公転し続ける．そうしている間に，宇宙線の衝撃を受けて放射性元素を作る．最終的に，それらの破片のいくつかが，鉄隕石として地球上に落下する．それに含まれる放射性のカリウム原子の量を，安定な原子に対する比率で求めることにより，各鉄隕石が空間をどれだけ長い期間，放浪したかを測定できる．しかし，太陽系が受けた宇宙線の強度が変化した場合には，その結果は実際の放浪期間を示さなくなる．

鉄隕石の見かけ上の年齢は，宇宙線が少ないために宇宙の時計がゆっくりと回っていた時の年代に，不自然に集中した．同じ小惑星衝突事件を起源とする隕石により，特定の年代に集中した可能性を除外するために，シャヴィブは，それらの特性と年齢があまりにも類似しているものを除外した．こうした後にも，年齢が10億年の範囲に広がる50個の鉄隕石が残った．それらの年齢から，太陽系が繰り返し，銀河の渦状腕の中を通過することにより，宇宙線強度が増減する周期は，1億4,300万年±1,000万年であると推定することができた．

この結果は，気候変動の長期の記録と不思議なほど合致した．地質学者は，過

天の川

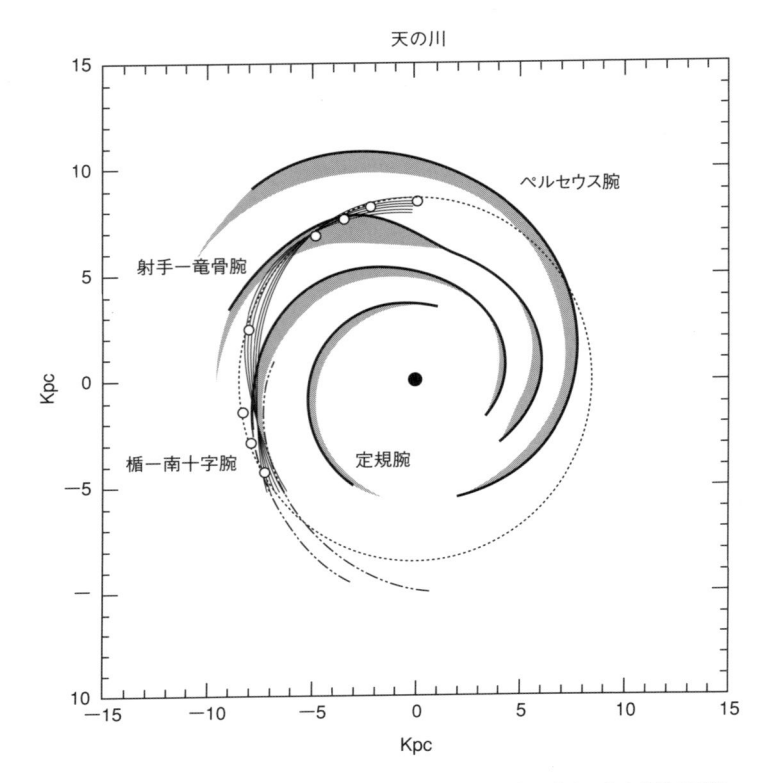

図12 太陽の軌道が，天の川の渦状腕を横切る時に，地球が受ける宇宙線強度は強くなり，それに伴い気候も，温室状態から氷室状態に変わることとなる．太古の気候の記録は，太陽の精密な軌道と渦巻きの位置について，不確かな点を減らすのに役立つだろう．この図には，太陽の複数の軌道と，影による腕の幅が示されている．［腕と太陽系は，北極側から見て右回りに回っている．射手－竜骨腕とペルセウス腕との間に，ペルセウス腕の分岐腕であるオリオン腕が存在する．現在，太陽系は，このオリオン腕内に存在する］
（目盛り：kiloparsecs・ここで，15 kpcは49,000光年を意味する）

去半世紀の間に，温室期と氷室期がゆっくりと交互に繰り返されていたことを認識していた．そして，徐々にそのデータを精緻化させていった．シャヴィブは，気候のデータに含まれている規則性を探して，1億4,500万年の周期が最もよく適合することを見出した．この周期は，隕石から宇宙線の変化する周期の長さを推論した値に近い．

以降の内容

シャヴィブの解析は，前述のように，過去10億年に広げられた．その期間の

最初の部分は，宇宙と気候の他の種類の衝撃的な出来事を含んでいる．それは，6章でのお楽しみとする．5億4,200万年前に始まったカンブリア紀に，初めて多くの異なる種類の動物たちが，化石としてよく保存されるようになったので，さしあたっては，それらの動物たちが現在までの間に経験したことについて，天文学が物語ってくれることを見ることにしよう．その5億4,200万年前から現在までの全期間は，顕生代（Phanerozoic Eon）と呼ばれている．これは，顕著な生命の時代という意味である．

3節　各腕との遭遇による気候と生物の変化

射手－竜骨腕からの脱出

カンブリア（Cambrian）紀の初めは，太陽系が天の川の射手－竜骨腕を通り抜けた後で，地球は，非常に厳しい氷室気候から逃れたばかりであった．厳しい気候は，生物に生き残りのために進化上の革新を誘発することができる．このことは，1970年代にカリフォルニア大学バークレー校のジェイムズ・ヴァレンタイン（James Valentine）により，最初に指摘されたことである．その指摘どおり，海底に潜伏していた虫（worms）が大量発生した初期の段階に，動物の新体制が始まったのである．季節ごとの気候変化や長期にわたる気候変動は，動物たちを飢餓状態に追いやっても，虫たちには比較的小さな影響しか与えなかったのである．

温室相がカンブリア紀で始まった時に，動物王国の主要な「門（branch）」の全ての先祖が出現した．太陽と地球は，天の川銀河の渦状腕と腕の間にあったので，宇宙線強度は低く，海面は高い位置にあった．生物は，大陸棚で繁栄した．無脊椎動物の大きな多様性の中に，早熟で繁殖（reproduction）できるようになったオタマジャクシのような幼生（larvae）がいた．それらは，魚や背骨を持った他の動物全てをもたらした動物王国の基礎を築いたのである．

ペルセウス腕への移行

温暖な気候は，オルドビス（Ordovician）紀になっても続いたが，太陽系が天の川のペルセウス腕（Perseus Arm）を通過することにより中断させられた．約4億4,500万年前に，オルドビス紀は終了し，急激に氷室相に入った．その時，海面は低下した．比較的短期間ではあったが，この氷河がやってきた時は，ニール・シャヴィブの構想では，太陽系がペルセウス腕からでて，宇宙線強度が頂点に達したという時期とちょうど合っているのである．

強い影響力を持った寒冷な期間の直後の温暖なシルル（Silurian）紀では，生

物の新顔として出現したものに，陸上で生きる最初の植物と動物が含まれていた．骨のある魚も現れたが，それは，背骨を持った全ての動物の中で最も成功したものとなる．温室期は，その次のデボン（Devonian）紀も続いた．

定規腕への侵入

侵入すべき次の渦状腕—定規腕（Norma Arm）—の位置が不明確であったために，シャヴィブが最初に解析した時には，その腕への侵入時期は，天文学上の予想値と鉄隕石から測定された宇宙線量による値との間に，食い違いがあった．その後，その渦巻きの形状がより正確に解釈されることにより，その食い違いの大部分は取り除かれた．いずれにせよ，宇宙線に関する隕石のデータは，石炭（Carboniferous）紀が終わった約3億年前に最大の寒冷化が起こったという地質学上の証拠とよく一致した．

石炭－二畳紀（Permo-Carboniferous）氷期として，地質学者に昔から知られていた氷室期は，短くはなかった．それは，石炭紀の後期と二畳紀の前期に跨っていた．この石炭紀の名前は，沼地の森に大量の石炭（coal）が埋蔵されたことに由来する．この氷期の間に，もっぱら陸上で生活できる背骨を持った動物として，最初の爬虫類が出現した．しかし，木々が繁茂している一方で，広範囲に広がった氷床と氷河が，当時，南極点に向かって横たわっていた各大陸を覆った［—当時，現在の各大陸が集まって1つの超大陸パンゲアを形成していた．南半球では，現在の南アメリカの右にアフリカ，その右にインドと南極が接していた．その南アメリカ，アフリカ及び南極の各南端が南極点をむいていたのである—］．この氷室気候は，二畳紀［ペルム紀とも呼ばれる］（Permian）の初期の時期まで続いた．

二畳紀後期と，それに続く三畳（Triassic）紀の全期間は，温室気候の時期で，太陽系は銀河の腕と腕の間の暗い空間にいた時であった．二畳紀の終了する2億4,500万年前に，大異変が襲ってきて，大量の種が絶滅した．これは，おそらく，偶然侵入した彗星か小惑星が地球に衝突したためであろう．それがきっかけとなって，中生代（Mesozoic Era）に入る．この中生代の先導役として，最も有名なのがこの時代に出現した恐竜である．しかし，温室気候は衰えずに続いていた．このことは，この場合には，気候の寒冷化と生物の進化上の革新とがつながっていないことを示している．

楯－南十字腕への侵入

ジュラ紀（Jurassic）と初期の白亜紀（Cretaceous Period）の期間中に，楯－南十字腕（Scutum–Crux Arm）を通過したので，寒冷な気候状態に戻った．この時に現れた生物の新顔の中に，花を咲かす最初の植物や最初の鳥が含まれる．

それに続く白亜紀後期の温室期は，約1億2,000万年前に始まった．これにより我々は，モンスクリントの石灰岩の物語を始めたところに戻ることとなる．

腕の名前と地質年代名との合致

専門家が専門分野に閉じこもる時代だった20世紀が終わった後には，異なる科学分野同士を再び収束させたいと望む人がいるなら，天の川銀河の渦状腕の名前と地球が，それらの腕を運行することによって起こった地質学上の寒冷な期間の名前を合致させると満足されるかもしれない．

　　　a．ペルセウス腕とオルドビス紀〜シルル紀
　　　　　（Perseus Arm and Ordovician to Silurian Periods）
　　　b．定規腕と石炭紀
　　　　　（Norma Arm and Carboniferous Period）
　　　c．楯－南十字腕とジュラ紀〜白亜紀初期
　　　　　（Scutum–Crux Arm and Jurassic to Early Cretaceous）
　　　d．射手－竜骨腕と中新世
　　　　　（Sagittarius–Carina Arm and Miocene Epoch）
　　　　eは中新世のすぐ後に（—地質学用語での「すぐ後」—）
　　　e．オリオン腕と鮮新世〜更新世
　　　　　（Orion Arm and Pliocene to Pleistocene Epochs）

以降の内容

最後の鮮新世と更新世の時代の変わり目に起こったこと，およびそれによる進化の結果は，7章で探究することにしよう．さしあたっては，天文学上の予想が，地質学上や化石上の証拠によりすぐに支持された特筆すべき例について述べる．それは，鳥の起源に関するものである．

4節　小さい恐竜を寒冷気候から守る羽根

小さな恐竜の活躍した時代

最初の小さな恐竜と哺乳動物が地球上に初登場したのは，約2億3,000万年前である．その時，太陽と地球の位置は，現在の位置とほぼ同じであった．この間に太陽系は，天の川の中心の周りをほぼ1周したのである［元の腕の位置に戻るには，腕も回転しているので，5億年以上を要する（6章5節）］．この一周旅行の大部分の間，恐竜は地球の支配者であり，哺乳動物をおとなしくさせていたが，一周旅行を終えることなく6,500万年前に絶滅したのである．

宇宙線から予想された寒冷な中生代中期

この一周旅行が始まった三畳紀は，温暖であった．予期された宇宙線に基づいて，恐竜時代の天の川銀河に案内されると，巨大な楯－南十字腕が地球の近くに現れ，ジュラ紀と白亜紀は，氷室期であったと示されたのである．しかし，今でも，学生や巨大な爬虫類のファンには，恐竜が生存した中生代は，最初から最後まで，陸上の生息環境は，温かくて氷は存在しなかったと教えられている．もしも，この時期の地質学上の記録のいかなる部分にも，氷がなかったなら，宇宙線による推測は間違っていることとなる．ニール・シャヴィブは，このことを充分知っていた．

> 私が，このアイデアに最初に取り組んだ時に，氷河のデータを探しました．そして，1970年代に発行された1冊の本の要約を見つけました．ところが，そこには，中生代中期の氷河は含まれていなかったのです．私は，「うーん，宇宙線といっても，全ての気候変動を説明してくれるわけではないのか」とその時には考えました．しかし，その直後に，氷河に関する別の総説には，中生代中期（ジュラ紀）は，その前後の三畳紀と白亜紀よりも寒かったと書かれているのを見つけました．この見落とされていた氷室時期を見つけた時は，終日，笑みがこぼれました．その時点で私は，この宇宙線の理論が正しいことを知りました．

寒冷な中生代中期を示す証拠

ニール・シャヴィブが，渦状腕との遭遇による寒冷化，という彼の説を，2002年に最初に発表した時，中生代中期が寒冷だったことを示す最も明確な証拠は，氷山が海底に落とした岩屑からもたらされた．アデレードの大学のラリー・フレイクス（Larry Frakes）により1988年にまとめられた結果には，当時，浮氷が，それに含まれていた砂を亜寒帯の海上で落としていたということが示されていたのである．しかし，陸上に氷が存在していたという直接の証拠は，全く欠けていたので，中生代中期の氷室相は，全ての中で最も説得力に欠けるものであった．

シャヴィブの論文が発表されてから数週間しか経っていない2003年の初めに，白亜紀の陸上の地層に，今まで知られていなかった氷の存在していたことを示す証拠を発見したという知らせが，アデレードからもたらされた．ネヴィル・アレイ（Neville Alley）とラリー・フレイクスは，西オーストラリアのフリンダース山脈の近くに，氷河によって押し潰された粘土，小さな丸石（boulders），それに石英粒が存在することを報告したのである．それが始まったのは，白亜紀初期で，約1億4,000万年前である．したがって，天文学で正しく予想された通りに，

恐竜は，実際に気候の激変に遭遇していたのである．

もしも，あなたが，過去に寒冷化が起こったことの生きた証拠を見たいなら，鳥類を見るとよい．鳥類は，恐竜の種族の中の唯一の生き残りである．彼らは，中生代中期の氷室相に耐えて生き残ったのである．小さい恐竜は，木立や湿地帯に避難することにより，彼らの恐ろしい従兄弟たちのあごから逃れられたが，思わぬ障害が生じた．というのは，彼らは，体が小さいために，大きな動物よりも速く体温が奪われてしまうからである．小さな哺乳動物は，毛皮のコートを持っていたが，寒い白亜紀初期に生まれた小さな恐竜は，鱗状の皮膚しか持っていなかったので，それを羽毛や羽根に変形させることにより，体温を保ったのである．

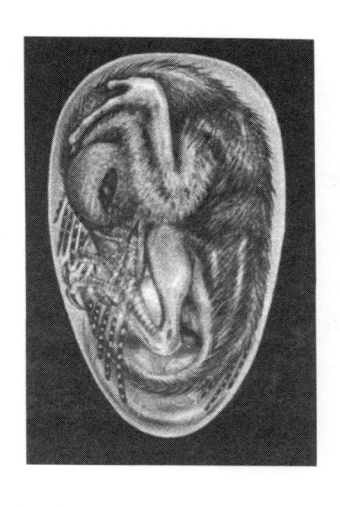

図13 卵の中に鳥の雛がいる化石が，中国で1億2,100万年前の氷室期の地層から発見された．この図は，羽根の生えていることが分かり易いように，画家により明確化して描かれたものである．太陽系が銀河の渦状腕の1つに遭遇したために起こった寒冷期が，小さな恐竜に防寒のための羽毛を獲得させたのである．この羽根の他の用途を見出し，それらの一部は鳥に進化したのである．
（Zhongda Zhang，北京の脊椎動物・古生物学・古人類学協会）

白亜紀の氷河の跡が，オーストラリアで発見されたのと同じ時に，中国では白亜紀初期の少し後の地層に，①羽毛を着けた小さな恐竜，および，②恐竜の一部が最新の特徴を持った鳥に進化したものが存在していたことを示す決定的証拠が，発見されたのである．それらの証拠は，北東中国の遼寧省にかつてあった湖の底に保存されていた．そこでの最初の鳥の化石の発見者は，北京の脊椎動物・古生物学・古人類学協会のチョウ・チョンヒ（Zhonghe Zhou）である．彼は，この発見されたことから推測されることを明白に語っている．

　　この新しい発見は，①羽根は鳥に特有の物ではないかも知れないということ，また，②飛行は，木立に棲んでいる生物が滑空することから進化したものかも知れないということ，を示唆する興味深い結果をもたらした．

天体との衝突

　庭や空に生命の息吹きをもたらす鳥を我々が見た時には，6,500万年前に起きた衝撃的な出来事により，恐竜の大きいものも小さいものも，その全てのものが一掃されたが，この羽根を着けた鳥の先祖は，生き延びることができたのを見て嬉しくなる．それは，鳥の先祖が初めて出現してから，その出来事が起こるまでの間が充分長かったために，その間に脊椎動物の新しい綱（class）として，完成された鳥になるまで進化することができたからである．このことを我々は喜ばねばならない．彗星，または小惑星がメキシコに衝突した時には，インドから噴出した大量の火山性熔岩が，地球の反対側まで押し寄せたので生物の大量絶滅が起こったが，多くの鳥，および哺乳動物は生き延びたのである．約7,500万年前の氷室期が，小さな恐竜を勇気付けて，「羽根のジャケット」で保温性を実験したり，その羽根のジャケットでできる他の生き方を見つけさせていたのである．

　恐竜を絶滅させた衝突の最初の証拠は，1980年に明らかになった．それは，地球外に起源を持つ希元素であり，イタリアのグッビオの近くにある渓谷の石灰岩層を横切る赤い粘土層中から検出されたのである．生物の進化の方向を変える多くのこのような出来事のうちで，世界の気候を長期にわたって変えるということと無関係なのは，このような衝突の場合だけである．これらの彗星，または小惑星が衝突した後には，短期間の気候の混乱が起こるが，その後は，衝突する前の気候状態だった氷室相，または温室相に戻るのである．グッビオでは，粘土の下の渓谷の壁を構成する石灰岩は，粘土の上まで隆起して，少し色が変わっているだけで，何も大した出来事は起こらなかったかのようである．

5節　炭酸ガスについての議論

シャヴィブの研究

　雑誌"Discover"は，銀河と気候との結び付きに関するニール・シャヴィブの研究を，2003年の重要な科学上の発見の上位100選に選んだ．シャヴィブのアイデアは，他人の研究分野を侵す心配のない，全く未踏の分野に踏み込んだ冒険的企てとして非常に高く評価された．シャヴィブ自身は，著名な地質学者のジャン・ヴァイツァー（Ján Veizer）と組んで研究するまでは，彼の唱える宇宙線の説が，現在の気候変動に関する論争に波紋を投げかけることになろうとは，夢にも思わなかった．

ヴァイツァーの研究

　ヴァイツァーは，オタワの大学を本拠地としているが，ドイツのルール大学にも研究室を持ち，過去5億5,000万年間にわたって，熱帯の海洋に生息している生物の化石貝殻中に含まれる重い酸素原子の比率を調べ，大量のデータを蓄積してきた．それらは，温室気候と氷室気候を交互に繰り返すことと，ほぼ歩調を合わせて，熱帯の海面温度が，約4℃の上昇と下降を繰り返すことを示した．

　ヴァイツァーは，2000年にベルギーのリエージュからきた仲間と一緒に，このデータを基にして，大気中の炭酸ガス濃度の変化から温度変化を求めるための，一般的に正しいと信じられている係数は，間違っていると結論づけたのである．特に，氷室期であった約1億5,000万年前と4億5,000万年前の高い炭酸ガス濃度から予想された海の温度は，ヴァイツァーの貝殻の収集物が示す温度よりも，ずっと高かったのである．それとは対照的に，この貝殻が示す温度変化の歴史は，約1億3,500万年という顕著な周期を示し，シャヴィブが銀河の渦状腕との交差から予想した周期である約1億4,300万年に近い値が得られた．シャヴィブは，彼の渦状腕に関する論文の増補版を2003年に発表した時には，ヴァイツァーのグラフを加えた．

2人の共同研究

　この時，この天文学者と地質学者は，相互に協力し合えば，気候変動における宇宙線の有効性をより詳細に評価できるだろうと気が付いた．そこで，彼らは「顕生代の気候変動を起こしたのは天体か」という挑戦的な表題の論文を作成した．これは，米国の地質学会から発行されている学会誌"GSA Today"に掲載され，地質学者に広く読まれた．その論文には，彼ら自身のデータが収録されていると共に，宇宙線と雲に関するデンマーク人の研究成果の説明がなされていた．おそらく，読者の多くは，それによりスベンスマルクの説を初めて知ったことであろう．

　シャヴィブとヴァイツァーは，顕生代の気候は，宇宙線と結び付いているが，他方，気候に及ぼす炭酸ガスの影響は，一般的に主張されているよりも，ずっと小さくなくてはならないと結論付けた．地質学的に記録されている炭酸ガスの濃度と海水温度との関係は，現在信じられている関係と一致しないことから，彼らは，将来，炭酸ガスが2倍に増加した時の温度変化は「気候変動に関する政府間パネル」によって予想されている値よりも，ずっと低いだろうと判断した．それを公表して一夜明けると，シャヴィブとヴァイツァーは，容赦できない人物とみなされていたのである．

その論文に対する反論

その6カ月後に，11人の科学者集団が地球物理学の学会誌"Eos"で，2人の異説を非難したのである．その主筆は，気候への影響を研究するためのポツダム研究所のステファン・ラームストルフ（Stefan Rahmstorf）であった．この論文は，宇宙線の気候への影響を否定しようとして，時代遅れの方法に基づいて，宇宙線の影響を疑問視することから始まっている．それらの批判者は，2人の論文を最初から最後まで読んでいないので，シャヴィブとヴァイツァーは，2人がすでに論文に書いていたことを繰り返し述べるだけで，多くの他の指摘にも反論することができたのである．

この論争は，あまりにも錯綜して煩雑なので，ここでは全体の要約はしないが，そのレベルを知るために1例を示す．ラームストルフらの批判は「海面温度の変化と宇宙線の変化が一致していることを強調するために，海面温度が操作されている」というものであった．これに対する2人の反論は，相手に何も言わせないものであった．「計算された温度の変化は，ヴァイツァーらにより1999年と2000年に発表されたものであり，シャヴィブが将来，そのデータを用いた研究をすることなど全く予想だにしなかった」．

学会誌"GSA Today"は，その後「顕生代の気候変動の主要因としてのCO_2」という表題の，より筋の通った解説を掲載した．5人の著者のリーダーは，ペンシルベニア州立大学のダナ・ローヤー（Dana Royer）であった．彼らは，古い炭酸塩堆積物中の重い酸素原子から推定された温度は，当時の海水中の酸性度に対して補正されるべきであると述べた．そして，補正すると温度の変化と炭酸ガスの変化がずっとよく一致することを示した．また「宇宙線量の変化は，気候に影響を及ぼすかもしれないが，数百万年という時間幅においては，気候変動の主な要因ではない」と記述した．

温度に影響する炭酸ガスと宇宙線

問題の本質は，非常に容易に把握することができる．5億5,000万年の間に，炭酸ガスの濃度は，2回の上昇と2回の下降を示すのに対して，宇宙線量は，4回の下降と4回の上昇を示している．そして，気候変動には4回の温室期と4回の氷室期が存在するのである．したがって，このパターンは，宇宙線が気候変動を起こす主要因であると特定したシャヴィブとヴァイツァーを支持している．しかし，各氷室期の厳しさが違っているのは，何か他のことが関与していることを示唆している．

宇宙線と炭酸ガスのうち，どちらの方がより重要なのかということに関する論

争に，終止符を打とうとする試みが，キールのゲオマール研究センターのクラウス・ウォールマン（Klaus Wallmann）によりなされた．彼は，学会誌"Geochemistry Geophysics Geosystems"に投稿した論文中で，彼の計算に宇宙線の冷却効果を加えなければ，（貝殻の^{18}Oの比率の変化から，酸性度に対して補正して求めた）温度変化を再現することはできなかったと宣言した．他方，炭酸ガスは，温暖化を強め寒冷化を弱めるのに，著しい役割を演じているともウォールマンは主張した．

　　　温暖期（―カンブリア紀，デボン紀，三畳紀，白亜紀―）は，少ない宇宙線量により特徴付けられ，寒冷期（―石炭紀後期〜二畳紀初期の間および新生代後期（現在）―）は，多い宇宙線量と低い炭酸ガス濃度によって特徴付けられる．……オルドビス紀〜シルル紀の間，およびジュラ紀〜白亜紀初期の間，という2つの冷涼期間は，高い炭酸ガス濃度と多い宇宙線量により，炭酸ガスの温室効果が，低い雲の冷却効果を補償した結果であるとして特徴付けられる．

炭酸ガスの温度に及ぼす影響

太古における炭酸ガスの影響は，どれだけ強かったのであろうか．空気中の炭酸ガスの濃度は，温度の低下した各時期，3億年前および現在の氷室期には，数百ppmであったが，温度の上昇した各時期には，5,000 ppmとか2,000 ppmであった．これを，現在の気候変動を見積る場合に用いられている表現に移し換えるためには，「炭酸ガスが280から560 ppmに増加した場合―工業化される前の値が2倍になった場合―，温度上昇は，いくらになるだろうか」と自問自答せねばならない．この炭酸ガスが，工業化される前の値の2倍になった場合の温度の上昇は，気候感受性（climate sensitivity）と呼ばれている．「気候変動に関する政府間パネル」は，この気候感受性は，おそらく1.5〜4.5℃だろうと考えた．

シャヴィブとヴァイツァーが，5億年間の気候の研究から最初に示した気候感受性は0.5℃でしかないというものであった．しかし，その後，酸性度に対する補正が必要であるということを認めた．もっとも，ダナ・ローヤーらは，それを過大視していたので，この補正は小さかったが．シャヴィブとヴァイツァーは，温度を見積るために用いた重い酸素原子のカウントは，地球上の氷の量に対して補正せねばならないことを重視した．というのは，氷床を作ると海中に残る重い酸素は増加するからである．そこで，それらを補正することにより，気候感受性に対して約1.1℃という改定された推定値を算出した．

この約1.1℃という値は，マサチューセッツ工科大学の著名な気象学者である

リチャード・リンツェン（Richard Lindzen）による現在の大気の評価と一致している．彼は，2005年に英国貴族院に提出した供述書中で説明しているように，気候感受性に対して，穏健な値を用いており，それは長い間受け入れられている．

> もしも，主な温室効果物質である水蒸気と雲が一定なら，CO_2が2倍になると，物理学から直接に，世界的に平均約1℃の温度上昇を招くこととなる．

したがって，古代の化石からシャヴィブとヴァイツァーが導いた値は，リンツェンが最近の研究に基づいて掲げた値に非常に近いのである．このことは，両者とも低い値を支持しており，非常に示唆に富むことである．スベンスマルクは，炭酸ガスの温暖化効果に対して，数値を出すことを拒んでいる．そして，その数値が，地質学上のタイムスケールのどの時点においても同じかどうか，また，炭酸ガス濃度が広範囲に変化した場合に，どの濃度においても同じかどうかということに対して疑問を抱いている．それはともあれ，21世紀における人間活動による地球温暖化に対して，一般的に大きな値が予想され憂慮されているが，それを正当化するに必要な気候感受性よりも，シャヴィブとヴァイツァーの結果はずっと低い．したがって，この2人の結果は，工業化時代における地球の運命に対して，スベンスマルクが彼の宇宙線の説から推測されることに基づいて，大きな温暖化は起こらないと一般的に楽観視していることに，ピッタリ適合している．

6節　天体望遠鏡の役割を果たす貝殻

スベンスマルクの古代への取り組み

2002年に，地球の気候変動の歴史の中で，宇宙線によって演じられた部分に対して，ニール・シャヴィブが人を魅了する説明をした時には，スベンスマルクは，推測されることを熟考すると共に，彼自身の関係する論文を書き始めていた．それに，地質学上の記録には，2005年のハワイでの会議で，シャヴィブからずっとよいデータベースを教えてもらうまでは，質が悪いために，うんざりしていた．さらに，地下室での実験には，大いに悩まされていた．しかし，SKYの実験から最初の一連の結果が出揃い，それを解釈できてからは，スベンスマルクは，星と岩石とが，太古から現在まで相互に同じ対応関係を維持してきたという驚くべき新事実に，じっくりと取り組めるようになったのである．

貝殻のデータによる天の川銀河の調査

スベンスマルクは，天の川銀河そのものについて，また，太陽が天の川銀河の

渦状腕と遭遇するタイミングについて，天文学者の間で意見の対立があることに悩まされた．これらは，気候変動についての地質学上の何らかの不確かさよりも，ある意味で，より始末の悪いものである．そこで，彼は，論理の方向を逆転し，ジャン・ヴァイツァーの化石による海の温度の記録を用いて，天文学を改善することに決めたのである「私はこれを，冗談をこめて『天の川銀河の質量を温度計で測定する方法』と呼んでいる」．

海に棲む貝の殻は，自然の検出器として作用し，変化していく星の環境を測定して記録している．それらは，人間の作った天文観測機器が出現するずっと前に，観察し記録しているのである．後からそれらの記録を解釈すると，それらは，それらが生きている時に，海水中と同じ比率の重い酸素を取り入れているので，宇宙線の強度を記録した「天体望遠鏡」であったのである．したがって，天文学上の目的のために，貝殻を用いるアイデアは，何も荒唐無稽なことではないのである．

イルカ様運動を伴う太陽の周回

化石に記録された気候変動は，地球が渦状腕を通過することによる計算上の気候変動よりも，速いリズムを持ち，比較的短い周期を示している．その理由は，太陽が「遊び好きのイルカ」のように振る舞うからである．すなわち，太陽が，銀河内の軌道に乗って周回している時に，天の川銀河の中心の膨らみ部分を囲んでいる星の円盤を，その下から上に，上から下に，そして，また下から上に通り抜けるということを繰り返しているからである．

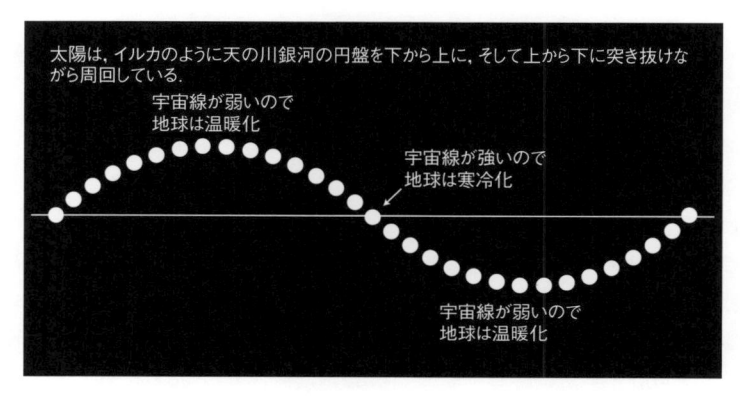

図14　過去の気候変動の周期を太陽の動きに結び付けると，銀河の天文学上の知識を改善することができる．

この円盤を定義する中央平面は，単なる幾何学上の構造ではない．宇宙線は，その円盤内に集積しているのである．なぜなら，星やガスの雲を円盤の近くに閉じ込める重力が，磁場を円盤内に保持し，その磁場が宇宙線の運動を決めているからである［2章4節］．

　したがって，地球上の宇宙線の強度は，太陽が下から上でも，上から下でも，そのいずれの場合も，中央の円盤を横切る時に強くなるのである．この中央の円盤を横切るのは，約3,400万年の間隔で起こる．太陽が重力に逆らって円盤から遠ざかり，その円盤から300光年離れたところまで上昇し，カーブを描いて円盤の方に下降し始める．その円盤から離れた相では，宇宙線は弱くなる．これらの変化は，太陽系が渦状腕の中にいようと腕の外にいようと，それに関係なく起こる．しかし，腕の中にいる時の方が，円盤の方に下降するペースは速くなる．なぜなら，濃いガスのために，重力が強くなるからである．海の温度変化により，太陽系が円盤と交差するタイミングは，厳しく規定される．なぜなら，最強の寒冷相が3,400万年の周期で起こるということが，地質学者により明確に確定されているので，この3,400万年が中央平面と交差する周期に対応するからである．

数学手法の利用

　スベンスマルクは，太陽が渦状腕のパターンを基準にして，どのように速く運動しているのかという問題に対して，先入観をもっていたわけではない．彼は，過去2億年間にわたるヴァイツァーの温度記録からデータをとり，それに天の川銀河を関係付ける最適の方法を見つけることにより，星の動き方や天の川銀河の構造など各種のことを求めたかったのである．イルカ様の運動が得られたのは，そのうちの1つである．数学的手法は，既製品の服を選ぶ時のように，その人に最もよく合うものを探し出すという作業に似ていた．天の川銀河の環境を記述するいくつかの重要な数値のたった1つの組み合わせのみが，太陽の正しいイルカ様の運動を与えるのである．

得られた情報

　天の川銀河と太陽の周回軌道の比較的近い部分を以下のように記述する一連の解答は，スベンスマルクによる解析から得られたものである．太陽と回転している渦状腕のパターンとの相対速度は，12 km／秒〔光速30万km/sの1/25,000〕である．楯－南十字腕への到達は1億4,200万年前に起こり，射手－竜骨腕への到達は，3,400万年前に起こった．この2つの腕の幅は，それぞれ，約1,170光年［3千万年］と910光年［2千万年］であった．渦状腕の中の物質の密度は，腕と腕の間の領域よりも80％高い．この値が分かったことは，まさに，温度変化

を用いて銀河の重さを測ったことになるのである．

考　察

　この方法で得られた数値は，いずれも，以前に天文学で示唆されていた範囲に入っていた．しかし，以前に不確かさが大きかったものの場合には，この化石は，天文学者にいずれの数値の方が正しいかを教えてくれるのである．この「気候から天文学へ」という推論の逆転が成功したことから，変わりやすい天の川銀河内のサーモスタットが，地球の気候を支配していることは確実である．次の6章では，星空がどのようにして，さらに強烈な衝撃をもたらしたかを述べることとする．それは，ここ数十年の間になされた2つの他の大きな発見について，普通なら意見の対立が予想されるのに，それに反して意見の一致が得られたのである．

6章　スターバースト，熱帯の氷，生命が変化するという幸運

　　　　地球全体が氷で覆われた全球凍結期が数回あったことは，
　　　地質学者を驚かさせている．その全球凍結が起こったのは，
　　　天の川銀河で星の「生成率」が最も高くなった時で，その
　　　時以外は起こっていない．その星のベビーブーム期には，
　　　宇宙線が強くなったのである．若い太陽の強い磁気作用が，
　　　地球を宇宙線から守って暖かくし，生物の出現を早めた．
　　　全球凍結期には，生物圏の生産性が高い時の繁栄と低い時
　　　の衰退の間で大きく振れた．

1節　全球凍結

氷に覆われた星

　地球外生物の発見を夢見ている人にとって，かつては火星がいつも1番重要な探索地となっていた．しかし，今日では，巨大な惑星である木星の衛星の1つが，彼らの好奇心を掻き立てている．その衛星エウロパ（Europa）は，氷で完全に覆われているが，おそらく，その下には液体の海洋が隠れているだろうと考えられているからである．宇宙探検家なら，心底からその氷にドリルで穴を開けて，生きている生物の何らかの痕跡を見つけだしたいと望むだろう．もしも，そんな所には生物は存在しそうもないと想定したとしても，地球も太古には1度ならず，エウロパとかなりよく似た状態にあったことを考えれば納得がいくだろう．地球がそのような時に，他の惑星からきた訪問者が，氷に穴を開けて，何者かが隠れていないか探したなら，この惑星に棲息する微生物たちが縮こまって，全球凍結という厳しい環境の下で生き延びていることを見出したであろう．

全球凍結の証拠

　このような極端な気候状態が，我々の住んでいる地球で起こった可能性があると最初に言われだしたのは，1960年代のことであった．氷床や氷河は，高い山を除けば，通常，両極地からそれほど離れていない領域に限られている．直近の氷期の最も厳しい期間でも，氷床は，ニューヨークのマンハッタン島より赤道側には，ほとんど侵出しなかった．しかし，ケンブリッジ大学のブライアン・ハー

ランド（Brian Harland）は，約6億年前の堆積物中に，氷河作用の痕跡が，あたかも，当時は世界全体が氷に覆われていたかのように，地球の極めて広い範囲に広がっていたことに気が付いたのである．

常に移動している各大陸が，極の近くに集まっていたなら，氷があっても驚くに当たらない．しかし，その可能性は調査により除外された．大陸が，当時，どこに横たわっていたかの証拠は，岩石に残された地磁気の記録からもたらされる．もしも，氷河作用の痕跡が極の近くで形成されたなら，その岩石磁気は，水平にならずに傾斜する．他方，赤道の近くで形成されたなら，その磁気の向きはほぼ水平となる．この岩石磁気が，これらの大陸は，決して極の近くではなく，熱帯に集まっていたことを示唆したのである．

1986年に，オーストラリアのジョージ・ウイリアムス（George Williams）とブライアン・エンブルトン（Brian Embleton）は，古代に氷から海中に落とされた酸化鉄粒子による地磁気の痕跡から，それらの落とされた場所が，赤道から数度以内の領域であったことを示したのである．それから数年後，カリフォルニア工科大学のジョセフ・カーシュヴィンク（Joseph Kirschvink）は，その結果をもたらした鉄粒子を伴っていた他の岩石が，7億年前と正確に分かっている氷河の作用によりオーストラリアで形成されたものであることを，確認したのである．彼は，それを「防弾チョッキで保護されていた証拠（bullet-proof evidence）」と呼んだ．

　　　これらの広い範囲にわたって存在する海水面からの沈殿物が，赤道から数度以内に広範囲に広がって存在する大陸の氷河によって形成されたことは，現在では明らかである．これらのデータは，赤道付近に広大に広がった氷河が存在していたとしなければ説明できない．

カーシュヴィンクは，この恐ろしい気候状態に対して「全球凍結（Snowball Earth）」という名前を考え出した．この名前から，氷床，氷河，および凍結した海が，赤道にも存在することを思い描かねばならない．しかし，赤道近辺の海洋の凍結程度は，まだ議論の対象になっている．ある研究者は，厚さ1 km以上の氷からなる景色を想像しているし，他の研究者は，氷と氷山が漂流している半凍結状態（slushball）だったと提案している．いずれにしても，生物への影響は深刻であった．

全球凍結が起こった時期

全世界の大陸から得られた証拠は，7億5,000万～5億8,000万年前の間に，全球凍結がほぼ3回に分かれて起こったことを示している．その間，虫類（worms）は，海底の岩屑を漁ることにより生き延び，体制（body-plans）を進化させてい

た．その体制の進化があったために，5億4,200万年前に始まったカンブリア紀に入って世界が再び確実に暖かくなった時に，前章で述べたように，動物種の爆発的発生が可能となったのである．

　凍結と生物進化を伴ったこのような急進的な出来事が起こったのは，これらの寒冷な原生代後期（Neo-Proterozoic Times）―地質学者はこう呼ぶ―だけではなかった．原生代前期（Paraeo）の24億年前と22億年前の間に，2回の全球凍結期が存在したことを示す証拠が，20世紀末までに，南アフリカ，カナダ，およびフィンランドから，地質学者によって収集された．その24億〜22億年前というと，我々の惑星が，現在の年齢の半分でしかなかった時である．

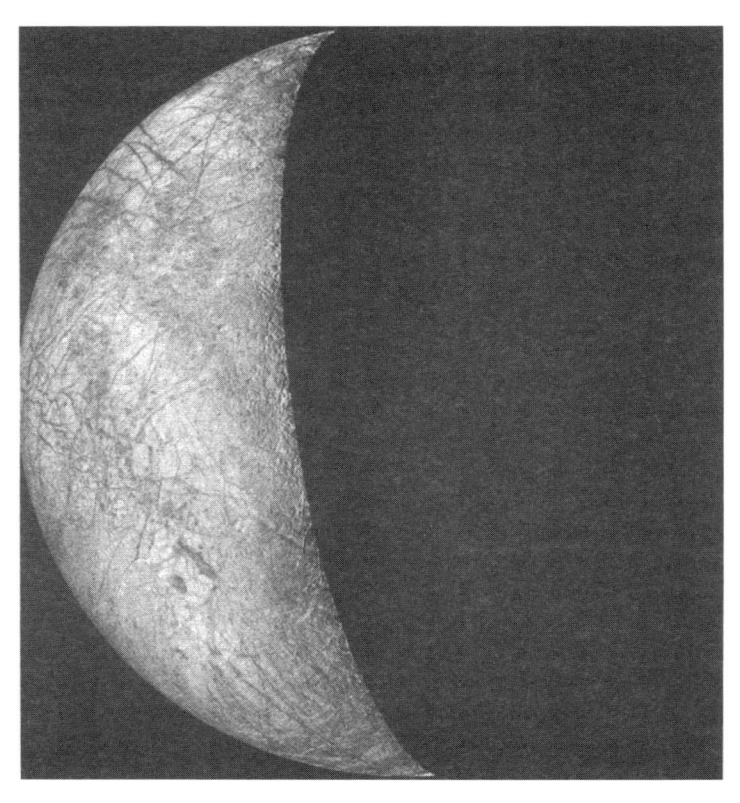

図15　これは，巨大な惑星である木星の衛星で，エウロパと呼ばれている．亀裂の入った氷の層で覆われている．地球も，全球凍結と呼ばれる最も寒冷であった時期には，これとほぼ同じように見えたであろう．（NASA/Voyager2）

全球凍結時の地質と生物の変化

　原生代前期が残した注目すべき贈り物として，世界最大の鉄マンガン鉱床が含まれる．それは，海水中に溶解していた鉄とマンガンに，酸素が作用することにより生成されたものである．この惑星全体が錆び付いたのである．バクテリアの多くの古代系統は，全球凍結により一掃されたが，真核生物（eukaryotes）と呼ばれる新しい微生物は，この大虐殺の時期を生き延びたのである．

　それらは，遺伝子をカプセル化した細胞核（cell nuclei）を有することを特徴としており，単細胞の菌類，藻類，および動物に似た草食性生物であった．18億年前までに，一部の真核生物は，酸素を処理するバクテリアを体内に取り込み，それをエネルギー（ATP）の発生装置として利用した．現在では，全ての植物と動物の新型の細胞内に見出される．この寄生性のバクテリアの子孫は，人間の体内でミトコンドリアとして存在している．それらが太古からのものであることは明らかである．性別が発明される前に，このバクテリアの取り込みが考え出されていたので，我々は，それらを母親のみから受け継ぐのである．

全球凍結を起こした原因

　この地球化学上と生物学上の大きな出来事は，全球凍結という極端な気候変動を伴っているので，その原因と結果について論争を巻き起こした．原生代前期に全球凍結が起こった1つのシナリオは，バクテリアによる酸素の急心的すぎる生産が，「錆付き期（rusting episode）」を引き起こし，その大気組成の変化が，何らかの方法で，この全球凍結のきっかけを作ったというものである．

　しかし，全球凍結の説明への試みに対する挑戦は，地球の長い歴史の中で，ほぼ23億年前と7億年前における比較的短い2つの「時間の窓」ともいうべき特定の時期に起こった理由を明らかにすることである．この難題に対する完全な答えは，地球が，この2つの出来事同士の間では，10億年以上もの間，氷が全くなかった理由も，説明できるものでなければならない．

　冷えつつある星が，これらの発生時期を特徴付けている全球凍結を説明できる唯一のものである．イスラエルのシャヴィブは，過去5億年間における温室期と氷室期の気候変動を，天の川銀河の渦状腕への運行によりすでに説明していたので，彼の次の課題は，この全球凍結の出来事を，この銀河における星のベビーブームに結び付けることであった．星のベビーブーム期には，宇宙線が，途方もないレベルにまで増加したので，地球は雲が多くなり，太陽光が遮られて全面凍結したのである．

2節　星のベビーブーム

スターバースト

全球凍結の証拠が，地質学者を驚かせている間に，天文学者は予想よりずっと温かい銀河が多数存在することに驚かされていた．1983年にオランダ・アメリカ・イギリスの赤外線天文衛星が，これらの銀河が強い非可視光線を発していることを，初めて検出したのである．欧州の赤外線天文衛星が，これらの極めて強い赤外線を発する数百個の天体の詳細な調査を1998年までに終了した時に，ガルチンにあるマックス・プランク地球外物理学研究所のラインハルト・ゲンツェル（Reinhard Genzel）は，天文学者たちの結論を発表した．

> 極めて強い赤外線を発する大多数の銀河の光度（luminosity）は，その大部分が，星の誕生（star formation）に由来していることを，我々は立証することができる．これは，世界で初めてのことである．このような活発な星の誕生が，どのようにして，また，どれだけ長い期間，これらの銀河で起こりうるのかということを理解することは，現在，天体物理学における最も興味深い問題の1つである．

この狂熱的な活動をしている星々の集団は，現在，スターバースト銀河（starburst galaxies）と呼ばれている．強い赤外線は，大質量で短命の星が，多数，爆発することにより生じた温かい宇宙塵（dust）に由来している．スターバーストは，その大部分が，銀河同士の衝突によって起こっている．大望遠鏡による宇宙の写真を見ると，このような巨大な衝突が，宇宙で度々起こっていることが分かる．

2つの銀河が衝突しても，各々の銀河に含まれる星が，数十億個と多い場合でも，星間の空間は広いので，2つの星同士が直接衝突することは少ない．それよりもむしろ，銀河によって運ばれてくるガス同士が高速で衝突して衝撃波を生じるので，ガスが圧縮されて，そのガスの崩壊が誘発され，その結果，新しい星々が誕生するのである．それより穏やかではあるが長期にわたって作用している摂動（perturbations）が，我々の銀河の明るい渦状の腕を生み出しており，1年に2つ程度の新しい星を誕生させている．スターバーストでは，星の生成率（birthrate）は，それより50〜100倍高いこともあり得る．

クラスター内での銀河同士の衝突

大部分の銀河は，大きなクラスター（clusters）内で複数の銀河が共に動きまわっているが，我々は，宇宙という空間内のある瞬間の写真しか見ることができ

ない．なぜなら，その運動のステップを1つ刻むのに，数億年を要するからである．この運動を決めるのは重力である．この重力は，銀河を作っている星とブラックホールの各質量同士が，相互に引き合うものだけではなく，クラスター同士を結び付ける未解明の暗黒物質（dark matter）の非常に強力な重力も含んでいる．現在活発なスターバースト銀河に加えて，他の大きな銀河の大部分も，過去にはそのようなスターバースト期を経験している．時には，星間ガスの大部分を使い果たし，すでに星が誕生しなくなった銀河も存在する．

銀河が高密度で詰まっているクラスター内では，銀河同士の衝突は避けられない．多くの短命の星が，超新星の爆発で，それらの生涯を終えると，スターバースト銀河内の宇宙線は，非常に強くなるので，その惑星の表面にいた生物が生き残れるかどうかは疑問である．さらに事態を悪くすることは，多くの銀河からなる大きなクラスターでは，その中の銀河によって今までに作られた宇宙線の大部分が，宇宙に向けて放出されないで，クラスター内に閉じ込められていることである．

局所銀河群での近接遭遇

生物は，おそらく，星々に乏しい宇宙空間の中でしか，生き残ることはできないだろう．なぜなら，そこは，大きなスターバーストや長期にわたって活動する宇宙線から，比較的，影響を受けない場所だからである．天の川銀河は，その点では幸運であった．望遠鏡を用いれば，約500万光年以内に30個以上の銀河が見え，それらは，総称して「局所銀河群（Local Group）」と呼ばれているが，それらの銀河の大部分は，非常に小さいからである．

近くの銀河のうち，わずか3つだけが肉眼でも見ることができる．大マゼラン星雲と小マゼラン星雲は，銀河としては小さいが，非常に近いため，1519年に探検家のフェルディナンド・マゼラン（Ferdinand Magellan）にも，極めて容易に南の空に認められたのである．それらは，天の川の雑然とした破片のように見える．北半球では，かなり光の弱いアンドロメダ星雲が，10世紀にペルシャの天文学者により書き留められている．現在では，それが，地球からほぼ300万光年離れている大きな渦巻き状の銀河で，天の川の姉妹銀河であることがわかっている．アンドロメダ銀河は，我々の方向に向かっている．それは，おそらく将来，天の川と衝突することになるだろう．そして，最終的には，天の川と同化して巨大なスターバースト期に入るだろう．しかし，それは，今から50億年先のことである．

星の生成を誘発するには，2つの銀河が文字通り衝突をしなければならないと

いうわけではない．2つの銀河が近接遭遇した時にも，双方の銀河で，重力により潮汐（tides）と圧力波（pressure waves）が誘発されて，星のつまった領域がかき乱されるのである．局所銀河群における小さな銀河のいくつかは，大きい銀河の衛星であり，2つのマゼラン星雲は，天の川銀河の周りを回っているのであ

図16 銀河同士間の衝突は，稀に起こる事態である．ここには，2つの巨大な星の集団が，からす座（constellation Corvus）の中で衝突し，一対のアンテナと呼ばれるものを作っている．それらから地球に注がれる赤外線は，星の誕生と死からなる大きなスターバーストが，衝突で誘発されたことを物語っている．強い宇宙線は，その副産物である．天の川銀河では，生物が存在し始めて以来，こうした驚嘆すべき出来事が起こっていないことは，幸運である．（Francois Schweizer, CIW/DTM）

る．それらの銀河が，近接遭遇してスターバーストを誘発すると考えられる最も有力な候補である．我々の銀河でスターバーストが起これば，極めて強い赤外線を発している銀河で起こっているスターバーストの規模とまではいかないが，星の生成率と消滅率がかなり上昇し，それにより宇宙線の強度が著しく増加することとなる．

天の川銀河での星のベビーブーム年代

　天文学者は，星の生成率が変化した時を見出すためには，各星の年齢調査を行う．例えば人の人口構成の場合に，ある年代の人口が不自然に多いなら，その年代の人は，ベビーブームの時に生まれたことが分かるが，星の場合も同じである．しかし，各星の年齢を計算するためには，まず最初に，各星がどれだけ離れているかを測定せねばならない．多くの星の距離は，1997年に以前より正確に分かるようになった．というのは，星の地図作成を行うための欧州の人工衛星"ヒッパルコス"で測定された結果が公開されたからである．

　ブラジルとフィンランドの天文学者は，ヒッパルコスのデータを用いて約500個の近傍の星の年齢を比較した．2000年までに，エリオ・ロシャ-ピントー（Helio Rocha-Pinto）らは，天の川銀河の長い歴史の間に，数回の星のベビーブームがあったことを物語る団塊の世代を報告できた．今日，見ることのできる生き残った星々は，必然的に，中間寿命の星や長寿命の星であるが，それらの大質量の従兄弟たちは，星の生成率の高い期間中に，すでに爆発していて，膨大な量の宇宙線を発生させていたであろう．

　この星のベビーブームの1つは，24億～20億年前の期間内に入った．小マゼラン星雲にこれと同年代の星が不自然に多いということは，これを裏付ける証拠であるし，この小マゼラン星雲が，天の川にスターバーストを誘発しうるほど近くまでやってきた近接銀河であるということも指摘されている．他方，一部の天文学者は，大マゼラン星雲が，ひき起こしたと考えている．大小のマゼラン星雲と他の小さな近くの銀河が，無秩序な仕方でどのように動くのかということに関しては，せいぜい概略的なことしか分かっていない．したがって，それらの近接遭遇（perigalacticons）の起こり方も概略的なものでしかない．星の地図作成を行うための欧州の次期宇宙探査機"ガイア"が，2015年頃までに打ち上げられ，最も近い複数の銀河の現在の動きについて，今以上に正確な測定値が得られるまでは，これらの近接遭遇の時期は不確かなままである．

　その不確かな状態でも，約23億年前に起こった最初の2回の全球凍結と，ロシャ-ピントーが24億～20億年前の間の期間内に起こったと推定したスターバース

トとは，時期が一致していることは明らかである．この2つの出来事は，地球が晒された異常に高い宇宙線により結び付いていたと考えると，理屈が合う．しかし，この同時発生の出来事が2回以上あった場合には，最初の凍結に続く凍結のない時期は，星の誕生の少ない時期と重ならなくてはならない．シャヴィブにとって，これが議論でのキーポイントであった．

> 20億～10億年前の間の長い期間に，氷河作用が起こったことは，全く知られていない．その期間は過去において，星の生成率が著しく低かった時期と一致している．

そして，ほぼ7億5,000万年前に始まった後の3回の全球凍結は，また，別の星のベビーブームに結び付いていなくてはならない．ヒッパルコスのデータを基にしたロシャーピントーの調査結果は，20億年前と10億年前の間には，星の誕生が大幅に減少したことを確かに示している．しかし，この調査では，その減少に続く星の生成率の上昇は，非常に目立ったものというわけではないのである．それより説得力のあるものは，別の調査結果である．それは，2004年にマドリッドにあるサフォーク大学のラウル・デ・ラ・フエンテ・マルコス（Raul de la Fuente Marcos），およびマドリッド・コンプルテンセ大学のカルロス・デ・ラ・フエンテ・マルコス（Carlos de la Fuente Marcos）によって発表されたものである．彼らは，天文学者によって長年にわたって目録化されていた散開星団（open cluster）と呼ばれている星のグループに関するデータを用いて，他の結果を見つけた中で，約7億5,000万年前にスターバーストが存在したと推論したのである．この2人のフエンテ・マルコスは，シャヴィブの説に対して，そのタイミングが一致していることを指摘したのである．[散開星団：天の川銀河内の暗黒星雲の中で恒星の集団が誕生しても，周りにガスが残っている間は，散光星雲としてしか見えないが，ガスが全て散開する（散らばる）と誕生した恒星が見えるようになる]

> 全球凍結の起こった時期は，この最近の20億年の間で太陽の近傍で星の生成率が最も急激に上昇した時期と結び付いていることは明らかである．

考 察

ここでも，地球の歴史の最初から現在まで，宇宙線が気候を左右してきたというアイデアを，驚くほど支持するデータが存在している．仮説が間違っている場合には，実験や観察の新しい結果が出ると，仮説と一致しないために論争を引き起こすものである．その逆に，理論が正しい場合は，新しい結果が出るたびに，その理論が正しいことが確認されるのである．スベンスマルクの理論は，事実をより正確に知れば知るほど，益々，正しいようにみえる．

3節　若い太陽は暗かったのに温暖だった矛盾

若い太陽の活発な磁気活動

　太古においては，宇宙線を遮蔽する太陽の磁気は，現在よりずっと強かった．もしも，そうでなかったなら，全球凍結期の凍結状態は，さらに厳しいものとなっていたであろう．7億5,000万年前にスターバーストが起こった時に，地中へと侵入してきた宇宙線の流入量は，仮に今の時代に，同じスターバーストが再び起こったとした時の宇宙線の流入量より，数％少なかったことであろう．なぜなら，当時の太陽風は今より強かったからである．そして，24億年前には，同じ宇宙線の流入量を，20％も削減できるほど，太陽の遮蔽層は強かったのである．

　さらに時代を遡ると，太陽は，現在のものとは非常に異なっていた．天文学者は，このことを太陽に類似した若い星の研究から知っているし，太陽内部史の理論によっても知っている．太陽が，約46億年前に，それ自身の埃っぽいガスの雲から，その家族である惑星と一緒に初めて誕生した時には，少なくとも現在よりも，10倍の速度で自転していた．その磁気活動は，非常に活発で，太陽風の密度が現在よりはるかに高かった．その結果，実質上宇宙線は，生まれたばかりの地球の近くに全く接近することができなかったのである．

太古における暖かい気候

　それは，かえって気候のためには幸いした．なぜなら，その若い太陽は，現在よりも温度が低く，放出する太陽光の量がかなり少なかったからである．その熱い中心における核反応が，ヘリウムを生じ，それが，膨張中の中心部を満たすので，太陽光は，数十億年かけて徐々にしか明るくならなかった．太陽は，その生涯の初めの頃には，現在の太陽光の70％しか放射していなかったのである．地球の表面の岩石は，それが形成された時は，おそらく溶融していたであろうが，それが冷えて表面に液体の水が存在し得るようになると，太陽光が弱かったために，この若い惑星は，すぐに全面が凍り付いたはずである．しかし，実際はそうはならなかったのである．

　初期の地殻は，衝突してくる彗星（comets）や小惑星（asteroids）の非常に激しい衝撃により，完全に破壊されると共に，衝突した星を構成する原材料の残骸により繰り返し再生された．この地獄のような時代は，地質学者により，冥王代（Hadean Eon）と名付けられ，38億年前まで8億年間続いた．地球の非常に若い時代のものとしては，ほんの少量の鉱物粒子しか残っていない．そのうちで特に顕著なものは，オーストラリアで見出されたジルコンである．この一破片が

最も古い44億年前の物であることが，2001年に確認された．ジルコンは，通常，花崗岩（granite）を伴うが，花崗岩は，形成される時に液体状の水を必要とする．また，このジルコン中では重い酸素原子の比率が高いが，これは，それが形成された時に，液体状の水が存在していたことを示すより直接的な証拠である．

　38億年前に始まる時代区分の始生代（Archean Eon）に形成された岩石は，はるかに多く残っている．これらは，古代の海底上に蓄積されたものである，という明確な証を示していることが多い．その時までに太陽光は，現在の強さの約75％までに増加していた．しかし，それは，現在の基準からすると，まだ非常に弱いものであった．もしも，他の全ての条件が現在と等しかったなら，地表における世界平均気温は，現在の10℃ではなく，−15℃であっただろう．原生代（Proterozoic Eon）の開始点の25億年前においても，太陽光は，まだ，約83％と低く，世界平均温度は−5℃程度しか期待できない．もしも，地質学者が，太古の時代は，比較的暖かい時代であったということを知る前に，24億年前の地層から全球凍結の証拠に出会っていたなら，彼らは，それほど驚かなかったであろう．というのは，地球が氷で覆われたことを，簡単に光の弱い太陽のせいにできたからである．

地球が暖かかった理由は？

　しかし，太古の年代は温暖だったので，問題が生じたのである．1972年に米国の天文学者であるカール・セーガン（Carl Sagan）と彼の仲間であるジョージ・ミューレン（George Mullen）が，「太陽が若い時は光が弱かったのに地球が温暖だった矛盾」に，初めて注目した．それ以来ずっと，研究者は，地球の歴史の最初の頃が暖かかった理由を説明しようと試みてきた．一部の研究者は，太陽は，太陽に類似した他の星とは違った発展をしたと考えた．しかし，太陽内部の知識が増えるに従い，このアイデアに固執することは，不可能となった．別の研究者は，「大気の密度が高く，現在のものとは全く違っていたからだ」と提案した．すなわち，水蒸気，炭酸ガス，メタン，それに他のガスの全て，またはそれらの一部が大量に存在していたために，温室効果の作用で，液体の水が存在しうるほど，世界は暖かくなったのであると考えた．この推測は，30年以上にわたって，一部の研究者により，この原始時代の温室効果が実在したかのように度々繰り返されたのであった．

　地球が非常に若い時に，大気の組成がどうだったかは誰も知らない．地球上の岩石や太陽系の他の惑星や月から得られた証拠により，大気の組成に課せられる制約は，ほとんどないので，あらゆる種類の解決案が提示され，喧々諤々の議論

がなされた．地球の初期の一時期における大気のよい組成が提案されても，それは信用できるものではなかった．なぜなら，冥王代には彗星や小惑星の最も強烈な衝突が度々起こったので，それ以前に存在していた大気は，おそらく吹き飛ばされており，その時の大気と入れ換えられて，以前とは全く違ったものになっていたと考えられるからである．

　岩石から実際のデータが得られるようになるまでは，一部の専門家が，大気中に非常に高い濃度の炭酸ガスが存在していたと提案したが，そうすると，海水は酸性になっていたはずである．しかし，オタワのジャン・ヴァイツァー（Ján Veizer）の考えによると，証拠は，海水が酸性でなかったことを示しているということである．

宇宙線の減少による温暖化

　太陽が若かった時は，光が弱かったにもかかわらず，地上には液体状の水が存在していた．それだけは，はっきりしている．この矛盾を回避しうる唯一の理由は，何ら特別の環境や特別の気候変動機構の場当たり的な工夫を必要としない．宇宙線と雲について今まで述べてきた全てのことから，非常に簡単に説明できるのである．すなわち，太陽の若い時は，磁気活動が活発だったために，低い大気層まで届く宇宙線が非常に少なくなり，そのために，地球を冷やす低い雲が極めて少なくなって，温暖化したのである．

　エルサレムのニール・シャヴィブが，このアイデアを思い付いたのは，天の川銀河の時代を遡り，渦状腕との遭遇による氷室期，および，星の生成率が高い時の全球凍結期を経て，気候が紡ぐ生物の物語を追跡している時であった．彼は，2003年の暮れに，この説を纏め上げた．

　　　太陽の標準的なモデルでは，太陽の光度は，過去45億年の間に徐々に，約30％の増加をしたと予測している．光が弱い太陽の下では，地球に存在する水の大部分がカチカチに凍結していたはずである．しかし，地球の歴史の極めて初期の段階から，流動する水が存在していたことが，観察されている．以前には，我々は，宇宙線の発生源が地球の気候に寒冷化効果を及ぼしたと考えることにより，一部分を解くことができたが……，今回の謎は，宇宙線が地球に到達するのを，より効果的に阻止できるほど，若い太陽が，非常に強い太陽風を送り出していたに違いないと考えることにより，解くことができる．

　スベンスマルクは，数年前に同様の線に沿って考えていたが，この問題を脇に置いていた．それを再び取り上げた時，彼は，宇宙線の減少による温度上昇値を

推定した．現在，低層雲は，地球に届く太陽光線の約5％を反射している．もしも，地球が若い時に，それらの低層雲が存在しなかったなら，地表に届く太陽光線の増加は，太陽が10億歳の年を取って，より明るくなった時に相当するだろう．そうすると，38億年前の世界の平均気温は，－15℃から－10℃に上昇する．これにより，世界の最も暖かい部分に液体状の水が存在しうるためには，温室ガスから生ずる温度上昇分は，大幅に削減されることとなる．

4節　炭素原子が示す生物生産性の拡大期と縮小期

38億年前に生物と生物圏が存在した証拠

　グリーンランドの38億年前の古い岩石の中に見出された炭素の黒い斑点は，おそらく，地球上に棲息した生物群の痕跡（traces）だと分かった最も古いものであろう．それらは，厚い粘土層の遺構中に存在している．その粘土層は，原始の海底にゆっくりと積み重ねられた堆積物によって作られたもので，現在では，グリーンランドの西海岸に位置するゴッドホープの近くで，氷床と海の間に露出している．粘土の中には，黒鉛［graphite，炭素のみで形成された元素鉱物］からなる微細な小球（globules）が極めて大量に存在している．それらは，地球が若かった時に，バクテリアが水中で繁栄していた名残りであると考えられる．

　というのは，コペンハーゲンの地質博物館の館長であるグリーンランド人のミニク・ロージング（Minik Rosing）が調べたところ，この小球が，生物の主要構成元素である炭素の各種の同位元素に対して，生物の選択性を示していたからである．現在でも，海面のプランクトンであるバクテリアや藻類は，水中に溶けている二酸化炭素を取り入れて成長する時には，普通の^{12}Cの原子を含んだ分子の方を好んで受け入れている．重たい^{13}Cは，二酸化炭素の分子90個に1個の比率で現れるが，その分子（$^{13}CO_2$）を拒絶することが多いのである．

　その結果，生物の体内における^{13}Cの比率は，自然界の標準的な比率よりも低いのである．彼が採取した黒い小球は，ちょうど，そのように^{13}Cが排除されているので，かつての生物を構成していた物質に由来していると，ロージングは，考えることができたのである．

　　　　黒鉛の小球を形成した原始生物体の堆積物は，海面からほぼ連続的に沈
　　　　降したプランクトン様生物に由来したものであろう．

　この発見を1999年に発表した後も，ロージングは，初期の生物が棲息していた太古の海の状態を探索する研究を続けた．2004年までに，彼とその仲間であ

図17 38億年前のグリーンランドの岩石中に存在する炭化された微細な小球は、顕微鏡で見ると、黒い点として示されるが、それは、最も古い生物の残骸であることが分かった。その炭素を分析したところ、重い炭素原子^{13}Cが排除されていた。ということは、それが、炭酸ガスから、より軽い炭素原子だけを取り込んで成長したバクテリアであったことを示している。そんな古い時代に、海中に生物が存在していたことは、当時の気候が穏やかであったことを示している。地球が若かった時、太陽の光は、かなり弱かったが、太陽が宇宙線を寄せ付けなかったために、穏やかだったのである。(Minik Rosing, Geological Museum, Copenhagen)

るロベルト・フライ（Robert Frei）は、水が明らかに遊離の酸素を含んでいたことを示した。今回、その手がかりとなった根拠は、放射性重元素の崩壊により生じた原子量の異なる鉛の各種同位元素の分析値から得られた。その鉛の各種同位元素の比率は、38億年前の海水中にウラニウムは存在していたが、トリウムは存在していなかったことを示したのである。これらのウラニウムとトリウムは、酸素が存在しない時には、固く結び付いているが、酸素が存在すると、ウラニウムだけが水溶性になるのである。

このことは、高度な能力を持ったバクテリアが、すでに存在していたことを意味するのである。他の研究者が予想したよりも10億年も早く、バクテリアの一部は、光合成という最新式の方法を用いており、それにより日光のエネルギーを用いて水分子を水素と酸素に分離していたのである。水素は、生きている細胞を動かし構築するのに必要な炭素化合物に組み込まれ、他方、酸素分子は、環境中に

放出される．

　この堆積岩として残っている最も古い生物が出現するまでは，生物は，いなかったり，いても少ししかいなかったというわけではない．一部の研究者は，初期の生物は，太陽光には拠らず，現在，海底の噴火口の周辺に見られるように，地球内部からの化学エネルギーに拠っていたと推測した．しかし，生物に関して，グリーンランドから得られた実態は，生物圏（biosphere）という名に値する，本格的で大規模な生物系からなっていたのである．ここで，生物圏というのは，地表上，またはその近くに生息する生物群の全体（totality of life）を意味している．ロージングは，^{13}Cの結果とウラニウムの結果を合わせた時に，この意味の生物圏の存在を確信した「これがはっきりと示していることは，地球が37億年前より以前の時代に，機能する生物圏を持っていた，ということである」．

　若い太陽は，光量が少なかったにもかかわらず，その光は，その生物系に大量のエネルギーを供給していたのである．太陽光をエネルギー源とする生物が，その後ずっと，この地球に地質学的作用を及ぼし続けた主な当事者であったのである．ロージングの考えでは，生物を意味する黒い小球が見出されたのと同じグリーンランドの地域で，大陸の花崗岩（granite）の最初の兆候が見出されていることは，偶然ではないのである［3節参照］．

生物圏の生産性を示す^{13}Cの比率

　我々は，生物の起源にまで遡って調査したので，今度は，現在の方に向かって，生物を追跡することができる．そうすると，宇宙線と生物の盛衰との間に，もう1つの示唆に富むつながりのあることを見出すことができるのである．生物の非常に長い歴史の過程で，生物圏は，生産性が高い時の豊作と低い時の食糧不足との間で大きく振れることにより，時には繁栄し，時には衰退するのである．^{13}Cの原子は，主に，生物が成長する時に配布する無料試料なので，生物全体の好景気と不景気の歴史を，地質年代に「タイムトラベル」した者に説明できるのである．

　グリーンランドの小球は，^{13}Cの排除特性を示した．それは，周囲の水から^{12}Cの二酸化炭素を取り入れて成長する微細な海洋植物，バクテリア，および藻類の特徴である．これらの生物が豊富な時には，水は，それらから排除された^{13}Cを著しく豊富に含むことになる．この豊富な^{13}Cの置き土産は，石灰岩—その時の二酸化炭素から作られた古代の炭酸塩岩—に保存されている．なぜなら，光合成中の^{12}Cへのこだわり方は，貝殻を形成する時には，適用されないからである．

　大小いずれの海洋生物が作った炭酸塩の貝殻であろうと，純粋に化学反応によ

って作られたものであろうと,石灰岩（$CaCO_3$）の^{13}C比率は,水中に残っている^{13}Cの比率に従っているので,海中生物の全体の活発さを示すのである.

地球物理学者たちは,炭酸塩の堆積物中の重い酸素—^{18}O—の分析のついでに,^{13}Cも決まって定常分析することを,半世紀前から開始していた.彼らは,^{18}Oについては,過去の温度を探るのに役立つことを知っていた（1章6節）.その分析と同時に,^{13}Cについてデータを取ることは容易だったので,これも分析したのである.当初,研究者は,その結果が,何を教えてくれるのかということについては,明確な見通しを持っていなかった.しかし,彼らはすぐに,^{13}Cは,地球上の生物全体の状態が,過去にどのように変化したのか—言い換えると,生物圏の生産性がどう変化したのか—ということについて,新しい知見を提供してくれることに気が付いたのである.

寒冷期に生物の生産性が高い理由

数十億トンもの生物体が,毎年新しく生み出されるという点から見て,気候が暖かくて穏やかな時に,生物の生産性は,最も高いだろうと予想される.しかし,実際は,そうではないのである.^{13}Cが頂点に達した時から分かったことは,過去5億年の間に,この生物の生産性が最も高くなったのは,石炭紀の後半の3億2,000万～3億年前の間であるということである.それは,地球が天の川銀河の定規腕を通過した結果,宇宙線が強く,巨大な氷床が南方の諸大陸を覆った時である.

どうして,生物は,そのような寒冷期に繁栄したのだろうか.おそらく,今日の氷室期に繁栄しているのと同じ理由であろう.今日では,温かい熱帯と凍結している極地との間で,温度が極端に異なっているために,強い風と激しい海流が生じている.そのような地球の気候様式が生物に及ぼす影響は,宇宙から見ることができる.人工衛星から,海面における生産性は,海面に含まれるクロロフィルの豊富さを測定することにより求めることができる.1 km^2当たりの生物体量は,亜熱帯の巨大な海域では非常に少ないが,嵐の吹き荒れた中緯度と亜寒帯の海では,表面の水にリンのような不可欠の栄養素が,より多量に補給されるので,ずっと多いことを人工衛星は観測している.地球の歴史で気候の穏やかな時期は,栄養素が欠乏する領域が広がるので,生物は,中程度の繁栄に限定されるのである.

極寒を含む期間の生物の生産性

23億年前と7億年前のあたりで起こった全球凍結を含む期間には,時々,炭酸塩中の^{13}Cが極端に低いレベルに落ちることが示されるが,それは,驚くべきことではない.なぜなら,全球凍結した時には,実質上,光合成が停止し,死んだ

生物が，それらの^{12}Cを環境中に戻したからである．しかし，これらの^{13}Cが大きく低下した期間中には，生物生産性の爆発的上昇が散発的に起こっているのである．極端な凍結の期間中に，いくらか緩和した時には，海中の生物は，急激に生産性を回復したからである．解き放たれた栄養素の影響に加えて，石炭紀や現在のように，生物体中に組み込むのに利用できる二酸化炭素が，異常に高いレベルに上昇していたことが，全球凍結の合間における生物の成長を促進した可能性がある．

炭素原子により語られた生物のドラマから，これらの手がかりを得て，スベンスマルクは，数十億年間にわたる生物群の盛衰に関して新しい概観（overview）を思いついたのである．海洋生物の生産性が低い時の食糧不足と高い時の豊作との間の振れが，小さいか，それとも大きいかは，天の川銀河内における地球という星の周辺の状況により，決定されることが分かったのである．

5節　生物の変動性と宇宙線強度

概　説

地質学的な期間を通しての^{13}Cの変化には，全球凍結によって生物がほとんど全滅した時期の低い値と，石炭紀のような繁栄期の高い値との間で，比例する論理的な部分が存在するが，それとは別に，何か他の要因に基づいている部分が存在する．^{13}Cの値が，絶えず変動（fluctuation）することは，地質，気候，および生物の間の関係が，本来，変わりやすいものであることを示唆している．そして，地球の歴史の1つの相（phase）から別の相に移ると，^{13}Cの変動の激しさが変化するのである．

^{13}Cのバラツキの変化

2005年にスベンスマルクは，^{13}Cのバラツキ（variability）が，^{18}Oで測定された海水温度のバラツキと，密接に結び付いていることに気が付いた．過去5億年の間では，生物の生産性が頻繁に大きく変動する時期は，気候の頻繁な変動をともなっていた．しかし，スベンスマルクが年代をさらに遡って見てみると，この生物圏の生産性のバラツキは，時々，はるかに大きくなっていることに気が付いたのである．

彼は，そのバラツキが，24億〜20億年前に頂点に達しているのを見て驚いた．その時期は，最初の全球凍結期の頃で，天の川においてスターバーストが起こったために，まさに宇宙線が最も強くなった時であったからである．スベンスマル

6章　スターバースト，熱帯の氷，生命が変化するという幸運

クは，36億年間を4億年ごとに分割して，各区間ごとに，^{13}Cのバラツキと宇宙線強度の計算値を求めて両者の変化を比較することにより，その両者が関連していることを，突き止めたのである．

　両者は，信じられないほどよく一致し，この相関係数は，完全相関を100％とした場合，92％であった．この両者が類似する1つの理由は，宇宙線強度が非常に高い時には，その強度の変動も，また大きくなるからであろう．これは，宇宙

宇宙線流入量の各時代の計算値と現在値との比率

生物圏の生産性のバラツキ

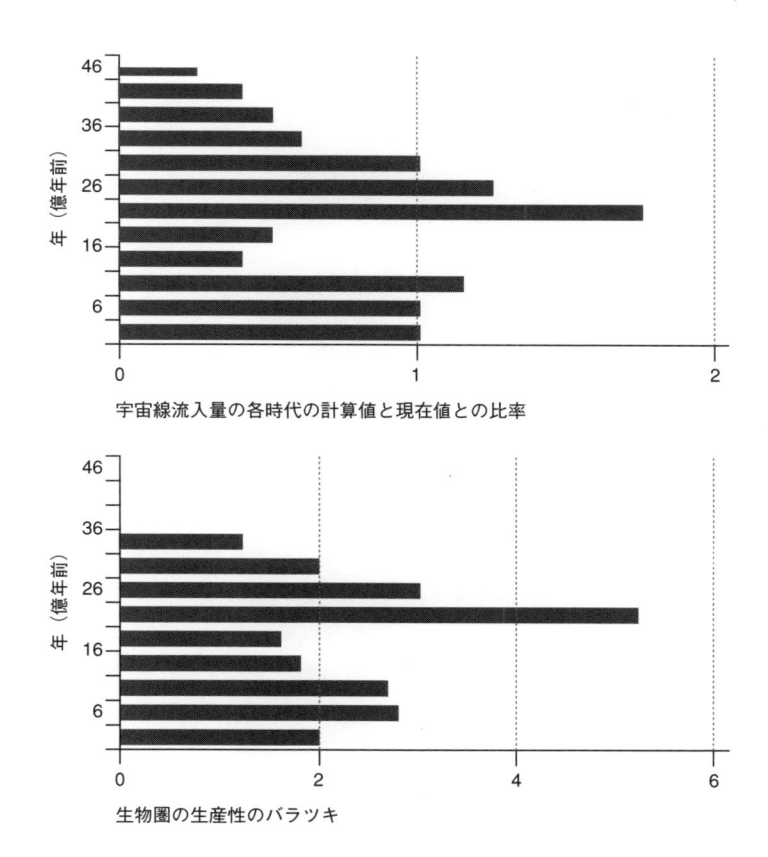

図18　これらの2つグラフは，それぞれ，天文学と地質学，という出所の全く異なるデータに基づいているのに，非常に似ている．このことは，生物圏の生産性のバラツキは，地球の銀河内での環境と宇宙線の一般的な強度によって，左右されることを示している．上のグラフの宇宙線の流入量は，現在の値との比率で示してある．それに対して，下のグラフの生物圏の生産性のバラツキは，海洋沈殿物中における炭素の^{13}C比率の変動を示す統計指標で表したものである．

線強度が高い時には，かなり温暖な時とかなり寒冷な時との間で，気候がより大きく振れることを意味するのである．というのは，太陽と地球が，この天の川銀河の中心の周りを回って渦状腕の中に入った場合には，腕本体の時と腕内部の裂け目の時との差異が，はるかに大きくなるからである．

4億年ごとの生物生産性のバラツキ

およそ34億年前には，若い太陽の磁気作用が，宇宙線の侵入を退け，低いレベルに抑えているので，^{13}C により示された生物の生産性のバラツキは，比較的小さかった．32億～28億年前の間では，星の生成率は，今日と同じ程度であった．したがって，海洋での生物の生産性のバラツキは，今日と同じ位であった．

このことは何と奇妙なことだろう．当時は，バクテリアしかいなかったが，現在では，はるかに賢い生物群からなる1群が活動し，魚や鯨を頂点とする全ての食物連鎖を支えている．それにも関わらず，初期の頃のバクテリア群と現代の生態系とでは，気候変動への総合的な対応性が，成長のために二酸化炭素を固定化する平均速度からのズレで判断すると，ほとんど同じで変わっていないのである．

ほぼ28億年前に，宇宙線強度は高いレベルに上昇し，それにより，気候のバラツキと生物の生産性のバラツキは大きくなった．最初の2回の全球凍結をもたらしたスターバーストのピーク時である24億～20億年前には，宇宙線は，さらに強くなり，そして，^{13}C のバラツキも大きくなった．これが最初にスベンスマルクの目に入ったのである．

20億～12億年前には，宇宙線強度は，再び非常に低くなった．そして，生物圏の生産性のバラツキも，非常に小さくなった．それが，12億～8億年前は，7.5億年前に始まる3回の全球凍結期に入る前の段階であるにも関わらず，この期間には，その星のベビーブームに向けて宇宙線は増加し，生物圏の生産性のバラツキは復活した．この時期は，動物や高等な植物の先祖である多細胞の真核生物（eukaryotes）が創生された，進化の「ビッグバン」の時であった．8億～4億年前には，生物圏の生産性のバラツキは，比較的高かったが，その時から後は低下し，4億年前以降には30億年前の状態に戻った．

疑問点

^{13}C のデータを，天文学的な物語に沿って解釈することにより，この生物圏の歴史がみごとに語られたが，その単純性が，魅力的であると共に，不思議でもある．その意味については，大幅に議論の余地がある．たとえば，^{13}C のレベルは，生物の成長により完全に決定されるものではない．なぜなら，生物体が，海底中に埋めこまれる率が高いと，^{12}C が除去されるので，^{13}C の比率を押し上げること

となる．反対に，もしも，生物の死体が海水中に溶け出して，^{12}Cを戻すと，^{13}Cの比率を下げることとなる．そして，海水中の^{13}Cのレベルは，大気中に豊富に存在する二酸化炭素にも関係する．

この生物圏の歴史を区切った4億年という間隔は，生物や地形が変化しうるほど，充分長い期間である．それは，恐竜が絶滅してから現在にいたる年数（6,500万年）の6倍である．この4億年間に，各大陸の地図は，1回以上，完全に配置換えできるし，太陽と地球は，天の川銀河の渦巻きの異なる腕を，2つか3つ，通過することができる（5章3節参照）．

生物に革新的進化をもたらす条件

しかし，宇宙線の変化に対応した生物圏の生産性のバラツキが大きいか，それとも小さいかは，生物の歴史を今まで以上に深く理解するための扉を開くことになるかも知れない．最後の全球凍結期における気候のぶれ（lurches）の後に，動物が出現したことは，単なる寒冷化という気候変動ではなくて，寒冷化と温暖化の間で大きくばらついた気候が，生物界に急進的な革新をもたらすきっかけとなったのかも知れない．他方，バラツキの少ない気候条件では，多くの場合，急進的ではないが，緻密な洗練化が起こり，その時の気候に良く適合するように，色取り豊富な多様性に富んだ種が，生み出されている．むしろ，1つの気候に適しすぎるのである．高度に適合した生物は，その後の気候変動では死滅しやすいのである．

このように，もう1つの相互作用の鎖が，明らかにされたのであった．我々は，この章の「年代記物語」を星の生成率と太陽活動の変化で始めた．これらの星の生成率と太陽の磁気活動という純粋に物理的な要因が，宇宙線量に影響を及ぼすことにより，地球の気候，ひいては，生物にとっての生存条件を支配していることは明白である．それより因果関係は不明確で微妙ではあるが，今では，より寒冷な気候条件により，生物の生産性がより大きくぶれることに結び付いているようにみえるのである．スベンスマルクが，^{13}Cと宇宙線について，彼が見出したこれらのことを報告した時に，心躍ったことを，彼は次のように要約した．「もしも，この結び付きが確認されたなら，地球上の生物の進化は，天の川銀河の進化に強く結び付いていることになる」．

この分析結果は，生物学者に検討材料を与えることとなるだろう．それは，数億年という，三葉虫（trilobites）や剣歯虎（sabre-tooth tigers）の平均生息期間に相当する期間内に起こった変化を考えることから得られたものである．

次章では，さらに精密に数百万年単位で，宇宙線，気候，および人類の進化を

見ることにする．そうすることで，近傍の星が，気候変動と劇的な結末を引き起こすことを，はるかにシャープでより生き生きとした映像で観られることとなる．それではずっと接近して，細かい部分を見ることにしよう．

7章 人間は超新星の子供か

　　　　気候の変動と人間の出現は，密接に関係していた．人間の出現は，現在の氷期が始まった時期と一致していた．その頃に，地球に極めて近い星の少なくとも1つが爆発し，それで生じた「宇宙線による冬」が，生物の進化を起こさせたのであろう．天文学者は，地球を奇襲した超新星を捜している．

1節　概　説

275万年前に近傍で爆発した星

　その星は，南十字星の近くで輝いていたので，熱帯のアフリカからは，明るい宇宙の提灯が，地平線上の低い位置にぶら下がっているように見えていたのであろうか．それとも，プレアデス星団の星々の間に際立って輝いていたので，北方の空の高い位置に見えていたのであろうか．天文学者たちは，この星の位置について，より確かな証拠がみつかるまで，論争を続けることだろう．これら2つの位置は，200万年前より古い時代に，地球の近くで燃料切れにより爆発した星の候補地である．当時，地球はまだ類人猿（apes）の惑星であった．

　この超新星に類人猿は戸惑い，夜には落ち着いて眠れなかったに違いない．その星は，地球に近かったので満月よりも明るく，数週間も輝き続けていたからである．もしも，この爆発がもっと近くで起こっていたなら，爆発音や衝撃，それに放射能障害による生物の壊滅が，起こっていたであろうが，それらは，全くなかったのである．しかし，数十万年の間，その超新星の残骸が，地球に吹き付けた宇宙線は，増加したに違いない．

　その星からは，エネルギーの弱い別の種類の飛沫も，地球に届いたのである．それは，星の爆発中の核反応により生じた地球には存在しないような原子核をともなっていた．それらが地球に到達しえたのは，その超新星が，わずか100光年程度しか地球から離れていなかったからである．この100光年というのは，何らかの科学的記録が残り，しかも生物の壊滅が起きないための最も近い距離である．ドイツの物理学者は，その飛沫が地球には珍しい原子核であったことから，この

超新星爆発の出来事を知るにいたったのである．彼らの発見は，類人猿を人間に進化させるのに宇宙線が果たしうる役割について，議論を活発化させたのである．

　地質学者，化石発掘者，そして遺伝学者は，275万年前に厳しい寒冷化が起こったことと，人間の作り出した道具や人間特有の遺伝子が初めて出現するのに都合がよい環境に変化したこととの関連性を追跡調査している．宇宙が騒然としている時の彼または彼女の存在を，考える生き物として理解しようとする者にとって，この寒冷化は，絶好の研究対象である．この寒冷化の出来事を確実に説明できれば，その研究は，気候科学にとっても，また，地球の近傍で起こった星爆発の研究にとっても，輝かしい業績となろう．

275万年前の寒冷化の原因

　最近まで，この寒冷化を説明するために提出されたいずれの仮説においても，星は何の役割も演じていなかった．地質学者の見解は，5,000万年前に始まった寒冷化の段階を，1段降りただけというものであった．1,400万年前までに南極の大部分が氷で覆われた．そして，その後すぐに（―すぐと言っても地質学上の時間基準による―），グリーンランドの各地域も氷で覆われることとなった．そして，世界全体の地形は変化中であった．

　アフリカ大陸では，東部の大地溝帯の両側が上昇し，高台のドームが複数生じた．そのために，実際の降雨量の分布が変わり，東アフリカは雨が少なくなった．それと同時に，インド大陸は，アジア大陸の底部に入り込み，ヒマラヤとチベット高原を押し上げた．これにより，亜熱帯に寒気の停留地帯が生じた．オーストラリア大陸が，アジア大陸と衝突し熱帯海流のルートを塞ぐ結果となった．そして，北アメリカ大陸と南アメリカ大陸は，別々に，西方に漂流した結果，約300万年前には，パナマ地峡が完成して，両大陸は一体化した．それにより，それまで存在していた大西洋と太平洋との熱帯でのつながりが断ち切られ，海流の流れが変えられた．

　このような地形の大改造が，275万年前に始まった寒冷化のために，舞台を整える役割を果たしたことは疑う余地がない．しかし，大陸が漂流する速度は，指の爪が延びる程度でしかないので，地質学的変化は，徐々にしか起こらないのである．そして，500万年前から始まる先行期間は，非常に暖かく，現在と比較して，海面は10〜20 m高く，温度は数度高かったのである．それでは，誰が冷凍庫のスイッチを入れたのであろうか．

　気候の急変（shock）は，おそらく，天文学的急変により起こったのであろう．前の数章では，気候変動の強力な仲介者として宇宙線を要請した．それにより，

7章　人間は超新星の子供か

数十億年という期間における我が惑星の気候変動史の幅広い特徴だけでなく，最近の数千年とか数十年という期間における各種変化に由来するより細かな気候状況をも説明できることになった．この数百万年前に起こった特別に興味深い気候変動は，これら2つの時間幅の間に入っている．したがって，この物語から宇宙線を除外する理由は何もない．反対に，宇宙線が，顕著な役割を演じたのであろう．

　5章で詳述したように，太陽と地球は，天の川銀河内での周回により，オリオン腕の中に突入した．これにより，宇宙線強度の増加による寒冷化は，予想さ

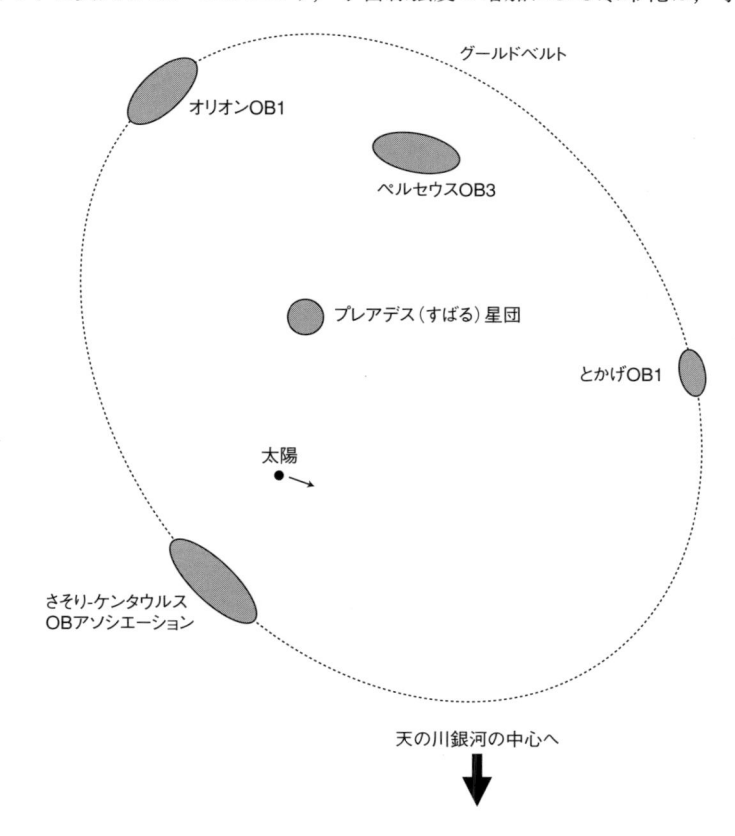

図19　太陽と地球は，天文学者にはグールドベルトとしてよく知られている「火の輪」に囲まれているので，爆発している星からの宇宙線の攻撃を，過去数百万年の間，受け続けてきた．大質量で短命の星が，そのベルト上のあちこちに群をなして散在していた．その個々の群は，OBアソシエーションと呼ばれている．それらの同時爆発には，ベルトのほぼ中央に存在しているプレアデス星団が，関与しているのかも知れない．

れることである．というのは，宇宙線は，爆発した星から出発してこの銀河の磁場に沿って進み，オリオン腕に至る道を見つけるからである．近傍の超新星は，この気候変動の物語をさらに劇的で急変的なものとするのである．

　我々の惑星が，オリオン腕に入った最も初期の段階に遭遇したものは，小規模なスターバースト―爆発性の火の輪（explosive ring of fire）―であった．今日，我々は，星が取り巻く輪（encircling string of stars）として，その残骸を見ることができる．それはグールドベルト（Gould's Belt）と呼ばれている（6節）．過去数百万年の間，太陽系の各惑星は，あたかも小さなボートに乗って，トラファルガーの海戦の真っ只中に迷い込んだ年配の女性たちのように，宇宙線という砲弾を浴びたのである．

本章の構成

　分かりやすくするために，本章の構成は次のようにした．最初に，気候と生物進化の出来事を年代順に述べ，それらが必要とする天文学的な説明は，省略することとする．その後に，本節の最初に記述した例外的に接近した超新星に戻ることとする．この超新星は，わずかな間だけ，275万年前の出来事の引き金として，有力な候補であるように思われたが，現在（2007年）では，その可能性は低いと見なされている〔2008年には再度訂正され候補となった（9章1節）〕．最後に，近傍に他の超新星が存在していた証拠を，天空に探し求めて，本章を終えることとする．

2節　アフリカのサヘルが埃っぽくなった時

海底地層の調査

　1995年にスコットランドの西側の大西洋において，掘削船のジョイデス・レゾリューション号は，海中のロッコール台地の表面から地下1kmの深さまで，堆積物の試料コアを採取した．カール・ハインツ・バウマン（Karl-Heinz Baumann）とロベルト・フーバー（Robert Huber）は，ブレーメン大学に持ちこまれたその試料を見て，その堆積物の色の変化した部分が，寒冷気候が始まった明確な印であると直感した．氷山が運んだ岩屑がロッコールの緯度に最初に到着した所が，地球の気候変動の歴史における現在の寒冷相（phase）が開始したことを示していたのである．それ以来，氷床は，北方陸地のかなりの領域を覆っており，本格的な数回の氷期には，その氷床が度々拡大したのである．

　他の土地からもたらされた岩屑（grit）が，このロッコール台地に最初に現れ

たのは275万年前であった．海底地層コアーのこの部分の年代は，地磁気の逆転によりかなり正確である．北と南の磁極が入れ替わった時期が，綿密に測定されたからである．試料コアーを海底表面側から深部に向かって調べたところ，掘削初期のある時点から海水中の重い酸素原子の比率が跳ね上がると同時に，凍結の形跡が示された．その時点からさらに遡った270万年前まで，かなりの量の氷床が，ユーラシアと北米に居座っていたことが示された．したがって，270万年前に明らかな気候変動が起こってから，最近のある時点まで，元に戻せなかったことは，疑問の余地がない．

熱帯地方における気候変動の結果を示す標本を採取するために，ロッコールから赤道に向かって，大西洋を南下した．そうすると，西アフリカの出っ張り部分（bulge）の沖に出ることとなる．その辺りを通過する船乗りは，遠い海岸からやって来る風塵に，いつも苦しめられる．それは，砂漠や半砂漠が，過去数百万年の間に成長し，現在では，アフリカの広大な領域を覆っているために起こる現象である．

サハラ砂漠南端のサヘル周辺は，季節的降雨が期待できず，飢饉が続いていることで悪名が高い．乾期の北東の風は，砂塵をサヘルからはるか沖合に運ぶ．1986年に，その風の通り道で，海岸から1,500 km離れている大西洋において海底を掘削した．そこで採取した堆積物は，アフリカ大陸が著しく乾燥するようになった年代を示した．風で運ばれた大量の砂塵が，陸から遠く離れた海底に最初に現れたのは，約280万年前であった．この大陸は，その時から乾燥化が進みつつあったのである．

他の海底掘削地は，西アフリカの海岸に近い地点と，アラビアの沖でアフリカの東の地点であった．それらの所では，風塵は，さらに遡った時代にも，普通に存在していた．なぜなら，世界が温暖な時でさえ，いくつかの砂漠が存在していたからである．その280万年前の変わり目の後には，砂塵の各極大値は増加した．そして，数千年間の砂塵のリズミカルな変動は，よりゆっくりとなった．

アフリカの乾燥化の影響

海底の砂塵を用いて，アフリカの乾燥化を追跡した探偵は，ニューヨーク市の近くにあるラモントドハティ地球観測研究所のピーター・デメノカル（Peter deMenocal）であった．彼は，最初の報告書を1995年に書いた後，その海洋のデータを，アフリカにおける陸上生物の化石の記録と比較した後も，この研究路線を維持した．その後，デメノカルは，彼の研究動機を明らかにした．「これらの結果は，気候変動が，我々の起源に重要な役割を演じていることを物語ってい

るので，我々は関心を持っているのです」．

　アフリカには，ほとんど雨が降らなかった．そのために，大きな森林地帯が縮小し，類人猿は，イチジクの実を見つけ難くなった．新しく開かれた草原には，大きな動物がたくさんいたが，類人猿のあごは，肉を食べるのには適していなかったのである．我々人間の最初の祖先（human predecessors）は，事実上，このような気候の変化によって，アフリカの草原で得られる硬い生肉を切るために，剃刀のように端の鋭い石器を作るようになったのである．

3節　石包丁と新しいあごの筋肉

猿型生物から人間の出現まで

　600万年前頃に二足で小走りに動き回っていた猿に似た生物（ape-like creatures）の化石骨が，2000年と2001年に発見されたために，我々人間の起源の探求は混乱状態に陥っている．それらは，ケニア，エチオピア，および最も予想外だったチャドといったように，幅広く散らばった場所で発掘されたので，これらの国民は，それぞれ自分たちが人類（humankind）の最初の祖先であると主張しあうようになった．しかし残念ながら，この国際ミスイブ・コンテストでは，後ろ足で立てることを示すだけでよく，それ以上に進歩している必要はなかった．

　化石発掘者による丹精込めた記述によると，各種類の初期の猿人（ape-men）への進化は，数百万年強でなし遂げられたということである．猿人は，彼らの従兄弟である通常の類人猿（apes）と比較すると，希少な存在に留まっていた．猿人の段階では，脳は小さく，習性と食生活は，まだ類人猿のようであった．もしも，あなたが，この自然が生んだ実験的な二足歩行動物（bipeds）に出会ったなら，ちょうど，足の長いチンパンジーのように感じたであろう．

　エチオピアのオモ盆地は，前人間（pre-human），および初期の人間（human）の化石が残っていることで有名であるが，そこで出土した動物の化石の全数調査により，その領域は，以前には木々の茂った林や森で覆われていたことが示された．そこの森林は，350万年前から，木々の数が減り始めたのである．世界が280万年前以降に，強烈に寒冷化した時には，茂った草原に適応した動物の比率が，著しく増加し始め，それから40万年以内には，それらの動物は，森林性動物の数を上回ることとなった．その間に人間（human being）は，最初の足跡を残したのである．

草原への適応

　一般的に，生物はアフリカで拡大する草原に生じた新しい生存の可能性（opportunities）に適応していった．アンテロープ（antelopes）［かもしか，インパラ等のように，枝分かれのない角を持つウシ科の偶蹄類］という動物の新種が，おびただしい数になったので，それらは，大きな猫の仲間や他の肉食動物にとって，魅力的な捕食対象であった．しかし，類人猿や猿人は共に，主に菜食用のあごや骨格を生存のために，利用しなければならなかった．生肉を食べるためには，鋭い歯か鋭い刃物のいずれかが必要であった．

　人間のような能力をもった生物が作ったもので，最古のものは，1990年代にエチオピアで発掘された石器である．そのいくつかは，ほぼ260万年前のものである．ゴナ領域では，あたかも，工場であるかのように，多くのものが廃棄破片と一緒にまとめられている．各々の完成した道具は，その土地の川から集められた拳大の丸石を素材とし，熟練した腕と観察眼により成形された鋭い肉切り包丁であった．すぐ近くのボウリで見出された異常に破損した動物の骨は，肉と骨髄を得るために，これらの石器を用いていたことを示している．エチオピアの指導的な道具研究者であるシレシ・セマウ（Sileshi Semaw）は，2000年の報告書に，それらの重要性を次のように概括している．

　　　形を整えた石を使用し始めたことは，技術上の大きな突破口であった．

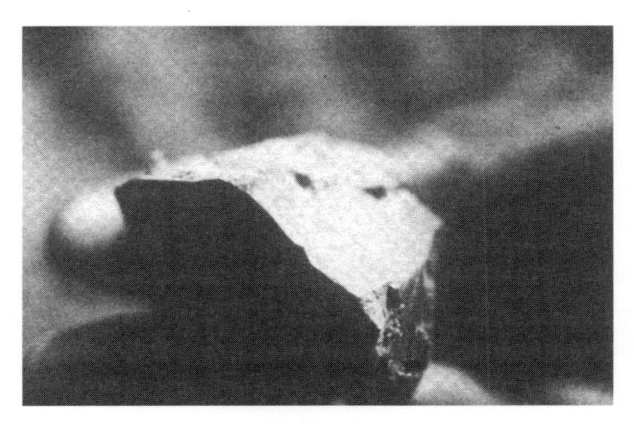

図20　ヒトが作り出した最古の道具は，ほぼ260万年前にエチオピアのガーナ地方で丸石から作られた包丁である．類人猿に似た最初の人間の祖先は，森にできる果物と木の実を食べていたが，世界の寒冷化により，森が草原に変わってしまった時に，自分たちが作った石の包丁により，草原の動物の肉を食べることができたので，生き延びられたのであった．（S. Semaw）

これにより，動物から栄養価の高い肉や骨髄を含む有用な食料資源を，効果的に利用できるようになり，生存の可能性への窓口が開けられたのである．ボウリでの調査から，切った痕跡や骨破砕の証拠が得られたことは，250万年前という早い時代に，鮮新世後期（Late Pliocene）のヒト科の動物（hominids）の食事の中に肉が取り入れられていたという強力な証拠を与えるものである．

それより後の年代であるが，同様の包丁は，人間（human）のものであると一般的に同意された遺骸—すなわち，1960年にジョナサン・リーキー（Jonathan Leakey）により，タンザニアで発見されたホモ・ハビリス（Homo habilis）の骨—を伴っていた．この事実から推測された仮説は，これらの初期の人びとは，主に，他の肉食動物により殺された人の肉を漁って食べて生きていた，というものである．彼らは，約200万年前には，体が少し大きいホモ・ルドルフェンシス（Homo rudolfensis）と共存していた．

人間の脳の発達

なぜ，人間（human）の脳は，類人猿（apes）の脳より，ずっと大きくなったのだろうか．2004年に，筋ジストロフィーと呼ばれる筋肉が弱体化する病気を研究している医療研究者たちは，遺伝子の変化によって，脳が成長を始められるようになったと報告した．ペンシルベニア大学のハンセル・ステッドマン（Hansell Stedman）により率いられたチームは，全てのサル（monkeys）と類人猿（apes）において，あごを制御する咀嚼筋肉繊維の厚さと強さを決定している遺伝子を同定した．myth 16と呼ばれるその遺伝子は，非常に強力な咀嚼筋肉を作り出す．その筋肉は，頭蓋骨を完全に取り囲み，脳の成長を制限しているのである．

今日生きている全ての人間は，その突然変異型の遺伝子と，弱体化した咀嚼筋肉を持っている．この人間のあごの弱体化に伴って，顔は平たく，歯は小さく，そして頭蓋骨は丸くなった．ステッドマンの意見によると，この突然変異により頭脳が自由に成長できるようになったのである．そして，このチームが，遺伝子の証拠を用いて，この突然変異が起こった時期を算定したところ，得られた答えは，約240万年前だったのである．

この遺伝子が変化した年代は，正確には分かっていないので，最初の道具を作ったのは誰かということについては，化石発掘者同士間の議論に決着を付けることはできない．1つのシナリオは，当時，エチオピアに住んでいた，アウストラロピテクス・ガルヒ（Australopithecus garhi）と呼ばれている猿人が関与して

いたというものである．遺伝子の突然変異は，すでに彼らに定着していたであろう．なぜなら，これらの小さな脳を持った生物は，すでに石包丁を使っていたので，弱いあごでも生き延びられたと考えられるからである．もう1つのシナリオは，突然変異が最初に起こり，それで賢くなったこの人類の祖先が丸石を加工したというものである．もっとも，ホモ・ハビリスまたはホモ・ルドルフェンシスの遺骸で，最初の石包丁と同じぐらい古いものは，まだ発見されていないが．

本節と次節の内容

北方地域での氷河作用が開始されてから，数十万年後にアフリカで咀嚼筋肉の突然変異が起こるまでの一連の出来事は以上のとおりである．このような肉食への挑戦を必要とした寒冷化が，どうして起こったのか，その原因を次節で説明する．異常に接近した超新星が発見されたことで，興奮と論争に熱が入った．

4節　ハエ取り紙に捕えられた超新星の原子

海底の調査

地球近くで発生した超新星の証拠は，異常に重い鉄原子の形で，太平洋の底からもたらされた．地球で成長した金属原鉱石の塊が深海の底に散乱しているが，その塊の中に重い鉄原子が異星の遺物として保存されていたのである．海底調査船HMSチャレンジャーに乗り組んでいた英国の海洋学者は，時には平らな鉱床，また時には丸い団塊状をしたマンガン鉄の堆積物を発見した．それは，1870年代のことであったが，その100年後に，それに含まれているマンガンを得るために，海底からそれらを採鉱しようという提案がなされ，色めき立った．

1976年にドイツの研究船のバルディビア号は，深い太平洋の海底から，沈殿の試料をすくい上げた．当時は，このマンガン鉄の堆積物は，ハエ取り紙のように作用して，星が吹き飛ばした原子を捕まえており，したがって，遠くの宇宙で起こった出来事を記録している，ということなど，誰も想像さえしなかった．しかし，実際にそうであることが分かったのである．それは，1990年代の後半に，ミュンヘン工科大学のギュンター・コルシネック（Gunther Korschinek）に率いられたチームが，過去数百万年以内に地球の真近で超新星爆発が起こったことを示す証拠を探し始めた時のことであった．

超新星からの飛来物の探索

爆発している星は，錬金術師の役割を大規模に演じるのである．核反応は，1つの元素を別の元素に変換し，惑星と生物のために，新しい原材料を作り出す．

その結果，生じた原子は，四方八方に飛び散り，その一部は，偶然に地球の表面に辿り着くだろう．しかし，それらを同定しようとしたミュンヘンのチームは，厳しい問題に直面した．

　爆発した星から飛び散った材料が，宇宙空間のほんの1点である地球に届く量は，極めて微量となる．超新星がかなり近い時でさえ，新しく作られた原子のごく僅かしか，地球には届かないからである．その上，地球と地球上の全てのものは，同様の起源――すなわち，太陽とその家族である惑星が，存在するようになる前に，生存して死に至った星々――から得られた元素からなっている．したがって，最近の超新星から普通の鉄原子が届いても，それは，宇宙が始まった時から，この地球に元々存在していた同じ原子と，区別することができないのである．

　この問題の解決法は，爆発した星によって作られた原子のうち，今日のこの惑星にその原子が存在しないものを見出すことである．したがって，それらは，寿命が地球の年齢よりずっと短い放射性元素でなければならない．そうすると，たとえ同じ原子が，最初から地球上に存在していたとしても，それは，今よりはるか前に，他の原子に変化しているからである．他方，寿命の短すぎる放射性原子は，地球に到達する前や，到達した直後に，寿命が尽きているので，今日の研究者は，それらを見つけることができない．そこで，最近，近傍で超新星爆発が起こって地球にその原子が届いた場合に，現在でもその一部が残っていることが実際に期待できるように，調査対象を，寿命が中間の長さの原子に絞り込んだのである．

　最適の候補は，通常の鉄原子^{56}Feよりかなり重い^{60}Feであった．これが，放射線を出して崩壊する速度は，いかなる試料中の^{60}Feも，その半分が失われるのに150万年かかるというものである．したがって，1,000万年以上経過した時には，微量しか残らない．物理学者の計算は，超新星が，^{60}Feを大量に生産できる可能性が最も高い供給源であることを示していた．

　地球上に捕らえられたこのような原子を検出するには，桁外れに高い技術を必要とする．しかし，コルシネックのチームは，ミュンヘン近郊のガリチンクにある研究所に，この仕事のために特別の道具を持っていた．それは，加速型質量分析器と呼ばれる大型の装置で，試料を高速に加速した後，その進行方向を強力な磁石により急に曲げることにより，各種の原子を質量に応じて分類することができるというものである．この技術上の巧妙な方法により，分子量がほとんど同じ原子同士の混同を最小限に止めている．ガリチンクにある分析装置は，100万×100万×1万個の原子の間に，たった1個の鉄原子だけが特別の^{60}Feであっても，

それを見つけることが可能なのである．

2004年の10月に，このチームにより，地球上でかつて見られた近くの超新星から届いた原子の明確な信号が，世界で初めて得られた，というニュースが流れた．^{60}Feが，237 kdのラベルが貼られたマンガン鉄鉱床の試料中に検出されたのである．その鉱床は，気持ちがいいほど平坦で，明らかに規則正しく形成されたものであった．バルディビア号がハワイの南東の掘削基地で，ほぼ5 kmの深さの海底からその試料を引き上げて以来，約30年が経過していた．その試料は，コルシネックらが調べた最初のものではなかった．

1999年に彼らは，太平洋の別の場所から得た数百万年前のマンガン鉄鉱床中に^{60}Feの明白なパルスを見つけていた．しかし，その鉱床は，たった3層しか区別できなかったので，得られたデータ数は少なく，確実性に大きく欠けていたのである．しかし，この初期の研究は，超新星から予想されるように，この出来事が，太平洋の遠く離れた別々の所で記録されていたことを示す証拠として重要である．

技術の改良により，その鉱床試料237 kdは，さらに詳細な分析が可能となった．ハワイ沖の海底では，地層の厚さが成長するのは非常に遅く，400万年に1 cmの割合でしかない．研究者は，28の異なる層の各年代を測定することができ，1,300万年前まで遡ることができた．彼らが，各層中の^{60}Feの原子を，大きい質量分析器でカウントしたところ，280万年前あたりの3つの隣接する層だけが，高い濃度であったのである．

宇宙の^{60}Feが放出するγ線の検出

^{60}Feが実際に検出されるまでは，古代の隕石中に^{60}Feが，かつては存在していたことを支持する間接的証拠が見出されてはいたが，宇宙における^{60}Fe原子の存在そのものは，理論上の憶測でしかなかった．タイミング良く，NASAの人工衛星のルーヴン・ラマティー高エネルギー太陽分光撮像装置は，ミュンヘンのチームがマンガン鉄の鉱床中に超新星の原子を見出したのとちょうど同じように，宇宙空間中に^{60}Feを見出したのである．それらが放射性崩壊時に放出するガンマ線により，その^{60}Feの原子は，天の川銀河で最近の星の爆発により生じた他の特定可能な原子と混在していることが示されたのである．2006年までに，欧州宇宙機構のインテグラル衛星により，^{60}Feの存在を天文学的に特定する体制が，しっかりと確立された．

5節　宇宙線による冬

^{60}Fe発見の意義

　星をより深く理解し，そして，各種類の星の爆発ではどのような核反応が起こっているのか，そのことをより正確に把握しようと，今もなお努力している天体物理学者たちは，この^{60}Feの発見を喜んだ．彼らの中に，イリノイ大学のブライアン・フィールズ（Brian Fields）がいた．彼は，近くで爆発した星は，地球上に原子の足跡を残しているはずであると，以前から考えていたので，このミュンヘンチームの結果を興奮して受け取ったのである．

> 　それは，実験の勝利であると共に，この分野における画期的な出来事である．……^{60}Feを検出できたことは，深海での放射性物質に対して他の調査をすれば，それぞれの超新星の性質を解明できる，という希望を与えてくれる．すなわち，議論の方向を逆転し，観察された各種の放射性物質の比率を用いて，超新星の核燃焼後の灰を研究すれば，爆発している星の原動力である核の火を究明することができるのである．

超新星と宇宙線

　彼らは，超新星の原子の探索者本人として，地球上の生物に対する超新星の意味について，また，我々人間の起源に超新星が関係している可能性があることについて，見落とさなかった．ギュンター・コルシネックらは，彼らの正式な報告書の最後を，次の言葉で締めくくった「この超新星が，気候変動を引き起こし，それが，おそらく，ヒト科の進化を著しく発展させたのであろう」．

　コルシネックらは，また，宇宙線，雲，および気候がつながっている可能性がある，というスペンスマルクの説を引用した．その説は，近傍の超新星についての推測をすでに数年前に入れていた．イリノイ大学のフィールズは，ジュネーブにあるCERN原子核研究機構のジョン・エリス（John Ellis）という理論家と組んで，そのような超新星の出来事が，彼らの言うところの「宇宙線による冬（cosmic-ray winter）」を引き起こしうると提案した．エリスは，CERNの別の物理学者であるジャスパー・カークビー（Jasper Kirkby）から，宇宙線が雲に影響を及ぼす可能性があることについて，その概要を伝えられていた．カークビーは，そのことについてコールダーから聞いていたし，カークビー自身が提案したCLOUDというテーマの実験を支援するように，仲間たちに要請していた．このようにして，発見の歯車は回り出したのである．

ミュンヘンの超新星

ミュンヘンでのコルシネックらのチームは，超新星の^{60}Feが信号を出した地層の年代を，特定しようと努力しながら，宇宙線による冬というアイデアをより詳細に検討した．彼らは，ウイーンの天文学研究所のエルンスト・ドルフィ（Ernst Dorfi）に相談した．彼は，超新星による宇宙線の生成についての専門家である．彼は，計算により，爆発した星の膨張中の残骸における自然の粒子加速器が，超新星爆発後の数十万年の間，宇宙線を量産し続け，それにより地球への宇宙線侵入量が，通常より15％高くなると予測した．^{60}Feの原子に関する2004年の報告書の主筆であるクラウス・ニー（Klous Knie）は，公式声明の中で，この宇宙線との可能な結び付きについて，次のように明言した．

> 超新星爆発に伴う宇宙線が，地球大気を照射すると，それと同時期の地球は寒冷化を引き起こし，これが引き金となって，人間への進化が大きく前進したのであろう．

このミュンヘンの超新星—すなわち，太平洋に^{60}Feをもたらした超新星—は，幅広い関心を呼んだ．なぜなら，その年代が約280万年前だったので，275万年前に始まった氷期を伴う大きな寒冷化は，まさに，その超新星により誘発されたと思われたからである．しかし，このチームが，より正確な別の技術を用いて，マンガン鉄鉱床の別の部分を分析したところ，それより後の年代にたどり着いたのである（9章1節）．このことは，その超新星は，210万年前に激しくなった後期の寒冷化に結び付いているかも知れないが，初期の氷期には，おそらく遅すぎた，ということを意味している（7節）．そうすると，類人猿，猿人，および初期の人間は，空に輝いたこの超新星を見ることはできなかったのであろう．

今後の課題

この宇宙線による冬が人間に進化させたというアイデアは，一時的に当てが外れたが，生き延びることができた．というのは，我々の近傍で生じた超新星は，ミュンヘンの超新星だけではなかったからである．そして，それが最も近いものであったとしても，必ずしも，最も影響が大きかったわけでもないのである．天文学者の課題は，ミュンヘンの超新星そのものが，どこで爆発したのか，という問題から始まって，近くの宇宙空間の中に，過去の超新星爆発を記録しているものを見出すことである．

6節　ミュンヘンの超新星の候補

100光年の遠さと近さ

^{60}Feの原子を，せいぜい約100光年しか離れていない所から地球に届けたといっても，その超新星は，最も近くて明るい星のα-ケンタウルスより，20～30倍も遠く離れていたことになる．それに対して，現在，本格的な超新星として，もうすぐ爆発しそうに見える大質量の星は，全て100光年よりもさらに遠く離れている．

近くで超新星が生じやすい領域

それらの爆発しそうな星の1つは，約400光年先の赤い巨大な星ベテルギウスである．それは，狩人オリオンに向かって左の右肩上のものである．この星の質量は重く，太陽の約15倍なので，寿命は短く，最期には，壮大に爆発することとなる．それは，すでに，巨大な赤い球に膨張し，爆発への前奏曲を奏でている．400光年の先にあるので，ベテルギウスが，仮に今週，超新星になったとしても，我々の子孫は，25世紀にならないと，まぶしい輝きを観る事はできない［しかし，400年前に爆発していれば，明日にでも，爆発を目撃できることとなる］．

オリオン座の星ベテルギウスは，巨人オリオンのベルトの位置に存在する明るい星々と一緒に，オリオンOB1アソシエーション（association）と呼ばれている1つの群に属している．アソシエーションというのは，全て同じ時に生まれ，今でも夜空の中で近くに集まって見える星々から構成された星団（clusters of stars）のことである．OB星は，太陽の10～50倍の質量を持っている．それらは，非常に高温で燃焼しており，青い色で強烈な風を放出している．これらの各星の寿命は，比較的短く，3,000万～1億年なので，このOBアソシエーションは，超新星爆発を起こす可能性の最も高いものである．NASAのコンプトン衛星は，オリオンOB1アソシエーション内で，過去100万年以内に起こった星の爆発によって作られた^{26}Alが，γ線を出して輝いていることを観測した．

グールドベルト（Gould's Belt）は，米国の天文学者であるベンジャミン・グールド（Benjamin Gould）が，1870年代にアルゼンチンで研究中に，それに注目したために，彼の名にちなんで名付けられたものである．このグールドベルトの最も顕著な特徴は，それを構成する数個のOBアソシエーションが，縦幅2,400光年，横幅1,500光年の楕円の輪を形成していることである（図19）．太陽とその惑星は，グールドベルトのちょうど，内側にいるので，爆発性の各OB星は，我々の周りをぐるりと取り囲むように，空に点在している．

これらのOB星は，連鎖反応を起こす．すなわち，① 同一世代の星々から出る風と衝撃が，星同士間の空間に充満していた薄いガスを強く押し付ける．② それにより圧縮されたガスは，新たにOB星を誕生させる．③ それらは，寿命が尽きると爆発し，再び①に戻って，また同じことを繰り返すのである．天の川銀河のオリオン腕内にいる我々の周辺領域では，通常なら存在する冷たい星間ガスは，超新星の爆発により，通常より希薄なプラズマという帯電した原子に置き換えられており，それが充分高温なので，X線を放っている．この領域は，天文学者により局所泡（Local Bubble）と呼ばれている．しかし，一部の天文学者は，局所煙突（Local Chimney）と呼んだ方がよいとしている．というのは，その希薄なガスが，天の川の星が集まっている円盤全体からはみ出していることを，彼らは，今では知っているからである．熱いプラズマが，銀河間空間に噴き出しているのである．

ミュンヘンの超新星の候補

^{60}Feの同定できる程度の量を，地球に撒き散らせるほど，近くで爆発した星は，いずれの星の群（squadron）に含まれていたのであろうか．太陽と激しく爆発した近傍の星との相対位置は，過去数百万年の間に変化している．そして，時には，現在よりも，爆発した時の方が地球に近かったものもある．各星の地球からの距離と運動を正確にプロットした星図は，欧州宇宙機構の星図作成衛星であるヒッパルコス（1987～1993）により作成され，候補の居場所を見つけ出そうとしている天文学者に役立っている．

1つの候補地は，ほぼ南十字星の方向にあるので，西欧や北米からは見ることができない．それは，さそり–ケンタウルスOBアソシエーションのケンタウルス下部–南十字部分群（sub-group）からなり，現在は約400光年離れた位置に存在する．メリーランドのジョンズ・ホプキンス大学のジーズス・マイツ–アペラニツ（Jesús Maíz -Apellániz）は，計算により，この部分群は，数百万年前には，ほぼ100光年まで近づき，その中心から離れた星の1つが，120光年以内に近づいた時に爆発したのであろうと推定した．

その星でないとしたら，該当する星の群は，北半球側の空に現れる牡牛座内に存在するかも知れない．牡牛座内に存在する全ての中で，以前には七つ星（すばる）といわれていたプレアデス星団が，最も有名な星団（cluster）である．それらは，グールドベルトの輪の上には乗っていないが，共通の起源をもっている可能性がある．この星団は，地球に近いので，約100個の総数の内，数個の明るくて青い星を肉眼で見ることができる．プレアデスは，現在，遠ざかりつつあるの

で，以前は，現在よりもさらに近かったのである．

この星団の最大のOB星は，もはや，そこにはいない．それらは，すでに爆発してしまったからである．おそらく，数百万年もの間に，20個の星が爆発したであろう．ドイツでは，ハンブルグ天文台のトーマス・ベルクホーファー（Thomas Berghofer），およびガリチンクにあるマックス・プランク地球外物理学研究所のディーター・ブライトシュベルト（Dieter Breitschwerdt）は，プレアデスの失われた1つが，^{60}Fe原子を撒き散らした星であると提案した．

この議論に決着を付けるためには，宇宙からきた放射性原子を，宇宙空間中と地球表面上との双方で，さらに見出さなければならないだろう．当分の間，このミュンヘンの超新星の接近は，天文学者にとって謎のままである．ケンタウルス下部−南十字とプレアデスの2つの提案は，間違っていたと判明するかも知れない．

7節　超新星の残骸の探査

超新星の研究方向

より多くの超新星を探し出すことは，何はともあれ重要である．他の1つ，または2つの星が，地球に充分近くて，その星の原子を地球に撒き散らすことができたかも知れないので，南極の古代の氷や海底の地層から採取した物質の中に，それらの原子が存在しないか，今でも探求されている．また，たとえグールドベルト中の他の超新星は遠すぎて，その原子を地球に届けることができなかったとしても，宇宙線の急増をもたらしたであろう．

グールドベルトにおける星の統計は，過去300万年の間に，星の爆発による宇宙線の急増を数回もたらしたことを示唆しているので，その度に，厳寒の程度に差はあったにしても，宇宙線による冬が起こったであろう．海底の微化石中に含まれる重い酸素原子のカウントから得られる過去の気候変動の記録は，270，210，130，70，および50万年前に，一連の急冷期が起こったことを示している．しかし，天文学者からは，そのような統計ではなく，これらの各年代の寒冷期を，それぞれ特定の超新星に対応付けることが要求されるのである．

超新星の残骸の探査

地上や宇宙空間にある各種の望遠鏡は，爆発した星を同定するための様々な方法を提供してくれる．それらが爆発してから何年経っているかを算定できるためには，この望遠鏡による観測が，最初に必要である．天文学者の観点から最も明

白な方法は，単純に超新星の残骸を，可視光や不可視光を出してまだ輝いている一片の雲として観測することである．このような天体は，全天から，ほぼ250個が観測されているが，この光による方法では星の歴史を数千年しか遡れない．

星の爆発時に作られ，まだ宇宙空間に散乱している放射性原子を，苦労して探すことによっても，超新星の残骸を見つけることができる．放射性原子は，それぞれ特定のエネルギーのγ線を放射して，それ自身の存在を示しているので，人工衛星に搭載したγ線望遠鏡により検出できる．例えば，マックス・プランク地球外物理学研究所のローランド・ディール（Roland Diehl）らは，NASAのコンプトン衛星（1991～2000）を用いて，大きな星が集中している天の川の円盤の全周辺に，^{26}Alが散乱していることを示す明確な証拠を見出した．また，γ線の観測により，グールドベルト—特にOB星であるさそり－ケンタウルス（Scorpius-Centaurus）・アソシエーションの近く—には，放射性物質が存在する兆しが示された．このために現在では，さそり－ケンタウルス・アソシエーションが，地球上に届いた^{60}Fe原子の出所である可能性があると考えられている．

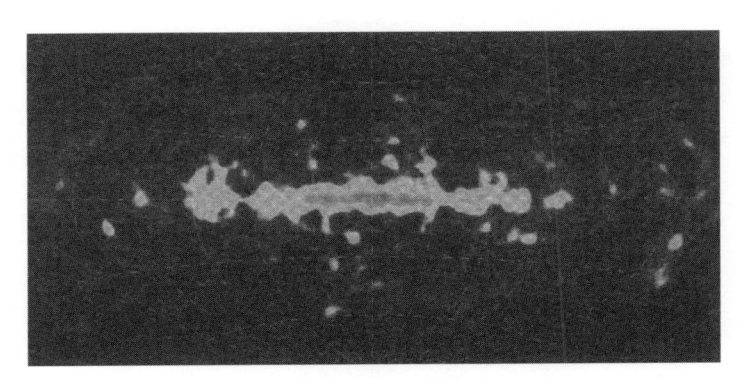

図21 空全体の星図は，最近の超新星爆発により生じた放射性^{26}Alが，放射しているγ線を示している．それらは，我々を完全に取り巻いているが，天の川銀河の中心（この星図の中央）の方に多く集まっているし，平たい円盤の近くに散在している．この平たい円盤を，我々は，天の川の光の帯として見ているのである．このγ線による観測は，米国のコンプトン衛星に搭載したドイツのコンプテル計器によりなされたものである．（Roland Diel）

次にディールのチームは，これらのγ線を測定するのに，欧州のインテグラル衛星（2002～2010）を用いた．その精密な測定により，天の川銀河の^{26}Alの全質量は，太陽の質量の3倍にも達することが示された．そのような希少原子が，それほど大量に生み出されるためには，この銀河内では平均して50年ごとに1つ

の大質量星が爆発しなければならない．この値は，天体物理学者が予想している値と一致している．

　グールドベルトは，銀河の円盤に対してある角度で傾いているので，円盤から突き出ている．インテグラル衛星による観測を継続すると，充分なγ線を捕らえられるので，今まで他の方法では見られなかったグールドベルトの個々の超新星の残骸に対応する特定の点ごとに対して，^{26}Alや他の元素の濃度を，必ず求められるはずである．その時，異なる放射性元素の比率から，何年前に爆発が起こったのかが明らかとなるのである．

　3種類目の証拠は，中性子星からもたらされる．中性子星は，大質量星の爆発により高度に圧縮された中心部分の遺物である．これらは，最初，長波長の電波放射を繰り返す脈動星（pulsars）として発見された．この種の星が発見されてから現在までに1,000個以上が見出されている．しかし，大部分の中性子星は，波長の長い電波を発しないので，波長の短いX線やγ線の脈動発生源として検出される．

　1972年に双子（Gemini）座内の明るいγ線の発生源として発見されたゲミンガ（Geminga）は，この長波長の電波を発しない原始的な中性子星である．それは，現在，地球から約500光年離れたところに存在する．しかし，それは，銀河内を高速で走っているので，ゲミンガは，約30万年前には，隣のオリオン座内

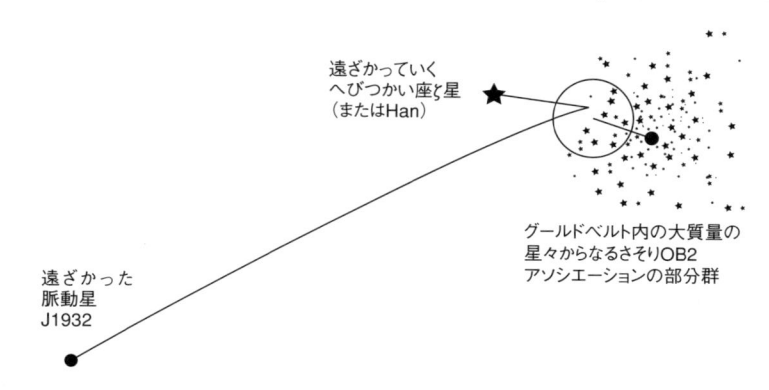

図22　グールドベルト内の1つの超新星が，約100万年前に爆発して，2つの互いに遠ざかる星を放出した．その時の様子を，オランダの天文学者が描いた図である．1つの星は脈動星J1932で，爆発した星の圧縮された芯であり，もう1つの星はへびつかい座ζ星（Zeta Ophiuchi），またはHanとして知られており，爆発した星の大質量の伴星だったものである．（After R.Hoogerwerf, J.H.J.de Bruijn and P.T.de Zeeuw, Sterrewacht Leiden）

にあって，地球から1,300光年離れていた超新星で生まれたのであろう．1990年代にコンプトン衛星は，グールドベルトの方向に未確認のγ線発生点が，20個存在することを記録した．これらの中には，中性子星が含まれているかも知れない．これらのより正確な位置の確定は，2007年には飛んでいるNASAのグラスト衛星により行われることが期待されている［2008年に実際に打ち上げられ，観測を開始，後にフェルミと名付けられた］．

　関心のある275万年前あたりに超新星が爆発したことを示すちょっと変わった証拠が，一対の天体によりもたらされ，超新星探索者の士気が高められた．もしも，爆発する巨大な星が，その周りを回る伴星（companion star）を伴っていたなら，その巨大な星が爆発した時には，その生き延びた伴星が，猛スピードでその場から走り去ることがたまにある．このような遠ざかる星の1つは，へびつかい（Ophiuchus）座内に肉眼で見ることができる大質量の青い星で，ハン（Han），またはへびつかい座ζ星と呼ばれているものである．その運行軌跡の線と別の逃亡星—中性子星で脈動星のJ1932—の運行軌跡の線は，共に逆戻りの向きに延長すると交差する．その交点は，グールドベルトにおけるさそりOB2アソシエーションの部分群の内側にあった．このことから，超新星がその中心から中性子星を吹き飛ばすとともに，パチンコのゴムを伸ばして小石を飛ばすように，その伴星ハンを跳ね飛ばしたのだろうと，推測することができる．オランダのライデン天文台の天文学者は，この爆発は，約100万年前に起こったと見積もっている．

超新星による寒冷化と生物への影響

　過去数百万年の間に起こった多様な寒冷期を，それぞれ特定の星の爆発に由来する宇宙線の放出に結び付けることは，現在では困難であるが，そのうちに容易になるだろう．ローランド・ディールはγ線天文学者として，近傍で超新星爆発が起こった証拠を突き止めることに，長い年月を費やしてきたが，超新星爆発と生物が密接に関係しているとあらためて考えている．

　　　生物学者は，暴風雨や火山等が，種の多様性に影響を及ぼすという意味で「天災生態学（disturbance ecology）」を論じている．また，小惑星（asteroids）や彗星（comets）による障害も多く議論されている．ところが，星からやってくる宇宙線による障害は論じられていない．宇宙線が及ぼす正確な影響は，まだ確認されていないが，それでも，宇宙線が地球上の生物の歴史に，度々，関与していることは間違いない．太陽近傍についての天文学を，地球の地質学や化石学に整合させることは，非常に困難な仕事であろうが，我々は，すでにこの仕事に着手しているのである．

これ以上にやる気を起こさせる研究は，そうはないだろう．なぜなら，この研究により，我々人間の先祖が出現した時の宇宙環境を，明らかにできると期待できるからである．1946年にケンブリッジのフレッド・ホイル（Fred Hoyle）は，化学元素の起源について最新の研究を開始した．その時以来，「我々は，星屑から構成されている」ということが決まり文句となった．根源的な水素は別として，人体中の全ての元素は，1つの星，または別の星で作られたものである．現在では，我々が賢い生物として存在するのは，天空に燃える太陽の光が，地上に届かなくなった時のおかげであるという新しい考えが生まれている．我々は，地球に気候変動をもたらしたグールドベルトの超新星が産み落とした子供なのだろうか．

8節　新しい知識の連鎖

本書で問い訪ねた広範囲の分野

本章では，アフリカ沖の海底や南十字星に近い星を訪ねた．そこで得られた証拠となる物には，先端を尖らせた丸石や飛び去って行った脈動星が含まれていた．我々は，生物（life）の歴史の1万分の1である40万年（280～240万年前）にわたって続いた気候変動を追跡した．前章までに我々が訪ねた所は，凍結で閉鎖されていたスイスのアルプス越えの近道，太陽の磁気圏，さらに遠く離れた天の川銀河の渦状腕，それに，我々の銀河を擾乱する近傍の銀河であった．原子のレベルでは，研究所での実験により，ありきたりの雲が持っていた化学上の秘密が明らかにされた．我々が提供したものは，宇宙線という糸でつながれた新しい知識のひとつづりの連鎖なのである．

研究の細分化の問題点

19世紀と20世紀には，自然科学は，範囲の狭い多くの専門分野に分割された．各研究室の扉の表札には，たとえば，人類学，天体物理学，それに大気化学と書かれているように，各研究室は，互いに独立していることを表明している．このような従来の発想をする批評家には，本書に示されている広範囲にわたる探索は，馬鹿げたように見えるかもしれない．それに対して，細分化された狭い分野の専門知識を持つ多くのグループの研究者たちは，スベンスマルクたちも含めて，何らかの重要な役割を果たしうると，どの程度，期待できるのだろうか．この質問に対する答えは，研究者は，科学の主題（subject-matter）を，自分たちに扱いやすく，そして自分たちの手で明らかにできる問題（topics）に分割するので，彼らは，自然が互いに関連しあっているということを，ほとんど気が付かない．

こんなわけで，狭い分野の専門知識が，重要な役割を果たしうるとは，ほとんどど期待しえないのである．

幅広い知識の融合の必要性

繰り返しになるが，専門家の持つ自前の知識だけで物事が解明されるという考えは，錯覚であることが立証されたのである．20世紀には，化学は量子物理学と，生物学は結晶学と，そして，地質学は惑星，月，小惑星，および彗星の精密な探査と，それぞれ融合せねばならなかった．現在では，宇宙化学，分子生態学，または脳機能の物理学のような各研究分野で，それぞれ別々に，定常的に研究されているが，我々の祖父母の年代における自然哲学者は，それらの各分野を結び付けて，楽しんでいたのである．発見の最先端にいる研究者は，高級クラブの会員のように気取るのは止め，彼らの情報とアイデアを共有して利用せねばならないことを，今では知っているのである．科学捜査は，虫眼鏡と指紋だけによる捜査から，閉回路の監視テレビとDNA鑑定を含む捜査に，範囲が拡大しているのである．それと同様に，自然の世界に残っている謎を解こうと努めている人は，極端に異なる種類の手がかりを数多く組み合わせねばならないのである．

スベンスマルクの研究の仕方

スベンスマルクは，宇宙線が雲量に影響を及ぼしうるということを示す比較的単純な衛星画像から始まって，その時々の新しい話題に，手当たり次第に引かれていった．すなわち，①大気中の硫酸の物理化学から，②天の川銀河の運動力学（dynamics）まで，また，③南極気候の異常から，④生物圏の生産性が常に変動していることにまで至っている．宇宙線，雲，および気候がつながった連鎖の輪は，すでに完成しているが，より多く宝を生む玉をつなげられる余裕がたくさん残っている．既存の発見や，それらから推測されることを追跡調査することも必要で，そのためには，10人以上の研究リーダーや大学院生のための研究テーマ（work）をすでに提供し得たであろう．研究成果の見込める研究を生みだす機会の一部については，次章で概観する．

8章　宇宙気候学のための行動計画

　気候変動の歴史は，多くの細部にわたる点まで，高エネルギーの宇宙線により説明できる．今後，我々の銀河の歴史を，より明確にする必要がある．それに，地球における気候変動の年代記も，より完全なものにする必要がある．我々が太陽に依存している現状を調査すれば，異星生物（alien life）の探査に有効な情報が与えられる．気候科学は，将来の気候変動に対して対策を立てるのに役立つ情報を提供せねばならず，重々しい予言的なものであってはならない．

1節　宇宙線による気候変動の説明

特別な場合のミューオン量の変化

　2006年の夏にスベンスマルクは，息子のヤコブに手伝ってもらい，地球大気中で宇宙線が辿る運命（fate）を計算し続けた．ドイツのCORSIKAプログラムを用いることにより，地球磁場が弱くなっても，気候に顕著な影響を及ぼさないことを，極めて精密に説明できた．2章（8節）で説明したように，地球にやってきた宇宙線で，大気の最も低い高度まで届くミューオンを生じるものは，エネルギーが高いので，地球磁場のいかなる変化も，実質上，無視できることが分かったのである．ミューオンのカウントは，たった3％しか影響を受けないのである．

　また，CORSIKAでの計算により，地球磁場の問題をはるかに越えて，宇宙線と気候を左右する地球以外の天体や太陽の活動過程が，新たに解明された．それらにより，今まで未解決だったいくつかの不思議で不明確な問題が，あたかも魔法にかけられたかのように解消されたので，スベンスマルクは，うれしそうに次のように語った．「この宇宙線と雲が主役を演じる気候変動の物語は，それを立証する証拠が，今や膨大な量に達したので，あたかも夢物語が実現したかのようだ」．

　1つの例として，前章で検討した超新星のように，宇宙線が，近くの発生源か

らやってきた場合を考えてみよう．それらの宇宙線は，高エネルギー粒子の比率がずっと高いので，その超新星から発せられて遥々地球に到達する前に，それらの多くは，この銀河から飛び出すこととなる．この場合を計算すると，近くの超新星から宇宙線がやってくる時には，通常時の銀河宇宙線を受ける時と比較すると，宇宙線量はそれほど変わらないが，ミューオンは3倍に増加することが示された．したがって，^{10}Beや他の特有の原子が記録した宇宙線量から気候を推定する方法は，比較的低いエネルギーの宇宙線が，大気の高い高度で作用して，その背後に残した原子を利用しているので，近傍の超新星が気候に及ぼす影響を軽視することとなる．これは，地球磁場が弱まった場合に，^{10}Beのカウントを上昇させるが，雲を作り気候変動を起こす高エネルギーのミューオンには，ほとんど影響を及ぼさないことと，対照的である．

太陽磁場は，地球磁場よりもはるかに影響力が強い．スベンスマルクがCORSIKAを用いて計算することにより，太陽の11年周期の間に，大気の上空から少なくとも高度2 kmまで届くミューオンは，10％変化することが予想された．それは，海面近くのミューオン・カウンターが示す値と一致しており，それが原因で，太陽の1周期の間に，地球を覆う雲の面積が3～4％変化するのである．

もう1つのミステリーは，これも現在では解明されているが，地球磁場の変化の問題に似ているものである．太陽表面での大爆発により生じた磁気衝撃波は，しばしば，地球に届く宇宙線のカウントを，5～10％，時にはそれ以上，突然，減少させるのである．2章（6節）で詳述したように，この現象の草分け的研究者であるスコット・フォービッシュ（Scott Forbush）にちなんで，フォービッシュ減少（decreases）と呼ばれている．この現象により，地球を覆う雲が，目に見えるほど減少することが期待された．

ところが，そのようなことは，一般的には起こらないのである．そして，この現象の起こった時に，雲の減少が観察されないことが，宇宙線が雲の形成に影響を及ぼすという理論を，否定する根拠となったのである．しかし，この場合もCORSIKAでの計算により，太陽からの衝撃波が，通常の宇宙線に及ぼす影響と比較して，ミューオンを生成する宇宙線に及ぼす影響は，小さいことが確認された．このために，フォービッシュ減少時に，雲の明らかな減少は期待できないのである．それにもかかわらず，まれに雲の減少を伴うことがある．1991年にこの現象が太陽の表面で数回起こった後には，地球を覆う雲の量がわずかに減少したのである．

スベンスマルクの研究態勢

スベンスマルクは，様々な理論研究をする場合には，夕方や週末に家庭において1人で取り組むことが多かった．デンマーク国立宇宙センターにおける彼の小さなチームは，主に，宇宙線で引き起こされる雲の形成に関するSKY実験とその化学に専念した．近付きつつあるジュネーブでの実験のための計画，打ち合わせ，および装置の製造といった仕事も，時間を要するものであった．2006年の春には，スベンスマルクの8年来の仲間であったナイジェル・マーシュ（Nigel Marsh）が，ノルウェーに向けて出発した．

これらのその時々の部分的な困難と常に付きまとう財源の心配にもかかわらず，1996年以来の研究の進展に伴い，国外の多岐にわたる専門分野の科学者からも問い合わせが増えたので，スベンスマルクは喜びに満ちていた．宇宙線と気候に関する研究は，それ自体で，急成長している科学の一分野となった．スベンスマルクは，宇宙気候学（cosmoclimatology）研究センターを創設するための提案書の中で，「宇宙気候学」の命名と定義を初めて行った．

> 新しい研究分野は，1秒の数分の1から数十億年までの全ての時間幅で，地球の気候に及ぼす地球外の出来事を研究すると共に，それらによる気候変動が，過去，現在，および未来の地球上の生物に及ぼす影響を考究するものである．

これらの研究で現在，取り組みたいと考えていることは，異分野の研究者同士間で，定評のある「教科書」的な既知の情報を交換し合うこととは，程遠いものである．それぞれ順に追って，研究分野が大気の化学変化，天文学，地質学，それともまた，生命科学であろうと，それらの研究の最前線に直接，つながっていくのである．

2節　雲の分子機構の研究（CLOUD）

巨大科学としての取り組み

宇宙線と雲とのつながりを詳しく調査研究することは，正統派の気象学や気候研究からは逸脱した突飛なことで，数人の変人によって行われているのだろう，と今でも考えている人が世の中にいるなら，ジュネーブにある欧州原子核研究機構（CERN）が，この研究のためにCLOUDという設備を建造していることに，注目せねばならない．ジャスパー・カークビー（Jasper Kirkby）は，この機関の広報担当である．本書執筆時点で，このCLOUD共同体は，オーストリア，デ

ンマーク，フィンランド，ドイツ，ノルウェー，ロシア，スイス，英国，そして米国に散在する17の各種研究所から選抜された約50名の研究者集団である．数の多いことが，科学的真価を見極めるための信用できる判断基準であるというわけでは決してないが，加速器を用いた1プロジェクトが，大気物理学や太陽地球系物理学の分野で名の通った専門家から，このように幅広く参加者を集められたことは，この研究が，取るに足らないものであるはずがない．各研究所が融通をつけて彼らを参加させたということは，このチームは成功する見込みがあったからである．

宇宙研究は，各種の研究分野から専門家を集めて研究集団を結成する「巨大科学」が，環境に関する知識に対して，いかに目覚しい貢献をなしえるかを，すでに示している．

熱心な研究者集団

スベンスマルクのSKY実験装置をコペンハーゲンからジュネーブに移して最初の再現実験をした後，より精巧なCLOUDの設備が，2010年までに稼動されることとなっている．CERNで加速された粒子を用いて，実験の数年間における宇宙線を模擬し，その宇宙線が，雲の形成に必要な極微細粒子の生成に果たす役割を，大気の全ての高度ごとに調査するのである．宇宙気候学の黎明期を，熱心に取り組んだ研究者集団がもたらすものと期待されるのである．

時間幅

彼らは，1秒の数分の1から数時間や数日間まで，電子や分子が起こす変化を追跡するので，CLOUDの研究は，宇宙気候学が対象とする時間幅の全範囲のうち，最短の時間幅の領域を対象とするものである．しかし，この実験は，特別の混合ガスを用いて，現在のものとは全く違っている古代の大気組成を再現し，そのガスにおける宇宙線の作用を調べることで，数十億年の時間枠の中にも入って研究することができるのである．

将来の研究課題

コペンハーゲンやジュネーブにおける屋内での実験で確認されたことが，「実際」に屋外の大気中でも起こっていることを確認するために，研究者は，気球や研究用航空機に極微細粒子計測器を搭載して調査せねばならないだろう．大気の理論と雲形成の分子機構を精緻化することが，もう1つの課題である．この課題が達成された証が得られるのは，宇宙線により，雲の形成や雲の特性に及ぼす影響を，計算することができ，そして，太陽の磁気活動の変化が原因で宇宙線が変動し，その変動に従って変化した雲が，どのようにして地球全体の今日の気候変

動や世界各地の気候変動に寄与するのかということを，正確に説明できるようになった時である．

3節　この天の川銀河をもっと良く知るために

宇宙線の発生源

　天文学者もまた，彼らの宇宙気候学への貢献を顕著なものとするために，やるべきことがたくさんある．それらは，前章の最後（7節）で扱ったグールドベルトの超新星に関することだけではない．最初の挑戦は，超新星の残骸の加速器中に存在する宇宙線の発生源（origin）から始まる．そこでの宇宙線の生成は，星が爆発してから，約10万年後に強くなると考えられている．ナミビアの地上に配列されたγ線望遠鏡群からなるヘスと呼ばれる高感度観測装置は，以前には知られていなかった数個のγ線天体（objects）を見つけだした．それらの天体は，おそらくガス雲（gas clouds）であろう。現在，「流れに乗って」やってくる古い超新星の残骸から発する宇宙線が，そのガス雲に当たってγ線を発しているのであろう．2006年に発表されたように，ひとつの強いγ線を発する天体は，天の川銀河のほぼ中心の方向に存在する．その中心領域の宇宙線は，太陽の近くまで到達する宇宙線よりも，量が多く，エネルギーレベルも高いと，ヘスを使用する天文学者は，推論している．ハイデルベルクにあるマックス・プランク核物理学研究所のジム・ヒントン（Jim Hinton）は，この天体の存在を確認したことは，初めの一歩でしかないと述べた．

　　　我々は，もちろん，現在も我々のγ線望遠鏡を天の川銀河の中心に向け続けているし，今後も，その正確な宇宙線の加速場所をピンポイントで特定することに励むつもりである．これからも，今まで以上にワクワクする諸発見が得られると，私は確信している．

　宇宙で作動しているX線望遠鏡は，チャンドラ（—NASAが1999年に打ち上げ，今なお作動中のもの—），およびXMM－ニュートン（—ESAが1999年に打ち上げ，2010年まで観測を続ける予定のもの—）を含めて，近くに存在する比較的若い超新星の残骸を，極めて詳細に調査している．これらのX線発生源は，まだ，宇宙線の生成工場としては成熟していないが，それらは，粒子を加速して高エネルギーにすると考えられている種類の衝撃波をすでに示している．その衝撃波で加速された電子が放射するX線を，これらの人工衛星が検出しているのである．そして，2005年には，チャンドラは，陽子や他の原子核が加速されていることを示

す説得力のある証拠を初めて見出したのである．

　米国の宇宙探査機チャンドラは，1572年に爆発したティコ（Tycho）の超新星の残骸を観測していた．この爆発は，連星系の1A型であった．天の川銀河内の宇宙線の大部分は，大質量の星の爆発によるⅡ型超新星と考えられているので，これらとは別の種類のものであった．そうではあっても，チャンドラにより，天文学者が星から吹き飛ばされた原子核物質（atomic matter）が，標準的な理論から予想されるよりも，はるかに速い速度で運動していることを見出し，新たに問題提起をしている．ニュージャージーのラトガーズ大学のジェシカ・ウォーレン（Jessica Warren）は，現在の諸理論は将来，変更されるに違いないと推測した．

　　　原子核がこのような挙動を示すことに対する最も有望な説明は，外側に
　　　向かう衝撃波のエネルギーの大部分が，原子核の加速に投入されて，それ
　　　らが光速に近い速度となった，というものである．

天の川銀河の磁場

　銀河には腕に沿って磁場（magnetic fields）が組み込まれているので，宇宙線は，その方向に導かれる．そのために，地球が銀河の渦状腕の中か外を通るごとに，宇宙線の流入量は増加したり減少したりする．地球が受けた宇宙線の流入量を，過去に遡って調べるためには，銀河内における磁場の強弱を示したチャートを改善する必要がある．磁場の状況を掴む手がかりは，電波の振動方向の回転—専門家は，それを偏波（polarisation）と呼んでいる—から得られる．これを調査するためには，電波望遠鏡群を1 km平方に配列した観測装置を用いるのがよいと，電波天文学者は考えている．まだ計画が纏まっていないが，宇宙から届く微かな電波信号を集めるために，オーストラリア，または南アフリカの広大な敷地内にパラボラ・アンテナ群を配列した観測装置を建設しようと，共同研究プロジェクトが検討されている．

　太陽は，天の川の平たい円盤を，その上から下に，そして下から上に，3,200万年の間隔で斜めに横切ることを繰り返すが，この円盤内における宇宙線の濃度もまた，不明確なままである．銀河の磁場は，銀河同士間の空間中を，天の川銀河が動くことにより，衝撃波を生じ，それが，宇宙空間のはるか彼方で作り出された多くのエネルギーレベルの高い宇宙線を退けて，我々を守っているという考えさえ存在する．この考えによれば，太陽が円盤の中央面から上，または下に大きく離れた時には，地球が高エネルギーの宇宙線に晒される量は，減少するのではなく，増加することとなる．しかし，過去の気候変動を示す地球上の証拠は，

これとは反対のことを示している，とスベンスマルクは考えている．なぜなら，円盤の面から飛び出した時は，温暖期になり，それは，宇宙線が少ないことに対応しているからである．

星間ガス

太陽と地球が天の川銀河内を周回中に起こったことは，宇宙線流入量が変化し，その結果，気候に及ぼす影響の仕方が色々と違っていたということである．しかし，近くの星や天の川銀河全体を通じて遠い過去に何が起きたのか，ということに関しては，今までのところ概略的な知識しか得られていない．

太陽が天の川銀河内を周回中に，星間ガスの比較的濃度の高い雲の中に入った時には，いつも，その雲により太陽圏と太陽の磁場は締め付けられる．このアイデアは，グリーンランドと南極大陸の6万年前と3万3千年前の氷中の^{10}Beに，高い宇宙線強度が記録されていたことから考え出されたものである．小さくて濃いガス雲—天文学者は，局所的な"けば"（Local Fluff）と呼んでいる—に遭遇すると，太陽圏の直径は，現在の1/4に縮小し，この銀河からやってくる宇宙線の強度は2倍に上昇する．

シカゴ大学のプリシラ・フリッシュ（Priscilla Frisch）は，このガス雲が，地球の宇宙空間環境や，彼女が「銀河の天気（galactic weather）」と言っているものに，及ぼす影響を検討した．現在，太陽がある領域は，星間ガスが異常に薄い．したがって，過去に繰り返してガス雲に遭遇したことを再現できれば，それは，原理上，地質学的年代を通して宇宙線の歴史を分析する上で，有用な材料を提供する．しかし，実際上は，ほぼ100万年以上前に遭遇したガス雲は，再現できそうにない．反対に将来の方を見ると，他の局所的な"けば"の中を通過することは，当然起こりうることである．しかし，フリッシュは，この銀河の一部の狭い地図（local map）の部分を研究して，「太陽の軌道は，少なくとも数百万年以上は，大きくて濃いガス雲には遭遇しないだろう」と人びとを安心させている．

星の分布地図の作成

天文学が，宇宙気候学に貢献する全ての研究計画（project）の中で，最も重要なものは，欧州のガイア宇宙計画（Gaia space mission）である．これは，ヒッパルコス計画を引き継いだものである．ヒッパルコス計画では，最も明るい星々について，以前よりもはるかに正確な星の地図（map）が作成された．各星への距離が，より明確化されると，それらの年齢を求める方法が使用できる．それらの年齢が分かると，星生成の「ベビーブーム」の時期を発見でき，その時期が，全球凍結期の極端な寒冷気候に結び付けられることとなる．しかし，ヒッパ

ルコス計画の測定では，使用した星のサンプル数が少なく，不明確さが残っているので，星生成の歴史は，未完成で，各星の誕生を4億年の間隔でしか把握できなかったのである．さらに，そのように解析できたものは，太陽周辺領域の星―天の川銀河の円盤の中心からはるかに離れた領域の星―だけに，限定されているのである．

このヒッパルコス計画に比較して，ガイア計画は，その星測定の精度と範囲の点で勝っており，その範囲は，天の川銀河を超えている．多国籍チームは，天の川の中央の球状部，この円盤の各種のリングの全て，および各星を取り巻くハロー（halo），という各領域における100億年にわたる星生成全体の歴史を，語れるようになることを目標としたのである．それが完成した時に初めて，「星の生成は，比較的なだらかに起こったのか，それとも極めて突発的に起こったのか」という疑問に対して，明確な答えが得られるのである．それが突発的であればあるほど，地球への宇宙線流入量は高くなり，その影響を探し出せる余地は大きくなる．

もう1つの成果は，天の川銀河の渦状腕について，もっとよく分かることである．ヒッパルコス計画は，ペルセウス腕の分岐腕であるオリオン腕に対して，極めて立派な星の地図を作った．そのオリオン腕は，太陽が現在いる所である．それに対してガイア計画は，この銀河に新しく生成された星で現在そこに存在しているものについて，その位置を特定することにより，地球が存在する側の半分領域における主な腕の全てに関して，星の地図を作成する予定になっているのである．また，測定精度が高いために，渦巻きの形状全体が銀河の中心の周りを回転する速度はどの位か，それに，太陽の軌道は円形かそれとも楕円形か，という疑問に対して，明確な答えが得られることとなる．その時には，太陽とその惑星が渦状腕を通過して，高密度の宇宙線照射を受けた時期を，より正確に計算できることとなる．その時期が，地質学的歴史における氷室期に対応するのである．

他の銀河から得られる情報

ガイア計画が完成するまでは，地球のこれまでの歴史の間に星の生成率がどのように変化したのか，ということについて，我々の知識が，大きく改善されることは何ら期待できない．この計画の宇宙探査機は，2011年まで打ち上げ予定はないし，その観測が完了するのに約5年を要するはずである．ガイアとは別に，宇宙物理学から得られた情報は数多く存在する．その中には，他の渦巻き状銀河の観測結果が含まれており，それについては理論家がじっくり考えるべきものである．それにより彼らは，例えば，渦巻きの明るい腕の領域と腕同士間の暗い領

域とでは，銀河の磁気や宇宙線量が，どのような比率になっているのか，ということについて理解を深めることができる．

もう1つ重要なことは，大小双方のマゼラン雲や他の近くの小さな銀河—たとえば，我々の銀河の遠い側に，現在運行中の射手座の小銀河—が示す重力的な変動を，より深く理解することである．この目的は，これらの近くの銀河による予期せざる強制的運動が，いつ，どのようにして，天の川銀河内における星生成のきっかけとなるのか，ということを明確にすることである．さらに精密な計算をするためには，小さな銀河の質量に，目に見えない暗黒物質（dark matter）の質量が大きく加わるので，それを今以上に正確に見積もることが必要となる．暗黒物質の探求は，宇宙物理学における最重要課題のひとつなので，宇宙気候学の発展は，全く異なる研究分野における基本的進歩によって，非常に大きく左右されるという例が，ここにまたひとつ存在するのである．

4節　不可解なリズムで揺れる惑星

気候に及ぼす各種要因

地球の気候の直接的調査とその地質学上の歴史的調査から，宇宙線が気候に数十億年にわたって強い影響を及ぼしてきたことを示す証拠について，その概要を述べてきた．しかし，それは，最初に得られた概要でしかない．宇宙線に対する評価を完全なものにするためには，気候に影響を及ぼし，実際に起こる多くの他の過程（processes at work）について，把握していなければならない．それらに含まれるものは，大陸の成長，山の形成，火山の一斉爆発，海流と極周辺の氷床に影響を及ぼす大陸の移動，大気組成の変化，生物の地球化学的作用，および，彗星と小惑星の長期にわたる一連の衝突などである．

ミランコビッチ効果の実在性

この点で厄介なのは，ミランコビッチ効果（Milankovitch Effect）である．この名前は，セルビアの技師で気候研究のアマチュアであったミリューティン・ミランコビッチ（Milutin Milankovitch）にちなんで付けられた．最近の各氷期を説明するのに提出されていた従来の各種のアイデアを，彼が1920年代に精緻化したのである．彼は，世界の各地域における季節ごとの太陽光の当たり方が，数千年の間に，どのように変化するのか，ということを説明したのである．その根拠は，太陽系の他の天体から受ける引力が，宇宙空間に対する地球の姿勢に影響を及ぼし，太陽の周りを回る地球の軌道を変えるというものである．

現在では，南極大陸は，常に氷で覆われている．したがって，重大な変化は，北半球の陸上の氷床が，前進するか，それとも後退するかである．そして，その氷床が前進するか後退するかは，（この理論によると）夏の太陽光が，冬の雪を融かせるほど，強いかどうかによって決まるのである．時々，北半球が，夏の間に太陽が，空高くまで上って比較的近いことがある．その時には，雪や氷を取り除くことができる．しかし，太陽が低く遠ざかった時には，雪は，夏になっても融けずに残るので，1年ごとに積み重なって氷床が築かれていくのである．

天文学者は，この変化を計算することができる．地軸は，ふら付いているコマ（wobbling top）のように，ゆっくりと旋回するので，それにより北方領域における季節ごとの太陽光の当たり方が，約2万年のリズムで変化するのである．また地軸は，船のように横揺れも起こすので，それにより空に昇る太陽の高さが，約4万年の周期で変化することとなる．そして，約10万年という比較的ゆっくりとした周期で，地球の公転軌道の形状が変化するので，これにより，季節ごとに地球は太陽に近付いたり，太陽から遠ざかったりするのである．

1970年代の中頃に，研究者たちは，海底コアー中の重い酸素含量——これは気候変動の尺度である——の変化に，ミランコビッチのリズムが非常に明確に存在することを，検出したのである．著者の1人であるコールダーは，科学調査を体験したくて，この掘削調査の冒険に短期間だけ参加した．1976年には，米国と英国の科学者は，地球軌道の変動を「氷期のペースメーカー」と呼んでいた．その後，数億年前という，進行中の氷期が存在しなかった時代まで遡った古代の堆積物中にも，このミランコビッチ・リズムが見つかったのである．それどころか，地質学者は，堆積物に地質年代の目盛りをつけるのに，このリズムを用いているのである．このことからしても，これらが実在することは，疑う余地がない．

氷期における宇宙線の影響

他方，この科学物語が始まった最近の氷期においては，このミランコビッチ効果の役割は，当てにならないもの，または少なくとも謎めいたものとなった．過去100万年の気候の記録で最も人目を引くことは，一般的な凍結状態から，比較的短い温暖な期間に切り替わった後，再び氷期に戻るということを，ほぼ10万年ごとに繰り返していることであった．不思議なのは，地球の軌道の変化，という全く弱い影響が，どうして，このような劇的な結果をもたらすのかということである．どうも，太陽光の変動の影響が，大きく増幅されているように思われるのである．

気候の記録上に宇宙線の記録を重ねると，急激な温暖化または寒冷化した非常

に短い期間は，宇宙線流入量の大きい変化をともなった．したがって，これらの気候変動は，空に昇る太陽の高さよりも，むしろ，太陽の磁気作用に結び付けられた．宇宙線の増減が気候に及ぼす影響は，現在の温暖な一時期よりも，一般的な氷期の方が，ずっと顕著であった．これは，何らかの要因—ミランコビッチ以外の太陽光，宇宙線，または，何か他の要因—による気候変動を起こす原因に対する地球の応答感度が，地球によって変えられている可能性があることを示唆している．

　この急変するリズムの謎を解けるかどうかは，気候に及ぼす感度を変える原因を見付けられるかどうかにかかっている．氷期の間には，膨大な量の水が，海から陸上の氷床に引き上げられて，海面は非常に低くなっていることが，1つの明白な要因である．寒冷期に広大な面積の大陸棚が露出されるのは，次の海域が著しい．①欧州の北海，英仏海峡，アイルランド海，およびアドリア海，②ベーリング海峡とベリンジア（Beringia）と呼ばれるシベリア北方の広大な領域，それに③南シナ海．さらに，インドネシアの島同士を結ぶ航路の大部分もまた，干上がって，重要な海流を塞いでしまう．氷期の海面が低いことから，気候変動力に対する感度は，氷期の方が高いことが理解できる．しかし，温暖な間氷期の状態に全く急速に切り替わることについては，ミランコビッチ効果では説明困難である．

今後の課題

　ミランコビッチの意味を理解することは，宇宙気候学における検討課題群の中でも，優先度が高いものである．この問題に取り組む1つの方法は，変化する宇宙線に加えて，他の実際に起こる過程のいくつかを表現できる複数の単純な理論モデルを作ることであろう．過去200万年の間に起こった各氷期は，地質学者により例外的によく理解されているので，理論家は励まされる．充分に理解されている理由は，海底堆積物，氷床，それに大陸地殻の該当部分が，表面から近くて採取しやすいからである．さらに深く掘り進み，時間をさらに遡ると，気候変動の概要とそれらを引き起こしたと考えられる理由が，ずっと曖昧なものになるのである．

5節　地球の過去の気候をもっと良く知るために

最近分かった過去の気候

　約1億4,000万年前の白亜紀に氷河が存在していたことが，初めて知られるよ

うになったのは，その証拠が発見された2003年のことである．それにより，恐竜が君臨していた時代に，氷室期が存在したか否か，という地質学者間での長い論争に，ようやく終止符が打たれたのである．その白亜紀よりさらに古い年代に，もっと恐ろしい全球凍結期が存在していたことを示す確実な証拠は，1990年代以降に出てきたのである．これらの大きな発見が，ごく最近になされたということは，地球の過去の気候について，我々がいかに無知であるかということを物語っている．古代の岩石は，他にどのようなことで我々を驚かそうと待ち構えているのであろうか．

掘削調査

過去の気候の説明は，その大部分が1960年代以降に行われた海底掘削と氷床掘削の膨大な成功実績に基づいている．しかし，最も古いものは，海底堆積物では約1億8,000万年前のものであり，氷床コアーでは，それよりはるかに新しいものでしかない．地球の歴史の残り95％を追究するためには，最も古い岩石（rock）の形成が，38億年前に起こっているので，誰もが大陸岩石の地質学的調査に頼ることとなる．しかし，その岩石は，非常に大きな変形を受けているのである．

陸上で地質学者により調べられている岩石は，そのほとんどが，偶然そこに辿り着けたものだけに限られている．それらは，自然の侵食で至る所に露出している岩石，それとも採鉱，トンネル掘削，または石油試掘により露出された大陸表面下の局所的一端である．純粋に岩石研究のために，大陸表面が掘削されたことはほとんどない．天文学者がより大きな望遠鏡を必要とするように，地質学者は，地殻を調査するために，さらに多くの掘削を必要としているのである．2004年に米国国立科学財団により組織された「過去の気候に関する学術会議」は，海洋の掘削経験をモデルにした野心的な大陸掘削計画を要請した．

気候変動モデルの作成

さしあたり，宇宙線の推定値を，他の2，3の実働要因に関する知識と組み合わせることにより，すでに分かっている気候変動の意味を理解するために，単純な計算モデルを試みることは可能である．デンマークではすでに，このようなモデルを過去200万年よりはるかに古い時代にまで延ばそうとする提案がなされている．①銀河の渦巻きを横切ったこととの関連が最もよく理解されている5億年前の顕生代（Phanerozoic Eon）まで，②全球凍結が起こった25億年前の原生代（Proterozoic Eon）まで，そして，③最古の46億年前の冥王代（Hadean Eon）や，比較的弱い太陽光の下で生命活動が始まった38億年前の始生代（Archean

Eon）まで，というようにである．

　様々な不確定要素があるにはあるが，宇宙線からの信号が地質学上のデータにはっきりと伝わっていることは，驚くべきことである．気候に影響を及ぼした可能性のある全ての実働要因のうちで，数十億年から数カ月までの全ての時間幅で，明確な足跡を残しているものは，宇宙線のみである．この気候変動の歴史において，他の要素である大陸の移動，火山，天体の衝突，海流，または温室効果ガスが，各年代に，宇宙線による地球寒冷化の影響を，どの程度強めたのか，それとも弱めたのかということを示す責任は，これらの宇宙線以外の要因に貢献したいと願っている人たちに課されている．

6節　荒れ狂う宇宙における生物

異星生物の探査計画

　他の星に生存する生物の探査は，21世紀初頭に研究者が目指す各種目標の中で，上位を占めている．宇宙生物学者は，火星や木星衛星エウロパ，太陽系における生命の存在しそうな他の天体に，過去，あるいは現在の生物の痕跡を探し出すだけでなく，他の恒星の周りを回っている地球類似の星を見つけ出すことも目指している．欧州宇宙機構（ESA）とNASAの双方は，2015年以降の一定期間に，宇宙に望遠鏡群の集団を打ち上げる，という非常に野心的な事業を準備中である．この集団は，他の惑星の大気中に，生物生存の可能性を示す水蒸気や他のガスが存在しないか，ということを調べられるように，それらが発する赤外線を検出できるように設計されることになっている．

生物の出現に必要な条件

　荒れ狂う宇宙に生物が存在するかどうか，という哲学上の疑問は，宇宙飛行技術の進歩に伴って，こうした科学上の探査計画を可能にしているのである．宇宙物理学は，終りなき矛盾をひき出している．生物が出現し，繁栄するためには，温和な条件を必要とするが，適切な環境を創造し維持するためには，生物に非常に危険な出来事が起こることを必要とするのである．

　我々の体内の原子は，宇宙のビッグバンと星の爆発から放出された莫大な熱の中で作られたものである．それらの原子は，-250℃近辺の温度下で宇宙線の作用により，生物に必要な水や一酸化炭素を含む各種の化合物に作りかえられた．地球そのものは，微惑星同士が高速で衝突することにより作られた．そして，海洋は，彗星の氷からもたらされたものであろう．その後，微惑星や彗星が地球に

衝突する割合は，ずっと減少したが，それでも引き続いて起きており，時々，大規模な生物の死滅と環境破壊をもたらし続けているのである．

　最近，宇宙生物学者は，地球上，および，おそらく異星人の星の場合も，生物に適する条件の創造と維持に磁気が，ある役割を果たしていることを示す証拠を突きつけた．2005年にイタリアの宇宙物理学者であるジョヴァンニ・ビグナミ（Giovanni Bignami）は，長期にわたる宇宙科学計画に関する報告書「宇宙構想：2015～2025年の欧州のための宇宙科学」の作成を指導した．この報告書は，宇宙における生物の出現に必要な物理的条件を理解することの必要性から書き始められ，そして，1つの恒星とその惑星系との間に磁気結合（magnetic coupling）が必要であることを強調している．

　　地球の居住性は，特に，ゆっくり進化している太陽により維持されている．というのは，この太陽は，ほぼ一定の日照を与え，また，銀河内の超新星からやってくる高エネルギーの粒子群から，我々を守っているからである．高温の太陽コロナから発している太陽風は，太陽圏全体に広がり，荒れ狂う磁気を太陽系末端の外まで運ぶことにより，宇宙線の流入量を劇的に減少させている．それゆえ，我々は，生命—特に進化した形態をした生物の生命—の維持に必要とされる条件を完全に明らかにするために，①太陽の磁気体系，②その変動，③大規模な太陽爆発におけるフレアの噴出，そして，④太陽圏，各惑星の磁気圏および大気の相互作用，を理解せねばならないのである．

　したがって，宇宙気候学からの貢献はタイミングがよい．宇宙気候学は，星生成率が高い期間には，強い宇宙線により，太陽の磁気遮蔽圏が押し潰されてしまうことを示している．しかし，それにより地球が全球凍結状態になった時でも，生物はしがみ付いて耐え忍んでいれば生き延びられるのである．我々の惑星は，太陽によって作られた宇宙線防護の太陽圏の内側で，特定の位置と環境にあることから，生物の棲み処として長い間，寄与してこられたのであろうか．もしも，そうなら，我々の惑星は，その点で，どれだけ特異的なのであろうか．そして，地球上の生物の出現は，若い太陽からの強い太陽風により，強い宇宙線が存在しなかっただけで可能となったのであろうか．この疑問に答えられれば，宇宙生物学者が異星生物を探し出すための調査対象リストを小さくできるだろう．

生物の隆盛，多様化，および進化をもたらす条件

　もう1つの発見は，たとえ，そのメッセージの意味に確信があるわけではないにしても，生物存在のための条件について，何か重大なことを我々に語りかけて

いる．この発見は，強力な宇宙線強度と生物の生産性の極端に大きなバラツキとが，驚くほど密接に結び付いているということである．この生物の生産性のバラツキが大きいということは，^{13}C原子のカウントにより示された記録上に，最も高い生産性と最も低い生産性とが混在しているということである．このことから，宇宙気候学上の強力な宇宙線というストレスは，生物圏の生産性に有害な影響だけでなく，有益な影響も，もたらしていることは明らかである．初期の研究課題は，激しい気候，そして氷河による大陸の速い侵食作用により，栄養成分がばら撒かれたことにより，最も著しい隆盛が起こったのかどうかを検証することである．

　もしも，生物の生産性が気候変動に関係しているのなら，生物の多様性—全ての生物種の数—については，どうなのであろうか．この生物の多様性（biodiversity）は，生物圏の良好さ（well-being）のもう1つの，しかし全く異なる尺度である．変化した環境に古い生物種よりうまく適合した新しい生物種が出現し，古い生物種が絶滅する時には，気候の変化が，進化（evolution）を推し進めることができる，ということを，古生物学者は，はるか以前から認識していた．しかし，宇宙線に関係付けて語られた生物の歴史の物語は，いかなる場合も，彗星や小惑星の衝突により分かりにくくされている．これらの衝突が，その時の気候状態に関係なく，生物の多様性を最も多く失わせ，大量の絶滅を引き起こすことは間違いない．このような絶滅の後には，多数の新しい生物種が出現して絶滅分の穴埋めがなされ，生物の生産性は，かえって以前にも増して急速に回復する．この生物の復元力は，ある意味で，荒れ狂う宇宙の危機に対処するために，あらかじめプログラム化されていることを暗示している．

　宇宙線は，より直接的に，遺伝子の突然変異を引き起こすことにより，進化の速度に影響を及ぼすのかもしれない．それでは，宇宙線量が，特に高い時には，進化はより速かったのだろうか．そして，速く進化した例がみられた時期を追跡するのに進化論者が用いている分子時計に，何が影響を及ぼしたのであろうか．この分子時計は，主に，遺伝子における非連続的な変異に基づいている．その変異を，両者のDNAを直接読むことにより見出すか，それとも，遺伝子からの命令により製造されたタンパク質同士の構造上の小さな違いから見出すのである．このような比較ゲノミクス（遺伝子-単位比較）や比較プロテオミクス（タンパク質比定）を扱う場合に，宇宙気候学は，生物学の最先端に出会うのである．

7節　太陽活動の盛衰を読み取る

気候に及ぼす太陽の影響

　本書で記述した宇宙線の探究は，太陽活動が現在どのように変動しているのか，そして，それらによって現在の気候変動がどのように引き起こされているのか，ということから始められた．ESAは，太陽の幅広い研究を推進した．インペリアル・カレッジ（ロンドン），スウェーデン宇宙物理学研究所（ルンド），およびデンマーク国立宇宙センター（コペンハーゲン）から集められた研究者たちは，ISAC（―地球の気候（C）に及ぼす太陽（S）活動（A）の影響（I）―）と呼ばれるESAの1つのプロジェクトに合流した．そのプロジェクトは，太陽が自分の存在を示し得るものとして3つの作用を評価している―①可視光と不可視光の放射作用，②太陽風が地球磁場に影響を及ぼす作用，それに，③宇宙線を制御する作用．この研究の目的は，これらの作用を，気候変動を模擬するコンピューター・モデルに，どのように組み込むべきか，ということについて，気候モデル作成者に助言を与えることにある．

　スベンスマルクの意見は，大気の低いレベルまで到達できる宇宙線が，気候変動に対して最も大きい影響を及ぼすが，それと比較して，①太陽活動の変動によると考えられている他の作用，および，②火山爆発や，東太平洋と世界全体を温暖化させるエルニーニョを含む，地球のいかなる他の自然現象からくる気候への強制（forcing）は，気候に対して小さな影響しか及ぼさない，というものである．

　宇宙線，雲，および気候間のつながりは，数十億年を対象にした場合に重要であったように，現代においても同様に重要である．したがって，数年先や数十年先の気候を予報しようとするいかなる試みも，宇宙線の変化を予測できるかどうかに，大きく依存することとなる．このような短い時間幅では，銀河内の環境は大きくは変わらないので，気候変動に重要な宇宙線の変動は，太陽の磁気活動の変化に，完全に依存することとなる．したがって，本格的な予報を望むなら，この太陽の磁気活動を予測することが必要である．

　この責任は，太陽物理学者の肩にかかっている．彼らは，すでに太陽の磁気活動を予測する必要に迫られている．なぜなら，太陽におけるフレア発生他の擾乱現象は，宇宙空間で活動する宇宙飛行士や人工衛星，それに，地上の電力系や通信系に危害をもたらすからである．月や火星への有人飛行の計画者は，誰でも静かな期間を選んで，それによる被害を最小限に抑えようとするだろう．

黒点数の変化の影響

約11年周期で増減する太陽の黒点数を予測することが，長い間，試みられているが，今までのところ，まずまずの成功しか得られていない．いかなる場合も，黒点数とフレア発生頻度との間に関連性があるが，おおよそのところである．たとえば，2005年の9月には，黒点の数が，すでに減少して最小値に近かったが，1つの黒点群が爆発して，1週間に9回も太陽フレアを発生させた．その最初のものは，過去50年間で最も強力なものの1つであった．米国国立宇宙科学技術センター（アラバマ州ハンツビル）のデビッド・ハザウェイ（David Hathaway）は，これに対して浮かぬ様子で次のように語った．「太陽活動の極小期なのに，奇妙なことに，極大期のようだ」．

宇宙線もまた，太陽黒点との関連性は余り強くはない．一般的には，宇宙線の流入量は，黒点が少ない時には高く，多い時には低いが，単純な1対1の決まった関係は存在しない．宇宙線に及ぼす太陽の影響は，黒点数の上昇と下降の時期より，1年前後，早まったり遅れたりする．また，2000年頃の太陽活動極大期における宇宙線の大気透過量は，その時より黒点がはるかに多かった1979年頃の値とほぼ同じ程度にまで低下した．

太陽の磁気活動の予測

放射性原子による宇宙線の記録は，太陽活動に長い周期が存在し，それに伴って，磁気による宇宙線の遮蔽圏が，約200年と1,400年の間隔で，強化と弱体化を繰り返すことを示している．数人の勇敢な研究者は，周期の予測を先に進めて，太陽の将来の盛衰を読み取ろうと試みた．一部の研究者は，20世紀の間に2倍以上の強さになった太陽の磁気は，2020年代までさらに強まり，それに伴い，宇宙線と雲は少なくなって，世界全体の温度は上昇し続けると言っている．それに対して，他の研究者は，磁気は頂点に達しており，今後直ちに低下するのではないかと推測している．

率直に言えば，それは誰にも分からないのである．11年や22年の黒点周期でさえ，充分には理解されていない．ましてや長期の周期変動が起こる理由は，捉えどころがない．もっとも，太陽の周りを公転している惑星によって太陽の中心核がふら付くことについては，様々な憶測がなされてはきたが．宇宙線の変動が，正確に予測できて，気候の予報に役立てられるようになるためには，太陽物理学が，理論と観測の双方で，大きく発展する必要がある．

星の磁気の観測

1章（3節）で述べたように，太陽風研究の父であるシカゴ在住のユージン・パ

ーカー（Eugene Parker）は，磁気が定常的に監視されている太陽類似星の数を，10から1,000に増やすべきであると考えている．そうすれば，まれにしか起こらなくて，ほとんど気付かれなかった現象を，検出できる機会が増えることとなる．地球上の小氷期に対応する磁気活動の停滞期は，他の星ですでに観測されている．しかし，最後の氷期中に突然起こった数回の温暖期には，太陽活動がピークに達したであろうが，それと同様の現象は，他の星ではまだ観測されていない．

　太陽の将来の活動を予測したいと願う研究者は，その主要磁気の現在の強度を測定するのが困難であることから，うっとうしい苛立ちの状態にある．なぜなら，地球や大半の宇宙探査機からは，太陽の極の周辺領域を，ほぼ真横からしか見ることができないからである．ユリシーズ（Ulysses）探査機は，極の上空を周回し，極を取り巻く空間の磁気を測定している．しかし，それは，遠隔測定により表面の磁気を測定できる正確な計器を搭載しているわけではない．この欠陥は，将来の宇宙探査により改善されるだろう．

　太陽の一方の極は，地球からは7°の傾斜角からしか見えないので，欧州の太陽探査機（Solar Orbiter）は，7年間に繰り返し金星（Venus）と遭遇することを利用して［スイングバイ航法で］，その探査機の軌道を修正し，38°の傾斜角から太陽の一方の極を見ることができるようにする予定である．また，太陽極探査機を打ち上げようという提案も出されている．それは，太陽放射を受ける帆を張る航法（solar sail）によるもので，最終的に，地球と太陽間の距離の半分を半径として，太陽の北極と南極の上を通って周回させる，というものである．それにより，太陽の可視表面における太陽磁場（solar magnetism）についての全貌が，この時初めて太陽物理学者に捉えられるであろう．太陽活動の予測を改善したい，という希望が，このような宇宙探査を推進する第1の動機として表明されている．

　その成果をすぐには期待できない．太陽探査機の打ち上げ予定は，2015年以降であり，太陽の極の鮮明な映像は，2020年までは得られないからである．太陽極探査機に関しては，まだ，その提唱者の漠然とした構想に過ぎない．ESAは，この構想を新しい目標の1つとして採用し，2015～2025年の期間内に実施する予定であるが，関係する科学者と技術者は，太陽放射に帆を張った宇宙船が太陽周回軌道に乗るのは，運がよくて，先の予定期間が終わる頃になると考えられている．

太陽活動の予報

　それまでの間，太陽の変化の傾向は，充分には理解できないので，太陽活動や宇宙線の変動を予報することはできない．21世紀の間には，予報された太陽活動

と宇宙線の値を基礎に用いて，気候変動を本格的に予測できることが期待されている．2005年にスウェーデンの研究者の1人は，次の太陽周期は，2006年に始まり，100年間で最も弱いものとなる，と発表した．その数カ月後に米国のある研究者は，それとは反対に，次の周期は，2007年末に始まり，1970年代と1980年代の非常に活発な周期に類似したものとなろうと発表した．

このような予報の試みに対して，2006年に3人の英国の太陽磁気研究者は，憎まれ口をたたいた．スティーブン・トビアス（Steven Tobias），デビッド・ヒューズ（David Hughes），およびナイジェル・ワイス（Nigel Weiss）は，前述の2つの予報は，確固とした物理的基礎が欠けていることを指摘した後に，彼ら自身の憶測を提示したのである．

　もちろん，太陽の磁気活動が，将来，盛衰のどちらの方向に向かうのか，それを推測することは，興味深いことである．最近の数回の黒点周期は，例外的に活発である……．過去を振り返ると，このような活発な時期の後には，劇的な急落により磁気活動が大幅に低下した大極小期（Grand Minima）と呼ばれる時期に突入する傾向にある．我々は，この大極小期が直ちに起こると推測するつもりはないが，このような急落を目撃することができれば間違いなく興味深いことである．

しかし，この興味深い時代に生きることは，のろわれた時代に生きることであると，一般的に言われている．ここに述べられた大極小期というのは，小氷期の厳寒期と同期して起こった300年前のマウンダー極小期のことであり，また，1章に記述したように，アルプスを縦断するシュニーデヨッホの道を繰り返し閉鎖させた期間と同様の太陽活動停滞期のことである．しかし，太陽の物理学は現時点では不明確なので，宇宙気候学者は，21世紀に起こることについて，いかなる結論も急いで出すべきではないだろう．

8節　今日の気候変動についての建設的な見解

予報士による長期気候予報の問題点

宇宙線が気候変動を引き起こす重要な要因なのに，その予測ができない現時点で，数十年先の確定的な気候予報を市民に提供しようとする試みは，いかなるものも科学的には軽率なことである．それに，また，為政者を誤った方向に導いたり，国民に，地球の気温の上昇，または低下により危険に晒されると不適切な忠告をしたりする可能性もある．コンピューターにより気候をモデル化した開拓期

である1970年代に，プリンストン在住のジョセフ・スマゴリンスキー（Joseph Smagorinsky）は，早くから警鐘を鳴らしていた．それは，今でも真実のように思われる「間違った気候予報を出すぐらいなら，全く出さないほうがましである」．

コンピューターは，その当時より性能が大幅に向上しているが，気候モデルにはまだ仮定や簡略化が用いられているので，疑わしさが増えているように思われる．地球の気温への炭酸ガスの影響の可能性は，今でも，気候モデル作成者の自由裁量により決まり，幅広い範囲内から選ばれた予測値に依存している．この予測値の幅を狭める必要性があると，繰り返し宣言されているにもかかわらず，21世紀の間にやってくる温暖化の予測値は，今では0.5〜6℃近辺にまで及んでおり，多い予測値は3または4℃あたりである．報道記者，環境活動家，政治家，および一部の御用学者は，この結果を，「世界の終わりは近い」という精神の下で議論している．

この炭酸ガスの温暖化効果の明らかな過大評価を下方修正することは，炭酸ガスを生成することとなる化石燃料の無駄遣いを推奨することではない．地球温暖化による災害が差し迫っている，ということに疑問を抱いている人たちの誰もが，石油会社に雇われているのだろうと発言する人がいたとすれば，その人は名誉毀損で訴えられても当然である．それどころか，気候とは関係なく，化石燃料消費の節約を要請する理由は，他に幾らでもあるからである．たとえば，①健康を害するスモッグをできるだけ削減するため，②この惑星の限られた燃料資源を長持ちさせるため，それに，③貧しい国のためにエネルギー価格を低く維持するため，というようにである．

3章（6節）に記述したように，宇宙線の変化により雲の形成量が変化する，という因果関係は，現在の気候変動を10年ごとに見た場合の重要な特徴を今でも説明している．炭酸ガスが気候に及ぼす影響の再調査は，結論を出す期限を過ぎている．炭酸ガスの影響は，予想値よりも，はるかに小さいように思われることが，度々あるのはなぜか，このことを説明することは，気候科学において最も緊急を要する課題となっている．

20世紀末の気候モデル作成者にとって，炭酸ガスに焦点を絞ったことの利点は，長期の気候予測が実現可能な目標のようにみえたことにあった．もしも，大気中の炭酸ガス増加の見込み量と，それによる気温への影響度について，正しい数値が得られるなら，その時には，世界全体の気温や雨量の変化を予測できるだろう，という野望を抱いたのである．コンピューター・モデルは，あきれるほど雲を正しく扱うことができなかったにもかかわらず，そのことで，この野望を実現不可

能なものとはしなかったのである．しかし，当分の間，長期の気候予測は原理的に不可能である．なぜなら，太陽は今後，どのように変わっていくのか，また，地球の雲量に今後どれだけの影響を及ぼすのか，ということには誰も答えられないからである．

　自らを気候預言者だという人にとって都合の悪いニュースは，人類全体を元気付けるかもしれない．それは，地球温暖化を警告している大部分の予測が，大げさすぎるようだ，ということが分かっただけではない．世界の貧困地域の人びとにとって，決して終わることのない気候変動は，貧困や餓死を意味するが，気候変動の機構がより正しく理解されれば，より有意義な忠告がそれらの人びとに活用されるようになるのである．

　破壊的な洪水，渇水，および暴風に対処しようとしている人びとに，それらは全て，地球温暖化による災害であると忠告しても，交通事故の犠牲者に政治演説をするのと同じで，何の役にも立たない．それは，建設的な行動を起こすことに何も貢献しないからである．また，洪水，渇水，および暴風の発生予報を出すために，温室効果ガスが気候変動を引き起こすと言う考えの基に作成された各種のコンピューター・モデルを用いると，地域ごとの予測について，正反対の結果が得られることになり，評判が悪い．

宇宙気候学者が貢献できること

　宇宙気候学者は，たとえ，長期の気候予報を全く試みないとしても，地域ごとの気候変動の理由とパターンに関しては，大変深い見識を提供できるはずである．それにより，被災民は助けられ，為政者はおそらく最悪の結果を回避できるだろう．地球を覆う雲量が変化する％を特定することにより，各緯度帯に地表の気温が温暖化，それとも寒冷化することを，示すことができる利点がある．南極だけは他の地域とは逆の気候変動をする，と示せるのは，そのほんの一例である．

　熱帯および亜熱帯地域を照射する夏の太陽と，広大な領域を覆う雲の塊を，動力源とするアジア・モンスーンは，最も重要な事例である．数十億の人びとは，モンスーンの雨に依存して繁栄している．過去にモンスーンが発生しなかった時には，大規模な飢饉が度々起こり，時には，文明が崩壊している．反対に雨が多すぎた時には，インド，バングラデシュ，および中国に手に負えない洪水が起こっている．

　南京師範大学のワン・ヨンチン（Yongjin Wang）のチームは，南中国の洞窟から得た石筍［石灰質の層状石］について，年ごとに成長した各層を調査することで，過去9,000年の間に，太陽活動が雨季の雨量に繰り返し影響を及ぼしてい

たことを示すことができた．彼らの2005年の報告には，太陽の明るさの変動が，原因であろうと推定されているが，そのデータそのものは，別の原因を雄弁に物語っている．つまり，宇宙線流入量が多い時には，モンスーンが弱められて降雨量が少なくなり，宇宙線量が少ない時には，モンスーンが強められて降雨量が多くなっている．というのは，宇宙線量が少なくて熱帯海域上の雲が少ないと，海水の表面温度は高く温められ，余分な水分が風の中に供給されるので，水分の多い風が，数日後に陸上のモンスーン地帯に雨をもたらすからである．同様のつながりが，太陽の活動と夏の雨との間にも存在することが，過去50年の間に，アジアだけでなく，アフリカの渇水状態にあるサヘル（Sahel）においても，確認されている．

最も率直に述べる人は，K.M. ヒレマス（K.M. Hiremath）である．彼は，バンガロールにあるインド宇宙物理学研究所の太陽物理学者で，インド・モンスーンの過去130年にわたる変動を調査した．太陽圏と地球環境に及ぼす太陽の影響に関する国際宇宙科学研究会議が，2006年にゴアで開催されたが，そこで発表したヒレマスは，宇宙線と雲に関するスベンスマルクの理論を引用して，「降雨量の変動幅，太陽活動，および銀河宇宙線の間に，因果関係が存在するように思われる」と語った．

①モンスーンの発生，②太陽活動の活発化，および，③赤道直下の太平洋における海水温を上昇させるエルニーニョ現象の発生，という3者間のつながりに関して，魅力的な組み合わせパズルが生じてくる．エルニーニョが発生すると，その後にはいつもではないが時々，インドで厳しい旱魃が起こる．そして，季節予報に太平洋のデータしか用いないと，旱魃警報を出したのに，起こらなかったり，また，旱魃警報を出していないのに，起こることがあるのである．それに対し，予報士が太陽活動をも考慮に入れると，ずっとよく当たるようになるのである．

そして，ヒレマスが示唆しているように，もしも，雨季の雨量が多くなったり，少なくなったりする周期が，太陽の磁気活動の22年周期に結び付いているなら，それに合わせて計画を立てることができる．そうすれば，農民は，現在の宇宙線強度に合わせて，彼らの収穫量，および灌漑用水の排水量を加減することができるだろう．食糧援助を担う救助機関にとって，これは，「将来，必ず飢饉が起こるので，豊作が続いている間に7年分の食糧を備蓄せよ」という，ジョセフによるファラオへの忠告と同じぐらい重要である．

予言の戒め

気候科学は，対策を立てるのに役立つものでなければならない．我々は，この

注意を述べて締めくくりたい．温室効果による温暖化が続くのか，それとも，太陽が小氷期の時にみられた苛立つような状態に戻って寒冷化する可能性があるのか，ということについて，長期の予測をすることは，差し控えたい．太陽活動の全貌を充分に理解できていないうちに，将来を予言したいという衝動は，科学者を邪道に走らせることになりかねない．それでも長期の気候予報を切望する人がいるなら，テュービンゲン大学の牧師であったヨハン・シュトッフラー（Johann Stoffler）を思い出さねばならない．彼が予言しようと試みた努力は，『哲学辞典』中にヴォルテールにより永遠に記録された．

　欧州で最も有名な数学者の1人は，15～16世紀に活躍したシュトッフラーという人である．この人は，コンスタンスの審議会で提案されたカレンダーの改良に長い間携わり，1524年に宇宙から洪水が押し寄せてくる，と予言した．この洪水は，2月に起こることになっていた．その理由は，それ以上，もっともらしいものはなかった．というのは，土星，木星，そして火星が，その時に魚座の中で最も接近するというものであったからである．この予言の話を聞いた欧州，アジア，およびアフリカの人びとは，誰もが狼狽した．この洪水は，実際にはあり得ないことであるにもかかわらず，全ての人が，当然，起こるものと思いこんだのである．当時の数人の著述家は次のように記録している．ドイツ沿岸の住人は，彼らの土地を，彼らほど騙されやすくはなかった大金持ちに，格安で売り急いだ．そして全ての人が，避難所としてボートを装備した．フランスのトゥールーズで医者をしていたオリオール（Auriol）という人は，自分自身，それに自分の家族と友達のために，一艘の大きな箱舟を作らせた．同じ対策が，イタリアの大部分でもとられた．ついに2月という月がやってきた．しかし，一滴の水も落ちてこなかった．しかも，今までにないほど乾燥した月であった．その結果，占星術師たちは，かつてないほど大恥をかいた．それにもかかわらず，彼らは，辞めさせられることはなかったし，また，人びとから無視されることもなかった．ほとんど全ての君主は，その後も彼らに助言を求め続けたのである．

9章 2008年における追記—炭酸ガスの温室効果は微弱である

　宇宙線の詰まった空間領域に太陽系が入ったことが，我々の先祖の運命を決めてしまったのだろうか．γ線は，天の川銀河内で爆発性の星が多い渦状腕を浮かび上がらせる．太陽が昔から継続して果たしている気候変動への役割を否定しようとする試みは，失敗に帰した．今では，炭酸ガスの気候への影響は明らかに小さいことが分かっている．地球が寒冷化すれば，この論争に勝つことになるが，それは最悪の事態である．

1節　新しい実験と局所泡への取り組み

スベンスマルクの実験

　この本の初版が，2007年の初めに出版された後にも，実験に基づく研究は続けられていた．その目的は，コペンハーゲンで発見されたこと—すなわち，水分の多い低い雲が形成されるために必要な種となる硫酸粒の形成を，宇宙線が助ける機構—を再確認することであった．それは，ジュネーブのCERNにおいてではない．このCERNは，資金不足のために，CLOUDチームが加速器を用いた試験を2007年に行う予定を，余儀なく中止したからである．そうではなくて，スベンスマルクの研究グループが，彼ら自身の研究計画を続行したのである．すなわち，自然に到来する宇宙線が，厚さ1kmの岩の層により断ち切られた場合には，化学反応が起こらないことを確認するために，コペンハーゲンのSKY反応箱の小型版を，英国のボウルビーにある深い鉱山に搬送したのである．また，ドイツのカールスルーエ研究センターで新しい実験をすることについても，検討が始まった．そこでドイツの大気物理学者が使用している反応室は，非常に大きいので，それをデンマークのチームが利用できれば，雲の小滴形成の全過程にわたって，宇宙線による極微細粒子生成効果を追跡調査できると考えられたからである．

　スベンスマルクは，理論的研究をするために利用できる時間が限られているので，優先順位を付けるのが難しかった．8章に概観した新しい研究の行動計画を実施するのに必要な人数は，現有人数を大幅に超えていた．しかし，彼は，現在

図23　宇宙線による雲形成実験において，大きな一歩を踏み出すのに適しているエアロゾルと雲の反応室（AIDA）．このドイツの施設は，コペンハーゲンで用いられた反応箱のサイズより10倍大きい．（Dr.J. Schreiner, MPI-K Heidelberg）

の地球温暖化についての騒がしい議論から逃れて，それよりはるかに楽しい星空の科学に専念できる時が，最も幸福であった．米国の雑誌"Discover"の記者との会見で，スベンスマルクは，心境を次のように述べている．

　　　　私を引き付けるものは，宇宙線の潜在能力です．……我々は，宇宙線が天の川銀河の進化や地球上の生物の進化と相互に関係していることを見出そうとは，決して考えもしなかったことです．私は，これらのことが，全て美しくつながっているとは，夢にも思いませんでした．

275万年前の寒冷化を起こした原因

　地球の気候と生物としての我々の歴史とが，星爆発から響く太鼓および，我々の祖先のDNAに魔法をかける宇宙線からの呼びかけと，いかに歩調を合わせて進行したかを，宇宙のシナリオは教えてくれた．アフリカの森の喪失と，道具を作り肉を食べる二足歩行動物の出現とを引き起こした275万年前の寒冷化を宇宙線で説明できたことは，7章（1節）に記したように「輝かしい業績」であろう．ところが，この宇宙線発生源の探求は，ニューヨーク市にあるNASA気候モデル作成集団により，本書を敵視した書評の中で嘲笑された．

　　　　銀河宇宙線が変化したという仮定に，漠然としか関係付けられない出来

事は全て，証拠がないまま，その仮定上の変化によって引き起こされた，とせねばならないのである．その良い例は，260万年前に第4氷期が開始した出来事である．予備的研究により，1つの大きな超新星爆発が，この時に起こったことが示されたので，これがどのようにして地球を寒冷化に導いたのかを，2人の著者は延々と議論しているのである．この仮説にとって残念なことに，その超新星の年代が，その後修正されたのである．それにもかかわらず，このアイデアを放棄する代わりに，2人の著者は単に別の未発見の超新星が，それに代わって，この変化を起こしたに違いないと主張しているのである．

その後，2つの進展があったので，この非難は時代遅れとなった．第1に，太平洋の海底から得た物質中に，近くの超新星の痕跡が存在することを発見したミュンヘン工科大学のチームは，我々を支援するように，その出来事に対して約280万年前という，彼らの最初の年代に再び戻したのである．ミュンヘンのチームは，この年代から閃めいて，宇宙線，気候の寒冷化，および人間の進化，という3者がつながっている可能性があると，提案したのである．本書が計画さえされていない2004年に，彼らが自発的に行ったことである．

第2に，個々の出来事の年代は，当時の一般的な気候とのつながりを追跡するためには，予想に反して，それほど重要ではないことが分かったのである．2007年に，スベンスマルクは，グールドベルトに属する爆発性の星々の間を太陽と地球が，現在，通過中なので，強い宇宙線にさらされて窮地にたっていることについて，再び考えていた．7章（6節）に述べたように，星の爆発は，熱くて希薄なガスを局所泡（Local Bubble）に吹き込んでいる．これらのガスは，外側の冷たくて濃厚な星間ガスとは，対照的である．

局所泡の殻（shell）は，衝撃波と強力な磁場を含んでおり，太陽自身を保護する泡である太陽圏の境界の殻を巨大化したものに似ている．その結果，この局所泡の殻は，銀河から遥々到来した宇宙線を外側に跳ね返す傾向があるのである．しかし，また，この殻により，局所泡内に起こった何らかの超新星によって発せられた宇宙線は，より広い外の宇宙空間に逃げ出そうとしても，その多くは，内側に戻されるのである．したがって，この泡は，いわば宇宙線の詰まった「瓶」のようなものである．それゆえ，個々の星が爆発した正確な年代と場所には，ほとんど関係なく，局所泡の内側にいる我々の惑星にとって，そこは寒い場所なのである．

局所泡による過去500万年の気候変動の説明

　100万年ごとに約6つの巨星が爆発して死に至るとすると，局所泡内に瓶詰めされた宇宙線の強度は，銀河の泡の周辺のものより，おそらく，20％は一般的に高いだろうとスベンスマルクは推定した［天の川銀河では50年に1つの巨星が爆発する（7章7節）］．この解釈において，地球の気候にとって最も重要なものは，この局所泡の出現と成長の時刻表，そして，太陽と地球がそれに最初に遭遇したのがいつかといった経緯である．これらの点を単純に推定することにより，過去500万年の間に地球が宇宙空間で遭遇した出来事の歴史を，気候の記録に驚く程ピッタリと一致させることができることを，スベンスマルクは見出したのである．

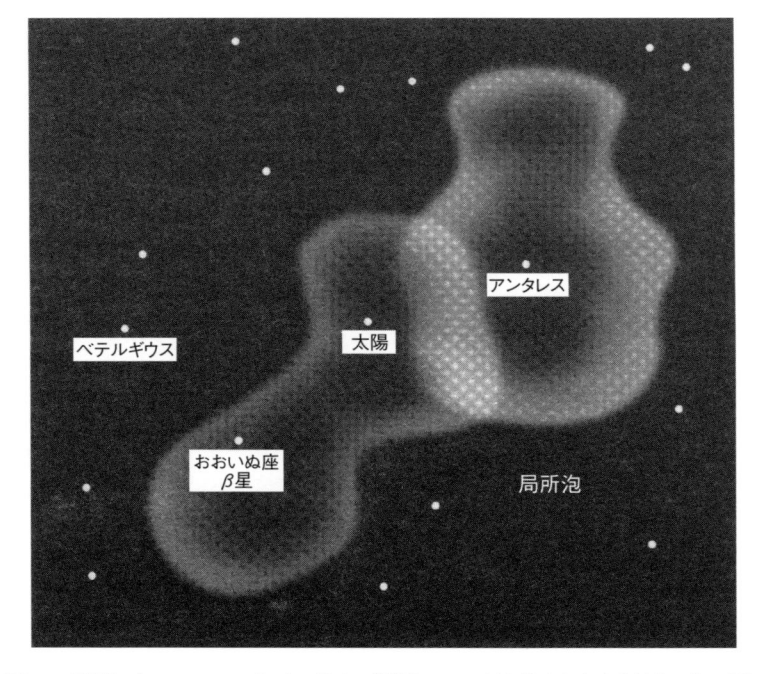

図24　局所泡（Local Bubble）は，近くで爆発している星が放出した宇宙線を，泡に閉じこめてるので，地球の現在の気候を左右する主要な調節器（governor）の役割を果たしている．(Based on a NASA illustration)

　450〜400万年前まで続く温暖期は，太陽と地球が，この泡の膨張している殻をちょうど通過する時の合図のように思われた．その殻の部分では，宇宙線は殻の外側や内側よりも，少なかったであろう．いったん殻から内側に入ると，地球

は，その局所泡内で生じた宇宙線の強力な放射を受けた．この最も急速な寒冷化が起こったのは，この計算では，275万年前頃となった．それは，まさに氷が北大西洋で広がりつつあり，そして，アフリカが乾燥化し始め，人類進化のための準備をする時期であった．この観点からすると，ミュンヘンの超新星（280万年前）は，この一般的な寒冷化傾向を強めたように思われる．

それからの寒冷化の速度は，スベンスマルクの計算によると遅くなる．これも，地質学的証拠と足並みをそろえている．それから，気候は，泡に閉じこめられた宇宙線の放射と平衡状態に入ったのである．我々の惑星は，現在，この状況にあり，長期間の氷室条件が続き，これ以上悪化することはないようである．この局所泡は，熱いガスを銀河のハロー（halo）中に放出する煙突（chimney）の役割を果たすので，その結果，宇宙線の地上における計算率は，将来には減少し，氷室気候は少し和らぐことになろう．

「宇宙で遭遇した出来事と気候の歴史がピッタリ一致するという結果が，あまりにも容易に出た」と，スベンスマルクは述べた．この研究テーマについて集中講義を行った後，彼は，この局所で起こる宇宙のドラマから離れて，銀河全体の巨大景観を再調査することとした．

2節　天の川銀河における宇宙線分布図の作成

天の川銀河の構造

宇宙気候学は，5章（1節）に述べたように，エルサレムのニール・シャヴィブ（Nir Shaviv）が，地球の歴史における氷期への突入と，天の川銀河の渦状腕への地球の侵入との間に結び付きを見出した時に，大きな一歩を踏み出した．この銀河には，気候変動に宇宙線が役割を果たしていることを示す独自の証拠があったからである．それは，太陽活動に関係付けられた気候変動についてのスベンスマルクの研究には，全然関係のないものであった．そして，宇宙線が地球大気に衝突した時に生成される通常の放射性原子は，その寿命の長さ上，従来は，数百万年前までの気候を研究するためにしか利用できなかったが，シャヴィブが行ったように，天の川銀河内で起こった出来事に結び付けることにより，過去に遡れる歴史の年代幅は，その100倍も拡大されたのである．

天文学者による天の川銀河の記述は，大雑把な段階に留まっている．光，または光に近い波長域の光波で観察すると，大抵の場合，各種の渦状腕が重なるので，その光景は，不明瞭になったり，区別が付かなかったりする．そこで，電波天文

学者は，半世紀の間，星間空間における濃度の高い水素原子の動きを天球図（chart）に書き込める，という電波の特別の利点を大いに活用した．天の川が確かに渦巻き状銀河であると最初に確認されたのは，50年以上前の1950年代のことであった．その後，電波望遠鏡の改善に伴い，観測が精緻化され，距離が訂正された．しかし，その電波の分布パターンを，爆発する星が集中しており，地球の寒冷化に対応付けられている渦状腕に関係付けることは，決して容易ではなかった．

天文学が天文学者により改善されるのを待ち切れず，スベンスマルクは，この宇宙線と気候の関係から方向転換し，自ら天文学の改善に取り組んだのである．気候変動のデータを用いて，地球に最も近い渦状腕の位置を推定する方法は，5章（6節）に記述した．2006年に公表された彼の報告は，天の川銀河の円盤の下から上に飛び上がり，そして，上から下に飛び込む，という太陽のイルカ様の動きを利用した．これが，地球の温度の記録で天の川銀河の果たす役割を測り，その動力学に関する重要な数値を，確実なものとする方法であった．

銀河内にある宇宙線の強い発生源

シャヴィブは，彼の推論を強く支持する裏付けを，宇宙線に晒された古代鉄隕石中に見出したが，それは，この事実を確認し，天の川銀河における宇宙線の分布について，さらに詳細に確認するためであった．しかし，宇宙線は，銀河内と太陽との磁気により激しく曲げられてしまうので，宇宙線粒子の地球への到来方向は，その発生源について何も教えてくれない．それは，飛行機が着陸する時の滑走路への進入方向が分かっても，それからは，世界のどこを出発地としているのか，何も分からないのと同じである．

1つの大きな例外は，宇宙線が，はるか彼方で星間ガスと相互作用した時に，発せられる高エネルギーのγ線である．2章（2節）で指摘したように，光と同類のγ線は，磁気を感知しないので，極めて長い距離も一直線に進めるのである．天の川銀河内の爆発する星からなる各渦状腕における宇宙線の濃度を明らかにするのに，γ線を使えそうだとスベンスマルクが考えた時に，これが，新しい研究課題になったのである．

全天空を調査して，高エネルギーのγ線放射を探し出すために，1991年に打ち上げられたNASAのコンプトンγ線観測衛星は，高エネルギー（E）γ線（GR）実験（E）望遠鏡（T）—略してEGRET—を搭載した．EGRETは，近くの月から遠くの爆発している各銀河まで，多くの個々の発生源を見つけると共に，宇宙線により作られたγ線からなる背景放射の強い領域の方向分布を明らかにし，こ

のような領域が天の川銀河内の至る所に存在することを明らかにした．スベンスマルクは，その最も強い領域が，渦状腕の回転方向の先端部分—特に，それらの前方の空間—に対応しているのだろうと推測した．そこで，新たに生まれた大質量星が，渦巻き部分よりも速く回転しながら，激しく爆発して，宇宙線を生成しているのである．

　この背景放射のうち，宇宙線に基づくものと最も的確に見なしうるものは，エネルギーレベルの高いγ線を最も多く含むものであった．それらが，天の川銀河の平たい円盤から主にやってくることを，スベンスマルクは見出した．それは，彼が太陽のイルカ状運動を研究している時に，宇宙線が多いと見なしていた所とちょうど同じである．そして，高エネルギーの領域は，各種の渦状腕の方向とよく一致した．全ての中で最もエネルギーレベルの高いものは，オリオン腕からやってくるγ線の放射であった．太陽系は，現在，その腕の中に入っているので，特に，地球の近辺からは，その腕の縁に沿って根元側と先端側の両方向をよく見ることができる．

　上記の事が確認できた時に，宇宙線と気候に関する数億年間にわたるこの銀河の歴史は，さらに精緻化できると予想された．スベンスマルクは，EGRETのデータの解釈を自分自身で行うために，天の川銀河の新しいコンピューター・モデルの構築に取り組んだ．そのモデルでは，星々は，比較的質量の大きい渦状腕から，特別の強い引力を感じつつ，重力の中心の周りを回っている．彼は，また，EGRETに続くγ線望遠鏡から，将来，新鮮なデータを取り込めることを楽しみに待っている．それは，GLASTと呼ばれる新しい望遠鏡で，2008年にNASAにより打ち上げられる予定である［予定通り打ち上げられ，フェルミと名付けられた］．この観測衛星からエネルギーレベルのずっと高いγ線を検出することを通じて，宇宙線により創生されたγ線を，一層確実に識別できるようになるであろう．

注目すべき2つの最新情報

　2007年に発表された天文学上の2つの報告に，我々2人の著者の関心は引き付けられた．1つは，地球の全球凍結という恐ろしい出来事に関係するスターバーストに関するものであり，もう1つは，天の川銀河における星生成率の変動性に関するものであった．そのスターバーストに関するものは，大小の両マゼラン雲（Magellanic Clouds）が我々の近くに新たに到来するかもしれないという発見を報告したものであった．それらの雲は，天の川銀河の周りの軌道上を周回しているにしては，あまりにも速く移動しているので，古代に近距離接近した時に起こったスターバーストを，再び引き起こす可能性があると思われるのである．6章

（2節）で言及したように，24〜20億年前における天の川銀河の星のベビーブームと小マゼラン雲の接近，という見かけ上の2つの出来事は，実は同時発生の出来事なのかも知れないのである．もっとも，そのスターバーストを引き起こし，それにより全球凍結を誘発した原因は，天の川銀河に飲み込まれてしまった全く別の小さな銀河だったかも知れないが．

　もう一方の星生成率の変動性に関するものは，この天の川銀河は，他の大半の渦巻き状銀河と比較すると，星の生成が異常に少なく平穏すぎる歴史をもっている，という驚くべき新事実を報告したものであった．このことは，宇宙気候学の観点からすると，示唆に富むことであった．パリ天文台のフランソワ・アマー（François Hammer）らによると，穏やかな局所銀河団（Local Group）の中で我々の銀河に近い隣のアンドロメダ銀河でさえ，極めて激しい衝突（encounters）を何度も受けており，その渦状腕を1度ならず作り変えねばならなかったようである．地球は，静穏な銀河においてさえも数回の全球凍結期を経験し，それをかろうじて潜り抜けられた生物は，いかに運がよかったかを考えると，我々の知っている限りでは，他の静穏でない大半の銀河は，生物には適さないだろうと推測される．そして，スベンスマルクが指摘したように，この銀河においてさえも，我々が生き残れたのは，天の川銀河の中心から太陽系までの距離が，重要であったようである．これ以上遠くても，また，近すぎても，渦状腕における直近の星の誕生と死からくる宇宙線の攪乱は，ずっと激しくなり，冷えつつある星（chilling stars）のずっと強烈な宇宙線に地球は晒されることとなろう．

シャヴィブとの共同研究

　スベンスマルクは，ニール・シャヴィブと意見交換する事により，気候物理学者として宇宙をより深く見るようになったが，シャヴィブは，立場がそのちょうど逆で，イスラエルの宇宙物理学者として，気候に興味を持つようになったのである．この2人は，より緊密に協力しあえば，きっと2人共得るところは大きいだろうと確信した．

3節　"以前とは全く異なる手合わせをしている"

気候科学者による予言

　もしも本書の主題が火星だったなら，この地球とは別の世界における気候変動に，太陽と星が重要な役割を果たしていることを肯定，または否定する証拠について，温厚で科学的な論争を期待しえたであろう．しかし，我々の関心事は，地

球であった．その上で，我々が提案したことは，化石燃料の消費により悲惨な気候災害が起こる，という現今流行の予言に対して，疑問符を投げかけることだったのである．このように，スベンスマルクは多くの気候科学者に従わないために，彼らは，彼の発見を無視したり，さもなければ，あたかも侵入してきた虫けらであるかのように，踏みつぶそうとしたりしたのである．

　この気候大災害の予言者たちは，ボルテールが書き残している中世宮廷のお抱え占星術師の状況を想いださせるようなことを楽しみにしているのである．彼らは，天文学者，化学者，生物学者などの著名で有力な科学者であった．しかし，これらの科学者たちが，気候物理学に関してもっている知識は，主流の気候科学者から教えられたことを，何でも無批判に受け入れただけのものであった．この炭酸ガスによる温暖化についての政治的喧噪の高まりは，米国，欧州連合，および数カ国の政府から起こった．ノルウェーの議会は，米国の元副大統領のアル・ゴアに，地球温暖化について関心を高める運動をしたことに対して，ノーベル平和賞を与えた．

　それは，ノーベル科学賞ではなかったが，ゴアは，その賞を「気候変動に関する政府間パネル（IPCC）」と分かちあった．本書の初版が出版されたのと同じ月に，そのパネルの科学作業部会Ⅰは，2007年版の「気候変動の政策立案者用最新概要」を発行した．それは，21世紀中に気温が摂氏で数度，上昇するという予言を，活気付けるものであった．そして，太陽は，前の2001年版の場合よりもさらに低い地位に降格させられた．地球温暖化へのいかなる太陽の貢献も，炭酸ガスの効果の約7％でしかないとされたのである．

　そのパネルの各科学チームは，太陽活動，宇宙線，および雲の間のつながりについて，真面目に検討することを回避したままである．しかし，このチームには太陽物理学，素粒子物理学，および大気化学の専門家がおり，彼らは，この理論を知らないと主張することはできない．なにしろ，本書の2人の著者は，彼らと数年間にわたって，度々，協力しあってきたからである．彼らの中には，人前では，スベンスマルクの政治的に不適切な発見から，距離をおくように苦心する人もいたのである．

ロックウッドらの論文

　スベンスマルクの支持者から降りた人もいた．その人は，オックスフォード近郊にあるラザフォード・アップルトン研究所のマイク・ロックウッド（Mike Lockwood）である．彼は，3章で述べたように，太陽の惑星間磁場が，20世紀の期間中に2倍になったことを発見した人である．かつて彼は，海洋上の低い雲

の形成に宇宙線が影響を及ぼしている，という証拠に好意を示していたのである．しかし，2007年にロックウッドは，もう1人の太陽の専門家との共著で論文を発表したのであった．その共著者は，スイスのダボスにある世界放射線センターのクラウス・フレーリッヒ（Claus Fröhlich）である．その論文は，宇宙線，または他の何らかの機構が介在するか否かに関係なく，太陽は，現在の気候変動に関与していないことを確証したものだとして，世界各国でもてはやされたのであった．

ロックウッドとフレーリッヒが主張すべきだったことの要旨は，「太陽の気候に対する強制効果と地球全体の平均表面気温の変動との間にみられる最近の逆向き傾向」という表題にあった．BBCの環境部門の記者は，"好奇心をそそり，簡潔な"宇宙線仮説は，この論文によりおそらく，致命的な痛手を被ったであろう，と大喜びで主張した．そして，ロックウッドの否定的な見解を引用した．

> 私は，雲の形成に宇宙線が影響を及ぼしていると思っている．……それは，工業化以前の気候に顕著な影響を及ぼしたのかも知れない．しかし，我々は，以前とは全く異なる「手合わせ（ball game）」をしているので，今日の気候に，宇宙線を適用することはできないのである．

その科学論文それ自身の中では，ロックウッドとフレーリッヒは，太陽の過去の役割に非常に寛大である．本書の1章（2節，3節，5節）に詳述したように，彼らは，数百年とか数千年にわたる気候変動には，多くの場合太陽が関係していると指摘している．また20世紀の間における温暖化に，太陽がある程度貢献していることをも認めている．

それに続けて，過去100年の間に見られた太陽活動の活発化は，1985年頃に終了したと，彼らが言っていることに対し，スベンスマルクにも異議はない．もっとも，スベンスマルクは，太陽活動が現在の低迷化を実質上，開始した年代として，地球を覆う低い雲が最少だった1992～1993年を選ぶだろうが，それは小さなことである．ここまでは正しいのである．

それから，ロックウッドとフレーリッヒは，太陽活動の最近の傾向は低下気味にあるので，「観察されている地球全体の平均気温の急激な上昇」と彼らが呼んでいることを，太陽活動では説明できないと主張したのである．彼らが間違ったのは，この括弧内の内容である．なぜなら，地球温暖化は，太陽の"機嫌（mood）"の変化に対応して，すでに止まっており，温室効果による予想に逆らっているのである．コールダーは，この論文が発表された日に，TV記者の取材を受けたので，このことを全て，何度も繰り返して説明したが，ほとんど採用されなかったのである．

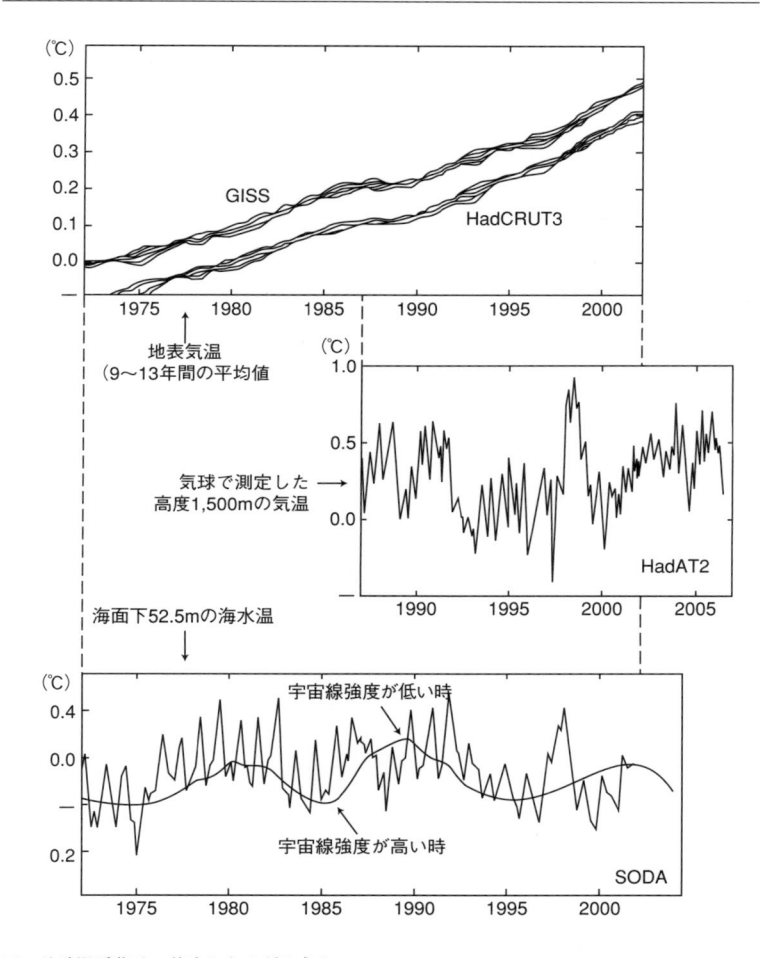

図25 地球温暖化は,停止したのだろうか.
上図:マイク・ロックウッドとクラウス・フレーリッヒが米国と英国の2つの公的情報源を元に,表面気温を図示したものである.21世紀初頭も急激に上昇していることが示されている.そのような上昇は,9〜13年という長期間の平均値を用いたことにより生み出された幻想であると,スベンスマルクとエイジール・フリース-クリステンは主張した.
中図:そのような平均値を用いずに,気球で測定された高度1,500mにおける気温を用いた時の図である.太陽活動が沈静化し始めた1990年代の初期以降は,僅かしか増加していないことを示している.
下図:海面下52.5mの海水温を示している.また,1990年以降,寒冷化していることを示している.中図と下図に認められる1998年の明白な頂点は,東太平洋にエルニーニョが例外的に起こったことによるものである.
(From Proceedings of the Royal Society A and Scientific Report 3/2007 of the Danish National Space Center)

ロックウッドらが間違った認識をした理由

この論文の過ちは明白だったし，スベンスマルクは，彼による銀河γ線の解釈や，英国の地下での実験のための準備で多忙だったので，他の気候物理学者が，それらに正式に反論してくれるだろうと期待していた．しかし，彼の所に何度も問い合わせがあったので，数週間後に，半分いやいや，半分友好的に，デンマークの国立宇宙センターの所長であるエイジール・フリース-クリステンセンと一緒に，ロックウッドとフレーリッヒに文書で反論することに決めたのである．彼らの反論は，簡潔ではあったが，全てを言い尽くしていた．

第1に，スベンスマルクらは，ロックウッドらが表面気温のデータを用いていることに疑問を表明した．なぜなら，ロックウッドとフレーリッヒは，表面気温が太陽の周期に対応していない，と述べているけれども，上空の温度と海洋の水面下の温度は，双方とも，太陽周期に対応して，非常に明白に上昇し，下降していたからである．したがって，表面の気温には，太陽との対応がみられなかった，と報告されていることに対して，スベンスマルクとフリース-クリステンセンは，その記録データの質が怪しいと疑った．

最も重要な問題は，ロックウッドとフレーリッヒによる地球温暖化の表示法であった．彼らは，9～13年という長期間の平均を用いたので，温度は，21世紀初頭においても，まだ，急激に上昇しているという幻想を生み出したのである．1つのグラフは，1998年と2002年の間に0.1℃という著しい上昇を示した．それでも，実際には，地球全体の表面気温は，1998年から，ほぼ横ばいになったのである．そして，この表面気温で"地球温暖化が休止しているように見える"ことは，気球で測定された上層の気温においては，よりはっきりと，より長い期間，示された．スベンスマルクとフリース-クリステンセンは，自分たちの結論に自信があった．

> 過去10～15年間に二酸化炭素の濃度は，急激な上昇を続けているが，温度を上げることができず平坦化している．この温度が平坦化しているのは，太陽の磁気活動が高いレベルに落ち着いており，それ以上，上昇せずにいるからである．

この「手合わせ」―ロックウッドが，そう呼んだのであるが―は，以前とは完全に異なっている．しかし，彼が考えたのとは，全く違った意味においてである．事実は，宇宙線を太陽圏から叩き出す，という温暖気候を維持するための任務を，太陽が怠り始めたのであり，これが，地球温暖化の終焉のように見える時期と，あまりにもピッタリと一致するのである．

記録映画「雲の不思議」

デンマークの映画制作者であるラース・オフスフェルト・モーテンセン（Lars Oxfeldt Mortensen）は，1990年代の末期以来，スベンスマルクに寄り添って，科学史の珍しい作品を完成させた．それは，「雲の不思議」という題のTV用の記録映画で，宇宙線関与説の開発経緯をたどったものである．この出演者の中に，オタワのジャン・ヴァイツァー（Ján Veizer）とイスラエルのニール・シャヴィブが入っていた．ほとんど最後の場面を撮影していた2007年10月に，モーテンセンは，「太陽はもはや，責任を負っていない」という批判家からの忠告を扱いたいと言い出したのである．

スベンスマルクは，フリース-クリステンセンと連名で書いた論文から，1つのグラフを用いることに決めた．それは，海洋の水深50 mにおける水の温度を示したもので，宇宙線が少ない時には上昇し，多い時には下降している．1990年以降，このデータは，全般的に寒冷化傾向を示した．初めて公表した時，スベンスマルクは，地球の温暖化は休止しただけでなく，逆の寒冷化に入った可能性があると述べた．

> 太陽活動は，今日でも，地球上の温度を調節する働きをしている．過去もそうであったし，また，将来もそうなるであろう．それに対して，炭酸ガス濃度は上昇しているのに，温度は反対に上昇していないのである．このこともまた，非常に興味深いことである．

4節　破綻した炭酸ガス原因説

CO_2説に対するスベンスマルクの考え

スベンスマルクとコールダーは，できるだけ地球温暖化という政治問題を避けてきた．ただし，それが彼の研究や，宇宙線，雲，および気候に関する彼の発見についての公開討論が，直接妨害された時は別である．人びとが，燃料消費で生じた炭酸ガスは，現在の気候変動を引き起こしていると信じて，石油，天然ガス，および石炭を節約しているなら，それは，間違った考えに基づく害のない結果である．もっとも，ある友達はコールダーに，「大聖堂の殺人」におけるトーマス・ベケット（Thomas Becket）の言葉を思い出させたが．

> 最もしたくないことは，神に背くことである．
> それは間違った理由の下で正しい行為をすることだ．

［トーマス・ベケットは，ヘンリー2世から大法官に任命されたが，1162年にカ

ンタベリー大司教になった後は国王と対立する]

　それにもかかわらず，報道記者や仲間の科学者は，スベンスマルクに，炭酸ガスが気候変動にどの程度，貢献すると見なしているのかと，絶えず尋ねるのだった．エルサレムのニール・シャヴィブ，トロントのジャン・ヴァイツァー，およびマサチューセッツ工科大学のリチャード・リンツェン（Richard Lindzen）は，喜んで評価値を提供した．それらの全てが，控えめであったが，スベンスマルクは，いまだに提供をためらっている．彼は，気候物理学者として，この分子が地球全体の温度に及ぼす影響，という一般的な表現法が，意味のあることとは思えないからである．彼は，南極大陸だけが逆の気候変動をすることを説明できた時が，気候変動の新しい地域地理学が正に始まった時であると考えている．この気候変動の地域地理学では，雲，および温室効果ガスが，地域ごとにそれぞれ独特の役割を果たすのである．

　そして，温度記録における各種の温室ガスの温暖化効果を探求すると，スベンスマルクの意見では，炭酸ガスよりも水蒸気の方を重視すべきこととなる．たとえば，宇宙線と雲の減少というような何らかの理由で，地球温暖化が起こると，それにより水蒸気が増え，その温室効果が，さらに温暖化を起こすこととなる．したがって，スベンスマルクが計算すると，炭酸ガスの温室効果の値は，その水蒸気の温室効果分だけさらに下がる結果となるのである．しかし，彼は，化石燃料の消費による地球温暖化論を否定する強力な根拠を，全ての人に気付かせる時がやってきた，とコールダーに言った．

炭酸ガスと気温との関係

　もしも，炭酸ガスが自然のものであろうと，人工のものであろうと，気候変動を引き起こす重要な推進力であるなら，炭酸ガス濃度の変動と気候の変動が，あらゆる時間幅において，一致していることを見出せるに違いないと，人は期待するだろう．

- 過去5億年の間には，気候と炭酸ガス濃度との間に相関関係は存在しない．
- 過去100万年の間には，炭酸ガスと温度との間につながりがあった．しかし，そのつながりは，主客転倒であった．なぜなら，炭酸ガスの変化が，温度変化より先行するのではなく，温度変化の後を追っているからである．
- 過去1万年の間には，炭酸ガスと温度との間に相関関係は存在しない．
- 過去100年の間には，炭酸ガスの増加と温度の上昇との間に，全般的に見れば大まかなつながりがあった．

　最後の項目の観測結果のみが，炭酸ガスが気候変動を引き起こす，という証拠

とみなしうる．しかし，この100年間のデータを詳細に検討すると，その証拠は，不当に大きな妥協を必要とするものとなる．

- 20世紀の温暖化の半分は，1905～1940年の間に起こった．この間の炭酸ガスの濃度は，まだ全く低いものであった．
- しばしの地球寒冷化が，1950年代と1960年代に起こった．この間の炭酸ガス濃度は，上昇中であった．
- 21世紀初頭には，炭酸ガス濃度が急激な上昇を続けているにもかかわらず，地球温暖化は，再び中断した．
- もしも，炭酸ガスによる温室作用が，温暖化を起こすなら，上空の空気は表面の空気よりも速く温まらなくてはならない．しかし，観測結果は，その反対であることを示しているのである．

以上の証拠を偏見なしに検討すれば，誰でも，炭酸ガスが，過去と現在の気候変動を引き起こす主要因であるとする見解は，完全に破綻しているのだと考えねばならない．我々2人の立場もそうである．科学的観点から見て，宇宙線理論の方が，ずっと巧くいくのである．

宇宙線と気温との関係

- 過去5億年の間の温度変化には，4つの絶頂期と4つの谷底期が存在するが，それらは，鉄隕石中に観察された宇宙線の変動に一致するし，また，太陽系が銀河内を周回中に4本の腕と遭遇したことに一致するのである．
- 数千年の間のリズミカルな気候変動は，宇宙線により放射性炭素や他の放射性核種が生成される量の変動と一致している．
- 過去100年間の温暖化率の変化も，宇宙線強度の変動と一致している．
- 宇宙線が気候に影響を及ぼす作用機構の検証は，低い雲が宇宙線の変動に合わせて変動することを観測することによってなされたし，また，宇宙線が雲の凝縮核の形成を加速する微細な物理機構が存在することを実験で証明することによってなされた．

5節　小氷期の再来は御免だ

小氷期再来の可能性

「彼らは，マウンダー極小期が再来する可能性について議論している」と，スベンスマルクは，コールダーに報告した．それは，2007年8月にスウェーデンのキルナで開催された科学会議から，帰途に着いた時のことであった．この不安に

させる名称は，300年前に太陽の黒点が非常に少なくなり，世界が寒冷化した時期のことである．キルナでの議論は，過去の気候に及ぼした太陽の影響についてであったが，将来への予測についての話題にも移っていた．ルンドにあるスウェーデン国立宇宙空間物理研究所のヘンリク・ルントステット（Henrik Lundstedt）は，400年間にわたる太陽の磁気活動の変調を綿密に調べて，1990年頃に起こった太陽活動の停滞は，より劇的な下降に向かう，ちょうど開始点かもしれないと推測した．

我々は，再び小氷期に向かっているのであろうか．8章で指摘したように，太陽の状況を読み取ることは困難である．それにもかかわらず，最も単純な人びとが賭けたくなる気持ちを無視するのは難しい．なぜなら，20世紀の後半における太陽の活動は，非常に活発だったので，1990年以降の傾向は，上昇に転じるよりも，下降を続ける可能性の方が大きいからである．もしも，地球全体の温度も，その下降曲線に従うなら，太陽と炭酸ガスのいずれが気候変動を取り仕切っているのかという問題に，自然の寒冷化という出来事を通じて最終解答が与えられるであろう．

スベンスマルクとコールダーは，この科学的議論に勝ちたいとは願っていない．たとえ，1960年代の状態と同じ程度に戻っただけでも，地球寒冷化は，人類全体にとって，厳しい苦難の到来を意味するからである．特に，第3世界の多くの人びとにとっては，厳しいものだろう．本書の2人の著者は，気候の予測には関わることなく（—8章の最後に示した理由により—），地球の温暖化が続いている間は，それを楽しむことを友達に勧めてきた．

本書の読者の質問

「観測された証拠さえ議論の対象とされている時に，競合する複数の理論が提案されていることについて，科学者でない人は，どのように理解すればよいのでしょうか？」と，"London Book Review"のホームページ担当者は質問してきた．おそらく，多くの読者の質問を代弁したのであろう．それに対して，コールダーは次のように返答した．

> できれば，政治のことは忘れて下さい．その代わり，次のことは忘れないでいただきたい．発見が行われるような最先端の領域では，そこで実際に起こっていることについては，科学者であっても，世間一般の人びとと同じように，正確には解らないということです．新しい発見が実際に予想外の驚きである時には，その発見は，既存の教育課程の範囲を超えているのです．したがって，教科書でも，また周囲にいる高度に教育を受けた人

でも，それらの専門家の専門知識を超越してしまっている知識など，持ち合わせてはいないのです．このような場合には往々にして，発見者は，学術上の手続きを省略して，その発見を一般社会に，できるだけ迅速に，しかも，できるだけ直接的に，知らせるのです．ガリレオ，ダーウィン，あるいはアインシュタインは，全てこうしたのです．彼らは，読者の知性に取り入ろうとすると共に，彼らを啓発したのです．そして，新しい説を信じる気になるかどうかを，読者にまかせたのです．この長く続いた伝統に従って，ヘンリク・スベンスマルクと私は，私たちが毎日見ている雲が，太陽と星々から由来する秩序に従っているというヘンリクの驚くべき認識を，平易な言葉で紹介しているだけなのです．読者が，科学者であろうとなかろうと，この議論を比較検討して，我々に賛成でも反対でも，それぞれ自分自身の意見を持ってもらえれば，それで充分満足なのです．

出　典（さらに学びたい人のために）

〈1章〉

p.11.　Suter: quoted in *Die Welt*, 14 November 2005.
p.14.　Eddy: recorded interview by Spencer R. Weart, 21 April 1999.
p.16.　Parker: European Space Agency science news, 2 October 2000.
p.18.　van Geel: personal communication to Calder, 1997.
p.19.　Heinrich: personal communication to Calder, 2002.
p.22.　Bond's team: G. Bond et al., *Science*, Vol. 294, pp. 2130–6, 2001.
p.25.　Hillman: C. Hillman et al., *The Holocene*, Vol. 11, pp.383–93, 2001.
p.30.　Beer: J- Beer, *EAWAG News*, No. 58, pp 16-18, 2005.

〈2章〉

p.33.　Chadwick: UK Particde Physics and Astronomy Research Council press release, 4 November 2004.
p.37.　Ferrière: K.M. Ferrière, *Reviews of Modern Physics*, Vol. 73, pp. 1031–6, 2001.
p.40.　Parker: personal communication to Calder, 2000.
p.43.　Simpson: personal communication to Calder, 1994.
p.45.　NASA report on health risks on Mars: The Mars Human Precursor Science Steering Group, NASA, 2 June, 2005.
p.48.　Rabi: often quoted, e.g. by S. Geer, *CERN Courier*, December 1997.

〈3章〉

p.57.　Trenberth: quoted by Jenny Hogan, NewScientist.com news service, 27 May 2004.
p.57.　Zhang: M.H Zhang et al., *Journal of Geophysical Research*, 110, D15S02, 2005.
p.57.　Stephens: quoted in NASA press release, 15 September 2005.
p.65.　Bolín: quoted in *Information*, Copenhagen, 19 July 1996. (In original Danish: *Jeg finder dette pars skridt videnskebeligt set yderst naivt og uansvarligt*.)
p.66.　Kulmala: recollection by Svensmark from NOSA/NORSAC Symposium on Aerosols, Helsingør, 1996.
p.67.　Marsh and Svensmark on low clouds: *Physical Review Letters*, Vol. 85, pp. 5004-07, 2000.
p.70.　Lockwood: quoted in ESA press release, 3 June 1999.
p.72.　Marsh and Svensmark on cloud forcing: *Physical Review Letters*, ibid.
p.72.　Intergovernmental Panel on Climate Change: *Climate Change* 2001: *The Scientific Basis*, Cambridge University Press, 2001.
p.73.　Dahl-Jensen: caption for data, http://www.glaciology.gfy.ku.dk/data/ddjtemp.TXT, 1999. (In original Danish: *Ser man at Antarktis har en tendens tit at 'varme op'når Grønland er 'køld' og 'kole af' når Grønland en 'varm'*.)
p.74.　Svensmark remark about Steffensen: reporting to Calder, 2006.

p.74. Das: contribution by S.B. Das and R.B. Alley to Seventh Annual West Antarctic Ice Sheet Workshop, 2000.
p.74. Shackleton: N.J. Shackleton, *Science*, Vol. 291, pp. 58–9, 2001.
p.78. Pavolonis and Key: M.J. Pavolonis and J.R. Key, *Journal of Applied Meteorology*, Vol. 42, pp. 827–40, 2003.
p.79. Svensmark remark about Antarctic anomaly: see 'The Antarctic Climate Anomaly' under Scientific papers.
p.80. Blunier and Brook: T. Blunier and E.J. Brook, *Science*, Vol. 291, pp. 109-12, 2001.
p.81. KISS principle: see e.g. Wikipedia, http://en.wikipedia.org/wiki/KISS_Principle
p.84. Lamb: H.H. Lamb, Climate: Present, Past and Future, vol. 2, Methuen 1977.
p.85. Svensmark remark about warming: reporting to Calder, 2006.

〈4章〉
p.87. Dickens: Charles Dickens, *Bleak House*, Oxford: Oxford World Classics, 1998.
p.88. Wallace: A.R. Wallace, *The Wonderful Century*, New York: Dodd, Mead, 1898.
p.90. Svensmark and 'ex-president': transcript from *The Climate Conflict*, TV documentary by Lars Mortensen, Copenhagen, 2001.
p.95. English folk tale: Joseph Jacobs, *English Fairy Tales*, London: David Nutt, 1890.
p.96. NASA report: R.J. McNeal et al. 'The NASA Global Tropospheric Experiment', in *IGA Ctivities Newsletter*, No. 13, March 1998.
p.100. CLOUD proposal: 'A study of the link between cosmic rays and clouds with a cloud chamber at the CERN PS', CERN, SPSC/P317, 24 April 2000.
p.100. Comment circulated privately: memo received from Germany by CLOUD Consortium, 2000.
p.102. Kirkby: personal communication to Calder, 2005.
p.104. People in suits: Svensmark reporting to Calder, 2005.
p.107. Svensmark on failed experiment: reporting to Calder, 2005.
p.110. Svensmark on sparks: reporting to Calder, 2005.
p.113. Friis-Christensen: quoted in DNSC press release embargoed until 4 October 2006.

〈5章〉
p.116. Puggaard: C. Puggaard, translated by H.H. Howorth, *Geological Magazine*, Vol. 33, pp. 298-309, 1896 (originally in French).
p.120. Shaviv on temperature variations: adapted from N.J. Shaviv, 'Cosmic Rays and Climate', in *PhysicaPlus*, online magazine of the Israel Physical Society, 2005.
p.126. Shaviv on mid-Mesozoic glaciations: personal communication to Calder, 2006.
p.127. Zhonghe: quoted by He Sheng, *China Daily*, 28 March 2003.
p.130. Shaviv and Veizer response to Rahmstorf et al.: Eos, Vol. 85, p. 510, 2004.
p.130. Royer and colleagues: D. Royer et al., *GSA Today*, March 2004, pp. 4–10.
p.131. Wallmann: K Wallmann, *Geochemistry Geophysics Geosystems*, Vol. 5, 2004.

p.132. Lindzen: R.S. Lindzen, Economic Affairs, Minutes of Evidence, House of Lords, 25 January 2005, slightly edited.

p.133. Svensmark on fossils: reporting to Calder, 2005.

〈6章〉

p.137. Kirschvink J.L. Kirschvink in J.W. Schopf and C. Klein (eds), *The Proterozoic Biosphere*, Cambridge University Press, 1992.

p.140. Genzel: quoted in *Success Story*, European Space Agency Publication BR-147, April 1999.

p.144. Shaviv and 'the long period': N.J. Shaviv, *New Astronomy*, Vol. 8, pp. 39–77, 2003.

p.144. Fuente Marcos: R. and C. de la Fuente Marcos, *New Astronomy*, Vol. 10, pp. 53–66, 2004.

p.147. Shaviv on standard solar models: N.J. Shaviv, *Journal of Geophysical Research*, Vol. 108 (A12), p. 1437, 2003.

p.148. Rosins on globules: M.T. Rosing, *Science*, Vol. 283, pp.674–6, 1999.

p.150. Rosins on early biosphere: quoted by Paul Rincon, BBC News Online, 17 December 2003.

p.155. Svensmark on carbon-13: H. Svensmark, 'Cosmic Rays and the Biosphere over 4 Billion Years,' *Astronomische Nachrichten*, Vol. 327, pp. 871–5, 2006.

〈7章〉

p.161. deMenocal: flier for lecture at University of Utah, 18 February 2004.

p.163. Semaw: S. Semaw, Journal of *Archaeological Science*, Vol. 27, pp. 1197–1214, 2000.

p.168. Fields: First part, *Nature News*, 2 November 2004; second part, Fields' web page, November 2004.

p.169. Knie: Technical University of Munich release, November 2004.

p.175. Diehl: personal communication to Calder, 2006.

〈8章〉

p.178. Svensmark on 'fairy tale': reporting to Calder, 2006.

p.180. Svensmark on cosmoclimatology: funding application, 2006.

p.181. CLOUD proposal, CERN/SPSC 2000-02, SPSC/P317, 4 April 2000.

p.182. Hinton: HESS press release, 6 February 2006.

p.184. Frisch: P.C. Frisch, *American Scientist*, Vol. 48, pp. 52–9, 2000.

p.191. Bignami: G. Bignami et al., *Cosmic Vision: Space Science for Europe 2015–2025*, ESA BR-247, 2005.

p.194. Hathaway: science@nasa, 15 September 2005.

p.196. Tobias et al.: correspondence in *Nature*, Vol. 443, p. 26, 2006.

p.197. Smagorinsky: personal communication to Calder, 1973.

p.199. Hiremath: poster at International Living with a Star workshop, Goa, 19–24 February 2006.

p.200 Voltaire: *The Philosophical Dictionary*, translated by H.I. Woolf, New York: Knopf, 1924.

〈9章〉
p.202 Svensmark, 'the potential that draws me': interview in *Discover*, July 2007.
p.202 NASA modeller, 'Clouding the issue of climate': Gavin Schmidt, *Physics World*, June 2007.
p.205 Svensmark, 'almost too easily': message to Calder, 7 June 2007.
p.210 Lockwood and Fröhlich: M. Lockwood and C. Fröhlich, *Proceedings of the Royal Society A*, doi:10.1098/rspa. 2007. 1880.
p.210 BBC reporter and Lockwood remark: Richard Black, BBC News website, 10 July 2007.
p.212 Svensmark and Friis-Christensen: H. Svensmark and E. Friis-Christensen, Danish National Space Center Scientific Report, 3/2007, September 2007.
p.213 Becket: T. S. Eliot, *Murder in the Cathedral*, 1935, quoted by Gillian Spencer.
p.215 Svensmark phone call: 1 September 2007.
p.216 Calder interview for *London Book Review*: Pan Pantziarka, 16 July 2007; http://www.londonbookreview.com/interviews/nigelcalder.html

引用文献

Eigil Friis-Christensen and Knud Lassen, 'Length of the Solar Cycle: An Indicator of Solar Activity Closely Associated with Climate', *Science*, Vol. 254, pp. 698-700, 1991

Peter Ditlevsen, Henrik Svensmark and Sigfus Johnsen, 'Contrasting Atmospheric and Climate Dynamics of the Last Glacial and Holocene Periods', *Nature*, Vol. 379, pp. 810-12, 1996

Henrik Svensmark and Eigil Friis-Christensen, 'Variation of Cosmic Ray Flux and Global Cloud Coverage-a Missing Link in Solar–Climate Relationships', *Journal of Atmospheric and Solar-Terrestrial Physics*, Vol. 59, pp. 1225-32, 1997

Henrik Svensmark, 'Influence of Cosmic Rays on Earth's Climate,'*Physical Review Letters*, Vol. 81, pp. 5027–30, 1998

Nigel Marsh and Henrik Svensmark, 'Low Cloud Properties Influenced by Cosmic Rays', *Physical Review Letters*, Vol, 85, pp. 5004–07, 2000

Nigel Marsh and Henrik Svensmark, 'Cosmic Rays, Clouds, and Climate', *Space Science Review*, Vol. 94, pp. 215–30, 2000

Henrik Svensmark, 'Cosmic Rays and the Evolution of Earth's Climate During the Last 4.6 Billion Years', eprint http://arxiv.org/abs/physics/0311087, 2003

Henrik Svensmark, Jens Olaf Pepke Pedersen, Nigel Marsh, Martin Enghoff and Ulrik Uggerhøj, 'Experimental Evidence for the Role of Ions in Particle Nucleation under Atmospheric Conditions', *Proceedings of the Royal Society A*, Vol. 463, pp. 385-96, 2007 (released online 2006)

Henrik Svensmark, 'Imprint of Galactic Dynamics on Earth's Climate', *Astronomische Nachrichten*, Vol. 327, pp. 866–70, 2006

Henrik Svensmark, 'Cosmic Rays and the Biosphere over 4 Billion Years', *Astronomische Nachrichten*, Vol. 327, pp. 871–5, 2006

Henrik Svensmark, 'The Antarctic Climate Anomaly Explained by Galactic Cosmic Rays', eprint http://arxiv.org/abs/physics/0612145, 2006

Henrik Svensmark and Jacob Svensmark, 'Cosmic Ray Ionization Low in the Earth's Atmosphere and Implications for Climate', in preparation, 2007

Henrik Svensmark, 'Cosmoclimatology: a new theory emerges', *Astronomy and Geophysics*, Royal Astronomical Society, London, Vol. 48, Issue 1, 2007

Henrik Svensmark and Eigil Friis-Christensen, 'Reply to Lockwood and Fröhlich–The Persistent Role of the Sun in Climate Forcing', Danish National Space Center Scientific Report, 3/2007, September 2007

解　題
本書の内容から読みとっていただきたいこと―解説に代えて

　太陽から休みなく放射されている電磁エネルギー（光）と，太陽風と呼ばれるプラズマが太陽から持ち出すエネルギーの両者は，太陽面に観測される黒点群の長期的な消長に伴って変化していく．

　この黒点群の消長には，ほぼ規則的にくり返す約11年の周期変化の存在が知られている．また，太陽には100年くらいの時間間隔で黒点群の発生頻度が極端に小さくなってしまうという事実も知られている．時には逆に，太陽面上に黒点群が頻繁に出現した時期もあった．太陽面上に発生する黒点群や個々の黒点がどれほどかについて，数値で表す工夫が19世紀半ばに編みだされ，その数値を太陽活動の指数として用いるようになり，現在に至っている．その結果，先にふれた約11年の周期で，黒点群の発生頻度が変わっていくことが明らかとなった．

　この指数の大小によって，太陽から放射されるX線や紫外線の強度も大きく変化する．しかしながら，太陽から最も強く放射される可視光の強さは，ほとんど変化しない．このことは太陽から放射される光エネルギーの毎秒当たりの総量（フラックス）がほとんど変化しないことを意味している．実際，この総量は約11年の間に，僅か0.2％ほどしか変化しない．黒点群が最も活発に太陽面に発生する時期に，この総量が最も大きくなるのだが，こんな小さな変化では，地球環境の加熱に何らかの変化を生じさせ，気候の変動を引き起こすことは，まず不可能である．この総量の変化が，地球環境に何らかの強制効果（forcing effect）を生じさせるという仮説も提案されているが，実証されてはいない．

　17世紀半ばから18世紀初めの10年代にかけて，太陽活動は極端に弱くなり，黒点がほとんど発生しない，いわゆる"無黒点期"（1645-1715）があった．この70年にわたった時代は気候の寒冷化が全世界的に著しく進んだことが，いろいろな歴史資料から明らかにされている．太陽風も，この無黒点期には弱まっており，天の川銀河空間から地球大気中へ侵入してくる宇宙線の強さが増加していたことが，間接的ながらわかっている．

　宇宙線が地球大気中で生成する炭素の放射性同位体 ^{14}C （大部分は ^{12}C）が，木々の年輪中に取り込まれているので，生育年代の明らかな木に対し，この存在量を定量的に調べることにより，先にみた無黒点期には，宇宙線の侵入量が大き

かったことが示されている．太陽活動の極端な低下に伴って，地球大気中への宇宙線の侵入量が増加し，その結果，地球の気候が寒冷化するのだとする推論には，多くの人びとが疑問を持つことであろう．というのは，宇宙線の地球大気中への流入量が増加したからというだけでは，どうしてこのような帰結となるのかの説明となっていないからである．

こうした説明の妥当性をめぐる難問に果敢に挑み，太陽，宇宙線，それに気候の三者の間に，密接な，ある因果的なつながりがあることを明らかにしたのが，本書の著者の1人であるスベンスマルクであった．地球大気中に発生する雲，特に下層雲の形成に果たす宇宙線の役割を，実験的に疑問の余地なく解き明かしてしまったのが，実はこの人とその協力者たちであった．

本書のもう1人の著者であるコールダーは，スベンスマルクたちの研究の重要性を認め，太陽活動と宇宙線強度の両変動の間に存在する因果関係から，宇宙線の地球の雲の形成に果たす役割について取材し続け，その間に『The Manic Sun』（『躁状態にある太陽』とでも訳すか）と題した大著を世に問うている（1997）．この本以後も，スベンスマルクたちの仕事を追い続け，このたび出版された共著を作ることになった．

コールダーその人について記すと，大学で物理学の学位を取得したジャーナリストで，仕事の幅が広く物理学だけでなく，気象学，地球科学，生物学などにも精通しており，イギリスのBBCテレビ番組にいろいろな分野を取り上げて放映し，成功を収めている．それだけでなく，これらの放送題材を書物にまとめて出版し，それらも好評であった．これらの書物全てを，NASA滞在中に私は読み，勉強させてもらった．"今の専門（Present specialty）"にこだわり，いろいろな分野で私は研究してきたが，コールダーからも当然影響を受けている．

このたび，日本語版が出版されることになった『The Chilling Stars』は，地球気候の変遷から，さらに時間については，宇宙の進化にまでつながる，惑星たちを引き連れた太陽の天の川銀河空間内の運動から起こされる氷河時代の原因にまで説きすすみ，宇宙気候学（Cosmoclimatology）という新たな学問の提唱にまで，扱った内容が及んでいる．この希有壮大な仮説には驚くだけでなく，強い説得力を持って迫るのが魅力的である．天の川銀河内で星々が繰り広げる一生に関わる盛衰と地球の気候との関わりについて，綿密な研究から言及されているのがすばらしい．

21世紀に入ってから後の太陽活動は極端に低下し，その状態が現在も続いてい

る．私どもの研究結果（Sakurai, K. *et al., J. Phys. Soc. Japan Suppl.* A78, 7 (2009)）によると，19世紀半ば頃から以後続いてきた太陽活動にみられる活発化傾向は，2000年を過ぎた頃から停滞しており，現在では，極端に低下してしまっている．太陽活動と太陽の自転パターンとの間には，強い逆相関関係があり，20世紀終わり頃までは，この自転の速度はずっと減少を続けてきていたが，今では，この傾向は停止状態にある．太陽活動の低下とともに，太陽コロナ外延部から太陽風により，太陽系の空間にひき伸ばされる太陽磁場の強さが，20世紀終わり頃より弱まり，スベンスマルクらが気候変動をひき起こす原因だとしている宇宙線粒子群の地球大気中への流入量が，実際に増加しつつある．その結果，宇宙線により地球大気中に生成される二次粒子群の数が増加しつつある．正確な観測結果はまだ公表されていないが，スベンスマルクらの研究が立証されていくものと推測される．

太陽活動にみられる現在の低下傾向が，今後10年から数十年にわたって続くような事態に実際に立ち至ったなら，本文中に述べられているマウンダー極小期（1645-1715）にみられたような寒冷化した気候の時代が起こるかもしれないのである．

現在の太陽活動の動向をみつめながら，スベンスマルクとコールダーがこの訳書の8，9の両章でふれている地球の変動の今後について，本書の読者となられた方々には，実際に身をもって検証していただけるはずである．現在，喧伝されている地球気候の温暖化の原因が，大気中への炭酸ガス（CO_2）の蓄積によるものかどうかについても，自らの経験を通して明らかにしていただけるはずである．

このような訳書を世に送れる機会が与えられたことに対し，ご尽力いただいた恒星社厚生閣の片岡一成，白石佳織の両氏に感謝しつつ，この解題を締めくくりたい．

もうひと言，付け加えさせていただきたい．先に名前をあげたお二方の力添えにより，この書の続篇ともいうべき書物が出版された．私自身の手になるもので，『移り気な太陽－太陽活動と地球環境との関わり』と題されている．書中に示された図の多くは私と研究仲間による研究結果に基づくものである．

監修　桜井邦朋

訳者あとがき

1．この翻訳書について

　炭酸ガスによる地球温暖化説は，間違っていると日本の数人の著名な物理学者により指摘されているにも関わらず，年数兆円の負担を強いる政策が行われようとしています．米国では，20世紀の地球温暖化は化石燃料の使用によるものではないとして，京都議定書の批准を拒否するよう勧告する署名運動が，科学者により1998年から開始されています．そして2001年には，物理学，地球物理学，気候学，気象学，海洋学，環境学を専門とする少なくとも2,388名の学者の他，基礎科学と応用科学諸分野の16,800名の学者と科学者が署名しています．2007年には，かつて米国科学アカデミーの会長やロックフェラー大学の学長を務めた物理学者のフレデリック・ザイツ氏（Frederick Seitz）の熱心な後押しもあって，2009年には全署名者は30,000名を越えています．この署名活動が根拠とした資料は，①20〜21世紀初期の炭酸ガスの濃度上昇は，気候に何ら悪影響を及ぼしていないことを示したアーサー・ロビンソン（Arthur B. Robinson）らの論文，②スベンスマルクの宇宙線説，および③その宇宙線説を銀河系に応用して氷河期と全球凍結期の原因を解明したシャヴィブの論文です．この翻訳書は，この②と③の2人の研究成果を丁寧に解説したものなので，大げさに言えば，科学的に正しい説に基づいた政治が行われることに，本書が，少しでも役立てば幸いです．

　また，温暖化が心配であると言われていると，実際に寒冷化の現象が起こった場合に，温暖化でなくて安心するものですが，寒冷化が起これば迅速に寒冷化に対処せねばなりません．二宮尊徳は初夏のナスが秋ナスの味がするとして，寒冷化を感知して，飢饉の被害を最小限にとどめたそうです．スベンスマルクの理論によれば，太陽の黒点が少なく，活動周期が長い時には寒冷化することになりますが，現在は，ちょうどその時期なので，本書は寒冷化に注意を喚起するのに役立つと思われます．動物や植物や虫は，宇宙線を感じる能力を持っていて，将来の気候に対処しているのかも知れません．

　さらに，科学の先端分野では，シャヴィブのように，スベンスマルクの理論を個々の研究分野に適用すれば，新しい発見がなされるものと思われます．スベンスマルクが地味な定量的関係を調査している間に，シャヴィブは，そのスベンスマルクの説の概要を利用して成果をあげたので，1番得をした人だと思われます．

最後に，本書は，高橋実氏の『灼熱の氷惑星』のように壮大な科学物語として，また，科学の先端分野でよく言われる格言——「人の話は聞くな，本は読むな，自然そのものをよく観察せよ」——を実践し，学会の批判に耐えた人の物語として，感銘深いものではないかと思われます．

この原著は，ドイツ語，デンマーク語にも翻訳されており，海外で広く読まれています．

2．気候変動の基本事項について

気候変動に関連する基本的なことを，簡単に整理しておきたいと思います．

(1)．太陽と地球

太陽の直径は約140万km，太陽から地球までの距離は約1億5,000万km，そして地球の直径は約1万3,000 kmです．従って，太陽を10 cmとすると，太陽から地球までの距離は10 m，そして地球の直径は1 mmになります．

(2)．地球の位置での太陽エネルギー

太陽の発するエネルギーは，1m^{3}当たり30Wでしかありませんが，大きいので全体では膨大なものとなります．地球の位置で太陽光に垂直な平面で受けると，1,366Js^{-1}/m^2＝1,366W/m^{2}にもなります．これは，太陽が頭上にきたときの照射エネルギーは，夜中に面積1m^{2}の机上面を効率100％の1,366Wの電灯で真上から照らした時と同じである，と言うことです．

また，地球のような球面で受けると，球の表面積は，同じ半径の円の面積の4倍なので，1,366W/4＝342W/m^{2}となります．これは，光の当たる面も影の面も，赤道部分も両極部分も全てを平均した場合の値です．

(3)．地球のエネルギー収支

地球は，上記の太陽エネルギーを全て吸収するわけではありません．大気，雲，および地表（陸地と海洋）は，それぞれ，入射太陽光の6％，20％，4％を反射し，16％，3％，51％を吸収します．合計30％が反射され，70％のみが吸収されます．51％を吸収した地表は，6％を直接宇宙に放射し，残り45％を大気層（大気と雲）に移します．その内訳は，伝導と対流が7％，水分の蒸発が23％，放射が15％です．大気層は，合計64％を受け取り，それと同じ64％を宇宙に放射します．

ここで，①雲による反射が地球冷却の67％（＝20/30）もあること，また，②水の蒸発により地表から大気層に移るエネルギーが23％もあることに注目すべきです．（これらのデータは，asd-www.larc.nasa.gov/erbeによりますが，他の

資料では、地表と大気層間でやり取りするエネルギーが、約100％であることが示されています.)

　地球の吸収エネルギーが増えると、地球から宇宙への放射エネルギーも同じだけ増え、吸収エネルギー＝放射エネルギーとなって平衡状態になります.

(4). 地球の温度

　それでは地球の温度は何によって決まるのでしょうか. 物体の放射エネルギー（W/m^2）は、その絶対温度の4乗に比例するというステファン・ボルツマンの法則に従います. したがって、吸収エネルギーが増えると、それと同じだけ放射エネルギーが増えるように、その温度が上昇することとなります. それゆえ、地球の温度は吸収エネルギーによって決まります. 雲により太陽光が反射されると、吸収エネルギーが減少して温度が低下することとなります. 大気は、布団のように地表を覆って保温し、宇宙への放射を阻止するので、地表の温度を上げることとなります.

(5). 温暖化の体感値と公表値の違い

　20世紀の後半の50年間に気温は、体感からすると5℃位高くなっているのではないかと思われますが、この100年間における地球温暖化の公表値は0.6℃でしかありません. 日本での温暖化は約1℃、東京ではヒートアイランドの影響も追加されて2.9℃だそうです. 日本での1℃の温度上昇は、気象学的には大きい値だそうですが、50年で0.5℃なので人間には感じ取れる温度差ではありません. 我々が感じているのはヒートアイランド化―すなわち都市化―による温暖化ではないでしょうか.

(6). 都市化による温暖化

　夏の日照りの日には、コンクリート上の温度は、草地の温度より10℃以上高くなります. これは、草地では太陽から受けた熱で水分が蒸発するので、その分、地表の温度が低くなります. その代わり上空で、地上で蒸発した水分が水に戻るので、潜熱の放出により温度が上がります. コンクリートの場合は、地上での水分の蒸発がないので、気温は地上では上昇し、上空では低下します. したがって、草木のある田園とコンクリートの都市とでは、地上と上空の温度分布が変わるだけです. それゆえ、地球温暖化とは無関係です. 地球温暖化の値を求める場合は、都市化の影響のない値から求められます. 東京が2.9℃ということは、いかに都市化の影響が大きいかが分かります.

　この地上と上空との温度分布が変われば、気候が大きく変わり、生物は、地表

に住んでいるので都市化の温暖化による影響を受けます．この都市化による地上温度の上昇は，発汗により体温の上昇を防ぐように，緑化により水分を蒸発させることで大部分解消されると思われます．

(7)．エルニーニョ現象

気候に大きな影響を及ぼすエルニーニョ現象も，海底の冷たい海水が表面に出てくる量が少ないだけで，地球温暖化とは無関係です．太平洋の赤道付近の海流は，通常は西に向かっていますが，この西向きの海流が激しくなると，表面温度が下がってラニーニャ現象となり，反対に東向きになったときに海水の表面温度が上がって，エルニーニョ現象が起きます．このように海流の流れ方の違いだけで表面温度が変わるのは，太平洋の東側ではアメリカ大陸で塞がれているのに対して，太平洋の西側ではフィリピンやインドネシアの島々が多く，他の海域につながっていることが，大きく影響しているように思われます．

(8)．炭酸ガス濃度と気温との関係

南極の氷床コアーから求められた過去40万年間の気温の変化は，約1万年の温暖期と約9万年の寒冷期からなる周期が4回起っていることを示しています．そして，その温度の上昇と下降は，大気中の炭酸ガス濃度の上昇と下降にきれいに合っています．したがって，炭酸ガス濃度が上がると気温が上がっているように見えますが，詳細に調べると先に気温が上昇し，その後に空気中の炭酸ガス濃度が上昇しているのだそうです．それは，炭酸飲料やビールで経験するように，温度の上昇により海水中に溶けていたものが出てくるためだそうです．これは，現在の小刻みの変動も，同様に，温度の変化が先行し，炭酸ガス濃度の変化は，それに追随しているそうです．

(9)．雲

つかみ所がない雲は，実は宇宙線ミューオンの精密なインディケーターであった，ということになります．そして，真水の供給源だけでなく，気候を調節するカーテンでもあるので，改めて雲の重要性を見直すべきだと思う次第です．

最後になりましたが，監修を引き受けて頂いた桜井邦朋先生に心から感謝致します．また，本書の出版を決断された（株）恒星社厚生閣の片岡一成氏，色々とご苦労をおかけした同社の白石佳織氏に深く感謝致します．

2010年3月

訳　者　青　山　　洋

事項索引

■ア行■

アールワリアのデータ　83
アイスマン　11
アソシエーション　170
天の川銀河　119, 205
　──の磁場　183
泡箱　99
暗黒星雲　39
暗黒物質　141
アンドロメダ星雲　141
イオン　98, 109
異星生物の探査計画　190
一次宇宙線　37
射手－竜骨腕　118, 123
ヴァイツァーの貝殻の収集物　129
ヴォルテール　200
ウォルフ極小期　15
渦巻きの構造　120
宇宙気候学　180
宇宙線　12, 31
　──観測所　62
　──強度が増減する周期　121
　──による冬　168
　──の生成　36
　──発生源の確認方法　32
　──量と雲量　62, 197
宇宙の^{60}Fe　167
ウラニウム　149
エアロゾル　90
aaインデックス　44, 71
液状極微細粒子　92
エネルギーE2研究賞　66
エルニーニョ　60, 71, 193
猿人　162
OB星　170
オッカムの格言　81

重い^{60}Fe　166
オリオン腕　118, 120, 159, 207
温室効果ガス　58, 84

■カ行■

カールスバーグ財団　66
カールスルーエ研究センター　50, 201
海底地層　17, 20
火山爆発に由来する極微細粒子　92
岩石磁気　137
γ線　32, 167, 206
　──を照射した実験　108
　──天体　182
寒冷期　21
寒冷相の周期　134
気温に及ぼす雲の影響　59
気候の1億4,500万年の周期　122
気候変動モデルの作成　189
気候モデル　56, 80, 197
局所銀河群　141
極同士のシーソー　76
巨大科学　180
霧箱　89, 99, 100
銀河内の宇宙線　38
筋ジストロフィー　164
近傍の超新星　179
グールドベルト　160, 170, 174
掘削調査　189
クヌード・ホフガール記念研究賞　66
雲凝縮核　88, 94
雲の人工衛星での観測　57
クラスター　141
　──生成過程　111
クロマニョン　24
計画的栽培　25
ケンタウルス下部－南十字部分群　171
高圧電場による電子の除去　109

231

国際衛星雲気候計画　60
極微細粒子　69, 88, 90, 93
固体状の極微細粒子　91

■ サ行 ■

散開星団　144
紫外線　96
次期宇宙探査機"ガイア"　143
磁気結合　191
磁極の逆転　28
質量放出　43
シュニーデヨッホの近道　11
シュペーラー極小期　15
ジュラ紀　126
定規腕　124
衝撃波　43
小氷期　14
小マゼラン星雲　141
初動極微粒子　98
ジルコン　146
人工衛星"ヒッパルコス"　143
スターバースト　140
　── 銀河　140
星間ガス　184
星間物質　37
聖人ウィリアム　81
生物圏　150
生物の大量絶滅　128
生物の多様性　192
石灰岩（$CaCO_3$）の^{13}C比率　151
石器　163
全球凍結　136
　── が起こった時期　137
　── の証拠　136
　── を起こした原因　139
草原への適応　163
相対論的荷電粒子　37

■ タ行 ■

大マゼラン星雲　141
太陽　10
　── 圏　41
　── のイルカ様運動　133
　── の磁気活動の予測　194
　── の11年周期　179
　── 風　40, 145
楯―南十字腕　124
種（seed）　88
炭酸ガス　58, 82, 130
ダンスガール・エシュガー温暖期　24, 54
地球磁場　27
地球の磁気圏　44
地球の大気　45
地球放射収支実験　59
知識の融合　177
中世温暖期　24
中性子星　35, 174
超新星　34, 157
　── による寒冷化　175
　── の残骸の探査　172
　── の残骸を観測　183
　── 爆発　34
超微細粒子　96
鳥類　127
直線状の雲　69
鉄隕石　121
電場をオンにした状態での実験　107
デンマーク宇宙空間研究所　67
動物　123
ドールトン極小期　15
トリウム　149

■ ナ行 ■

NASAの地球放射収支実験　67
南極　72
　── 気候の異常　76
　── の雲の温暖化効果　78
　── を隔離するもの　73
南北の氷床コアー・データの比較　73
二次宇宙線　37, 47
西フリースラント諸島の遺跡　18
20世紀の宇宙線の変化　70
20世紀の温暖化の説明　82, 208, 215
20世紀の気温の変化　70

20世紀の磁場の変化　70
二足歩行動物　162
275万年前の寒冷期　158, 205
ニュートリノ　34, 48
ネアンデルタール人　24

■ハ行■

パイオン　48
ハインリッヒ氷山多発期　20
白亜紀　115, 126
　——の氷河の跡　127
白色矮星　34
パナマ沖での調査　96
低い雲　67
　——の上部温度　69
氷結核　94
微惑星　190
フォービッシュ減少　44, 179
プレアデス星団　171
ベーアの^{10}Beによる研究　22
ヘスγ線望遠鏡　33, 182
ペルセウス腕　123
ホイップル望遠鏡　32
放射性原子　173
星の一生　34
星の磁気の観測　194
星の生成率　140
星の誕生に対する宇宙線の役割　39
星の地図作成　143
星の分布地図　184
ホモ・ハビリス　164

■マ行■

マウンダー極小期　14
末端堆積　116

松山-ブリュンヌ地磁気逆転　28
マンガン鉄　165
マンのグラフ　12
脈動星　35
ミューオン　48, 51
　——生成量　53
　——量の変化　178
ミランコビッチ効果　186
モンスクリントの洞窟　115
モンス島　115

■ヤ行■

ヤンガー・ドライアス寒冷期　21, 25
ユリシーズ　41
予言の戒め　199

■ラ行■

ラシャンプ期　54
ラシャンプ磁極周回（Excursion）　29
硫化ジメチル　92
硫酸　92
　——の生成　110
ロッコール台地　160
^{10}Be　29
^{13}C　148, 150, 192
^{14}Cデータ　54
^{14}C法による年代測定法　13
^{18}O　26, 131
CERN　98
CLOUD　99
CORSIKA　50, 179
KASCADE　50
RXJ1713.7-3946　33
SKY　103

人名索引

■ ア行 ■

アインシュタイン, A.（Einstein, A.） 49
アレイ, N.（Alley, N.） 126
アレイ, R.（Alley, R.） 74
ヴァイツァー, J.（Veizer, J.） 128
ウイリアムス, G.（Williams, G.） 137
ウィルソン, C.（Wilson, C.） 89, 100
ウォールマン, K.（Wallmann, K.） 131
ウガーホイ, U.（Uggerhøj, U.） 105
エイトケン, J.（Aitken, J.） 87
エシュガー, H.（Oeschger, H.） 23
エディ, J.（Eddy, J.） 14
エリス, J.（Ellis, J.） 168
エンブルトン, B.（Embleton, B.） 137
エンホフ, M.（Enghoff, M.） 105

■ カ行 ■

カークビー, J.（Kirkby, J.） 98
カーシュヴィンク, J.（Kirschvink, J.） 137
クーリエ, P.-J.（Coulier, P.-J.） 87
グールド, B.（Gould, B.） 170
クラーク, T.（Clarke, T.） 96
クリスジャンソン, J. E.（Kristjánsson, J. E.） 71
クリスチャンセン, J.（Kristiansen, J.） 71
クルマーラ, M.（Kulmala, M.） 65, 94
ゲンツェル, R.（Genzel, R.） 140

■ サ行 ■

シャヴィブ, N.（Shaviv, N.） 118, 120, 126, 205
シュペーラー, G.（Sporer, G.） 15
シンプソン, J.（Simpson, J.） 43, 62
ステッドマン, H.（Stedman, H.） 164
ステッフェセン, J. P.（Steffesen, J. P.） 74

ストラディヴァリ, A.（Stradivari, A.） 15
セーガン, C.（Sagan, C.） 146

■ タ行 ■

ターコ, R.（Richard Turco） 97, 100
ダール-ジャンセン, D.（Dahl-Jensen, D.） 73
ダンスガール, W.（Dansgaard, W.） 23
チャドウィック, P.（Chadwick, P.） 33
チャン, M.（Zhang, M.） 57
チョウ, Z.（Zhou, Z.） 127
ツビッキー, F.（Zwicky, F.） 35
デメノカル, P.（deMenocal, P.） 161
ドルフィ, E.（Dorfi, E.） 36, 169
トレンバース, K.（Trenberth, K.） 57

■ ナ行 ■

ニー, K.（Knie, K.） 169

■ ハ行 ■

パーカー, E.（Parker, E.） 16, 40
バーデ, W.（Baade, W.） 35
ハインリッヒ, H.（Heinrich, H.） 19
バウマン, K.-H.（Baumann, K.-H.） 160
ハレー, E.（Halley, E.） 27
ヒューヘン, K.（Hughen, K.） 54
ファン・ヘール, B.（van Geel, B.） 18
フーバー, R.（Huber, R.） 160
フェリエール, K.（Ferrière, K.） 37
フェルミ, E.（Fermi, E.） 35
フォービッシュ, S.（Forbush, S.） 44, 82, 179
フリース-クリステンセン, E.（Friis-Christensen, E） 61
ブリュンヌ, B.（Brunhes, B.） 28
ブレイ, R.（Bray, R.） 14
フレイクス, L.（Frakes, L.） 126

ベーア, J.（Beer. J.）　22
ヘス, V.（Hess, V.）　31, 47
ペダーセン, J.O.F.（Pedersen, J.O.F.）
　104
ヘック, D.（Heck, D.）　50
ボンド, G.（Bond, G.）　20

■ マ行 ■

マーシュ, N.（Marsh, N.）　66
マウンダー, W.（Maunder, W.）　14
マゼラン, F.（Magellan, F.）　141
松山基範　28
マン, M.（Mann, M.）　12
ミランコビッチ, M.（Milankovitch, M.）
　186

ミリカン, R.（Millikan, R.）　31

■ ヤ行 ■

ユウ, F.（Yu, F.）　97, 100

■ ラ行 ■

ラッセン, K.（Lassen, K.）　61
ラム, H.（Lamb, H.）　84
リンツェン, R.（Lindzen, R.）　132
レーズ, F.（Raes, F.）　97
ロージング, M.（Rosing, M.）　148
ロシャーピントー, H.（Rocha-Pinto, H.）
　143
ロソー, W.（Rossow, W.）　60
ロックウッド, M.（Lockwood, M.）　70

☆監修者・訳者紹介

桜井邦朋（さくらい　くにとも）
現在，早稲田大学理工学術院総合研究所客員顧問研究員，横浜市民プラザ副会長，アメリカアラバマ州ハンツビル市名誉市民．1956年京都大学理学部卒，理学博士．京都大学工学部助手，助教授，アメリカNASA上級研究員，メリーランド大学教授を経て，神奈川大学工学部教授，同学部長，同学長を歴任．研究分野は高エネルギー宇宙物理学，太陽物理学．著書には，『移り気な太陽——太陽活動と地球環境との関わり』（恒星社厚生閣），『太陽——研究の最前線に立ちて』（サイエンス社），『天体物理学の基礎』（地人書館），『日本語は本当に「非論理的」か』（祥伝社），『ニュートリノ論争はいかにして解決したか』（講談社）他100冊余り．

青山　洋（あおやま　ひろし）
技術翻訳家．1966年兵庫農科大学（現神戸大学農学部）農芸化学科卒業．塩水港精糖（株）で省エネ等の技術業務に携わる．翻訳書にLinnhoffの『省エネルギープロセスのためのピンチ解析法ガイドブック』（シーエムシー出版），雑誌「食品工業」掲載論文に「多重効用缶とピンチ解析」，「検糖計の砂糖目盛の新しい基準について」，Emmerichの「検糖計と国際砂糖目盛」，Phillipsの「結晶学入門」，「商取引の右側通行による等価交換と複式簿記」他，環境計量士，一般計量士，情報処理1種，2種．

版権所有
検印省略

"不機嫌な"太陽
——気候変動のもうひとつのシナリオ

2010年3月10日　初版1刷発行
2018年2月20日　5刷発行

ヘンリク・スベンスマルク　著
ナイジェル・コールダー
桜井邦朋　監修　青山洋　訳

発行者　片岡一成
製本・印刷　株式会社シナノ

発行所／株式会社恒星社厚生閣
〒160-0008　東京都新宿区三栄町8
TEL：03(3359)7371／FAX：03(3359)7375
http://www.kouseisha.com/

（定価はカバーに表示）

ISBN978-4-7699-1213-2　C1044

JCOPY　<(社)出版者著作権管理機構　委託出版物>
本書の無断複写は著作権上での例外を除き禁じられています．複写される場合は，その都度事前に，(社)出版社著作権管理機構（電話 03-3513-6969，FAX03-3513-6979，e-mail:info@jcopy.or.jp）の許諾を得て下さい．

好評発売中

彗星パンスペルミア
―生命の源を宇宙に探す

チャンドラ・ウィックラマシンゲ 著
松井孝典 監／所 源亮 訳
A5判/244頁/定価（本体1,900円＋税）
978-4-7699-1600-0 C0044

生命は彗星にのって地球にやってきた！ 地球上の生命は，宇宙から何らかの方法で運ばれてきたとする「パンスペルミア説」。著者とフレッド・ホイルは，彗星によるパンスペルミアを初めて唱えた。本書はこれまで彼らが展開してきたパンスペルミアのアイディアについて，根気よく，科学的に論じたものである。

移り気な太陽
―太陽活動と地球環境との関わり

桜井邦朋 著
四六判/172頁/定価（本体2,100円＋税）
978-4-7699-1232-3 C1044

本書は，気候変動に果たす太陽の役割を，著者の半世紀にあまる多大な研究成果から解明する。その研究成果は，太陽の自転速度，黒点，宇宙線，惑星間磁場などが地球気候に大きく影響を与えていることを示した。太陽系の中の地球という新しい観点から，地球環境を考える注目の書。

人類の夢を育む天体「月」
―月探査機かぐやの成果に立ちて

長谷部信行・桜井邦朋 編
A5判/256頁/定価（2,800円＋税）
978-4-7699-1292-7 C1044

人類にとって最も身近な天体である「月」。本書はアポロ計画以前から始まった月研究の変遷をたどり，現在までに解明された月の科学的知見を，探査機「かぐや」の成果とともに紹介する。また月資源の利用，月面基地など，今後の宇宙科学のフロンティア開拓となる月開発の素描に迫る。

復刻版 大宇宙の旅

荒木俊馬 著
福江 純 解説
B6判変形/400頁/定価（本体2,800円＋税）
978-4-7699-1043-5 C0044

著者はアインシュタインの弟子であり日本の宇宙物理学研究の草分けのひとり。子供でも天文学がわかるよう冒険ファンタジー仕立ての話に天文学の基礎から難度の高い専門知識までを盛り込んだ内容。今回，最新天文学の詳細解説を加え復刻。漫画家・松本零士氏の作品はすべて本書が原点だ。

恒星社厚生閣